Die MARS – RÄTSEL
Eine Genauere Betrachtung

Das Gesicht, die Pyramiden und andere
ungewöhnliche Objekte auf dem Mars

von MARK J. CARLOTTO

Die MARS – RÄTSEL

Eine Genauere Betrachtung

Das Gesicht, die Pyramiden und andere ungewöhnliche Objekte auf dem Mars

---

MARK J. CARLOTTO

AUS DEM AMERIKANISCHEN VON ANTONIUS LINNEBORN
SATZ UND LAYOUT VON JÜRGEN MÜLLER

MICHAELS VERLAG, PEITING

Impressum

Marc Carlotto
Faszination Mars
ISBN 3-89539-263-4

alle deutschsprachigen Rechte beim Verlag
Nachdruck auch auszugsweise nur mit schriftlicher Genehmigung des Verlags.

Nachdem von verschiedenen unserer Bücher Raubdrucke, teilweise sogar ganze Ausgaben, in Umlauf gebracht wurden und wir nicht mehr bereit sind dies tatenlos hinzunehmen, bitten wir aufrichtig unsere Rechte zu achten. Für uns als kleiner Verlag sind die Kosten, die mit der Herausgabe der Bücher verbunden sind enorm, wie z. B. Lizenzen, Honorare, Übersetzung etc... Menschen, die Teile dieses Buches oder das ganze Werk vervielfältigen sparen sich diese Kosten und schaden somit einem kleinen mutigen Verlag. Wir danken für Ihr Verständnis.

1. Auflage 10/97
Marc Carlotto
Faszination Mars
Edition Neue Perspektiven
Sonnenbichl 12, 86971 Peiting
Tel.: 08861-59018; Fax: 08861-67091

Layout und Satz:
LayArt, Jürgen Müller
Geiselsteinstr. 5, 86965 Schongau

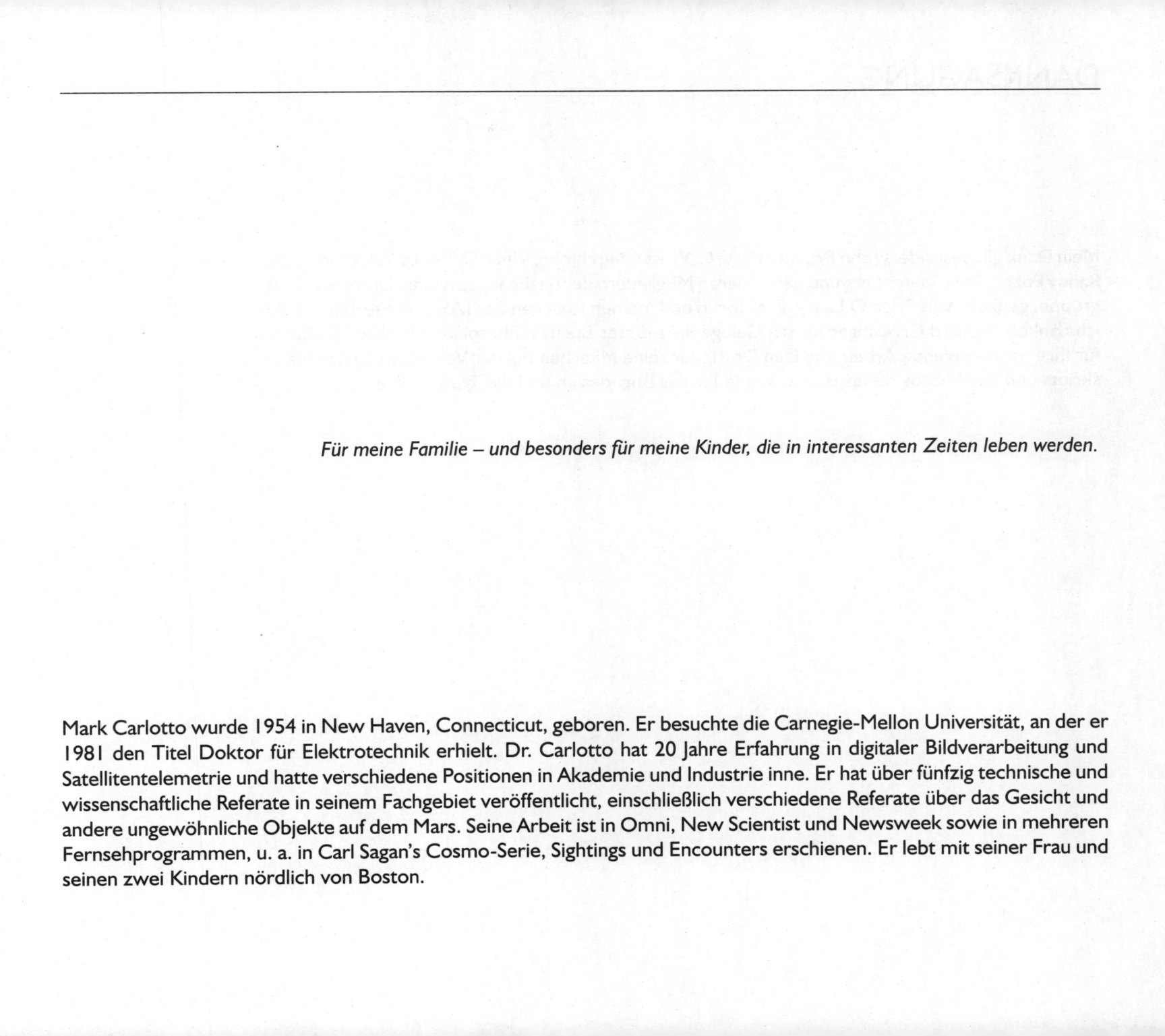

Für meine Familie – und besonders für meine Kinder, die in interessanten Zeiten leben werden.

Mark Carlotto wurde 1954 in New Haven, Connecticut, geboren. Er besuchte die Carnegie-Mellon Universität, an der er 1981 den Titel Doktor für Elektrotechnik erhielt. Dr. Carlotto hat 20 Jahre Erfahrung in digitaler Bildverarbeitung und Satellitentelemetrie und hatte verschiedene Positionen in Akademie und Industrie inne. Er hat über fünfzig technische und wissenschaftliche Referate in seinem Fachgebiet veröffentlicht, einschließlich verschiedene Referate über das Gesicht und andere ungewöhnliche Objekte auf dem Mars. Seine Arbeit ist in Omni, New Scientist und Newsweek sowie in mehreren Fernsehprogrammen, u. a. in Carl Sagan's Cosmo-Serie, Sightings und Encounters erschienen. Er lebt mit seiner Frau und seinen zwei Kindern nördlich von Boston.

DANKSAGUNG

Mein Dank gilt besonders John Brandenburg, C. West Churchman, Vince Di'Pietro, Dick Hoagland, Randy Pozos, Tom Rautenberg und den anderen Mitgliedern der unabhängigen Mars Untersuchungsgruppe, genauso wie Brian O'Leary, Erol Torun und meinen Kollegen bei TASC. Weiterhin möchte ich danken, Richard Grossinger für die Gelegenheit dieses Buches, Photolab in Berkley, California für Ihre hervorragende Arbeit und Dan Drasin für seine Mitarbeit bei der Vorbereitung des Manuskripts und der Photos dieses Buchs, sowie für das Buchdesign und die Typographie.

BILDBEARBEITUNG

Mark J. Carlotto für die gesamte digitale Bildaufbereitung, Veränderungen der Perspektive und alle Computer-Graphiken.

Daniel Drasin für die Macrophotographie des verkürzten Cliffgesichts und der Rennbahn, für die Pixelinterpolations-Diagramme, für die graphische Präsentation der angenommenen Verhältnisse und Beziehungen in Cydonia und für die Umschlaggestaltung, das Layout und die Typographie.

NASA für ihren Informationsaufsatz über den Mars.

Dem National Space Sience Data Center für alle original Viking Photographien und das Viking Rohdatenmaterial.

Erol Torun für die Graphik der mathematischen Beobachtungen und Annahmen, die die D&M Pyramide und die Tetraeder Geometrie betreffen.

Und allen übrigen Quellen wie in den Untertiteln angegeben.

INHALT

VORWORT UND EINLEITUNG 11

TEIL I: DAS RÄTSEL 17

TEIL II: WIEDERENTDECKUNG 27

TEIL III: 3 – D ANALYSE DES MARS GESICHT 53

TEIL IV: MARS UND DIE SUCHE NACH AUSSERIRDISCHER INTELLIGENZ 67

TEIL V: GEOLOGISCHE ANALYSE DER RÄTSELHAFTEN LANDFORMEN IN CYDONIA 81

TEIL VI: ANDERE FASZINIERENDE OBJEKTE AUF DEM MARS 103

TEIL VII: DER FALL FÜR KÜNSTLICHKEIT 119

TEIL VIII: VERWIRKLICHUNG 153

TEIL IX: FREMDE LANDSCHAFTEN 165

TEIL X: EINE MÖGLICHE IRDISCHE VERBINDUNG 179

ANHANG 189

VORWORT

Ich war schon immer fasziniert von der Erforschung des Weltraums. Als ich zwölf Jahre alt war, schrieb ich einen Brief an Wernher von Braun, einer der Helden meiner Kindheit, um nach einem Ratschlag bezüglich Raketentreibstoff zu fragen. Irgendwie verbrachte ich meine Jugend als ein „Basement-Bomber" und in den frühen Siebziger Jahren, als das Apollo Programm auslief, schrieb ich mich in der Carnegie-Mellon Universität ein. Ursprünglich Physikstudent, wechselte ich zum Elektroingenieurwesen. Meine Neugier entwickelte sich von der Raumerforschung zur digitalen Signalverarbeitung und zur Elektronischen Musik hin. Als ich die Abschlußklasse der CMU besuchte, begann mein Interesse an Bildaufbearbeitung und Optischem Computing. 1981 schloß ich meine Doktorarbeit ab und begann bei TASC, einer High-Tech Firma, die etwas nördlich von Boston liegt.

Mehrere Jahre später, im August 1985, stieß ich im Bosten Globe auf einen Artikel über das „Mars-Gesicht". Zu Beginn dachte ich, daß Ganze sei eine Art Scherz; trotzdem war ich so neugierig, daß ich mir bald zwei Computerbänder der Aufnahmen des Viking-Orbiters besorgte. Anfangs war es einfach mein Ziel, hochqualitative Verbesserungen der Bilder zu produzieren, aber als ich weiter in die Untersuchung verwickelt wurde, wurde mir klar, daß sich erheblich mehr hinter dieser Frage verbarg. Zum einen ist das Gesicht extrem kontrovers – tatsächlich haben aber die „Experten" bereits entschieden, daß es eine optische Illusion ist. Obwohl ich kein Planetarwissenschaftler bin und deswegen kein Experte, war ich nicht überzeugt. Ich fand es schwer zu glauben, daß eine so augenscheinlich menschliche Form natürlich auftreten sollte, noch dazu in der unmittelbaren Nähe einer Ansammlung von anderen ungewöhnlichen Objekten, von denen einige sehr geometrisch in Gestalt und Anordnung sind. Meine Intuition sagte mir, eine genauere Betrachtung vorzunehmen.

Ich stellte das Ergebnis der NASA, daß das Gesicht nur ein „Trick aus Licht und Schatten" sei in Frage; jedoch, ohne zusätzlich aufgenommene Bilder des Gesichts, unter signifikant unterschiedlichen Lichtverhältnissen und Perspektiven und höheren Auflösungen, würde ein Widerlegung schwer fallen. Da ich aber zu dieser Zeit mit einer Computerdarstellungstechnik, die als „Shape-from-Shading" bekannt ist, beschäftigt war, wurde mir klar, daß ich es erreichen könnte, die tatsächliche Form des Gesichts aus den verfügbaren Bildern zu gewinnen. Diese 3-D Information würde es mir dann erlauben, Computergraphiktechniken zu benutzen, um synthetische Ansichten des Gesichts zu erzeugen, als ob das Gesicht aus unterschiedlichen Perspektiven und bei verschiedenen Lichtbedingungen zu sehen sei.

Die Ergebnisse waren recht positiv, und so reichte ich eine Arbeit beim Wissenschaftsmagazin *Icarus* ein. Das Manuskript wurde sofort zurückgewiesen mit der Begründung, daß das Gesicht von keinerlei Wissenschaftlichen Interesse sei. Ich überarbeitete das Papier, aber als *Icarus* noch nicht einmal ein überarbeitetes Manuskript in Erwägung ziehen wollte, reichte ich es statt dessen bei dem Journal *Applied Optics* ein, wo es kurz darauf im Sommer 1988 veröffentlicht wurde.

Skeptiker haben über die unbestreitbare menschliche Tendenz gesprochen, Gesichter in fast allem zu sehen, von Wolken bis zu Kartoffelchips. Obwohl diese Tatsache allein noch keine Widerlegung Außerirdischer Intelligenz darstellt, unterstreicht sie doch den Bedarf nach mehr objektiven Möglichkeiten, um zwischen natürlichen und künstlichen Formen zu unterscheiden; deshalb suchte ich ursprünglich nach einem Weg, um herauszufinden, ob sich das Gesicht und einige nahegelegene Objekte quantitativ von dem sie umgebenden Gelände unterscheiden. Zufälligerweise hatte gerade ein Kollege von mir einen Algorithmus (Computerroutine) entwickelt, basierend auf Fraktaler Mathematik, um künstliche Objekte auf Luft- und Satellitenaufnahmen zu finden. Sofort probierten wir dies mit den beiden Hauptaufnahmen der Vikingbilder, 35A72 und 70A13 aus, und wurden von den Ergebnissen überrascht: das Gesicht war das am wenigsten fraktale (und man könnte schließen auch am wenigsten natürliche) Objekt auf beiden Aufnahmen. Die Resultate wurden Anfang 1990 im *Journal of the British Interplanetary Society* veröffentlicht, nachdem sie von *Nature* aus ähnlichen Gründen wie denen von *Icarus* abgelehnt wurden.

Dieses Buch erscheint am Vorabend einer anderen US-Mission zum Mars, deren fortgeschrittenes Orbitalraumfahrzeug, der Mars-Observer, zusammen mit anderen Sensoren eine hochauflösende Kamera tragen wird, die in der Lage ist, Objekte bis zu einer Größe von einem Meter aufzulösen – verglichen mit fünfzig Metern im Fall der alten Vikingorbiter. Ausgerüstet mit diesem bemerkenswerten Instrument, genügend wissenschaftlicher Neugier und einem genaueren Verständnis der Mars-Anomalien selbst, können wir, möglicherweise, innerhalb sehr kurzer Zeit, eine definitive Anwort auf eine der ältesten Fragen der Menschheit erhalten.

Das zentrale Anliegen dieses Buches ist es, beiden, der wissenschaftlichen Gemeinschaft und der allgemeinen Öffentlichkeit, all das zu zeigen, was bereits über die mysteriösen Strukturen auf der Marsoberfläche bekannt ist, mit dem Blick darauf, ihr weiteres Studium und Verständnis zu fördern.

Dieses Buch präsentiert die besten erhältlichen Rekonstruktionen und Verbesserungen der existierenden Viking Aufnahmen, erklärt eigens den Bildberabeitungsprozeß, faßt die bis heute erworbenen Schlüsselerkenntnisse von mehreren unabhängigen Untersuchungen zusammen und empfiehlt dem interessierten Leser weitere Publikationen.

„Die Mars-Rätsel" basiert zum Teil auf über fünf Jahren unabhängiger Forschung, durchgeführt auf fortgeschrittenen Computersystemen. Ich entschuldige mich im voraus für den Jargon – er läßt sich schwer vermeiden, wie auch immer, er sollte hier nicht die echte Aussage beeinflussen: daß trotz allem, was die „Experten" sagen, der Ursprung dieser rätselhaften Objekte auf dem Mars ist immer noch eine offene Frage.

– *Mark J. Carlotto, Sommer 1991*

VORWORT ZUR ZWEITEN AUSGABE

Vor sechs Jahren wurden „Die Marsrätsel" zum ersten Mal veröffentlicht. Seit damals ist viel geschehen, aber irgendwie hat sich wenig verändert.

Im August 1992 verlor die NASA den Kontakt mit dem Raumschiff Mars Observer, als es sich dem Roten Planeten näherte. Für einige schien der Verlust nach dem Versagen von zwei russischen Versuchsraketen 1988 verdächtig zu sein. Aber die meisten von uns waren einfach nur frustriert, daß wir nach den spektakulären Erfolgen der Voyager Reise im Sonnensystem in den 80er Jahren und Magellan's Radaraufnahme der Venus in den frühen 90ern immer noch keine Bilder vom Mars hatten.

Im Sommer 1986 veröffentlichte eine Gruppe von NASA-Wissenschaftlern ein Referat in der Zeitschrift Science, in der sie behaupteten, einen Beweis gefunden zu haben, daß mikrobiologisches Leben einst auf dem Mars existiert haben könnte. Über Nacht begann sich die frühere Meinung der Gemeinschaft der Planetarwissenschaftler, daß es kein Leben auf dem Mars geben konnte, zu ändern. Und es basierte nicht auf der Entdeckung einer lebenden Mikrobe, sondern auf Indizien, d. h. auf dem Beweismaterial anderer möglicher Interpretationen. In vielerlei Hinsicht wie das Beweismaterial, das in „Die Marsrätsel" und anderen Büchern präsentiert wurde, die behaupten, daß gewisse Strukturen auf dem Mars künstlichen Ursprungs sein könnten. Beweise, die die Gemeinschaft der Planetarwissenschaftler nicht nur ignoriert, sondern auch lächerlich gemacht hat. Tatsächlich hat es die NASA ziemlich deutlich gemacht, als sie ihre historische Ankündigung über die Entdeckung von Mikroben gemacht haben, daß sie keine Absicht hatten, auf die Suche nach „kleinen grünen Männchen" zu gehen, was ein deutlicher Bezug auf das Gesicht und andere ungewöhnliche Objekte ist, die seit über zwanzig Jahren untersucht werden.

Die zweite Ausgabe dieses Buches erscheint während wir wieder auf dem Weg zum Mars sind. An diesem Punkt ist die erste Ausgabe irgendwie überholt und enthält historische Bezüge auf den Mars Observer und auf damals erwogen werdende Pläne, den Mars zu erforschen. Die neue Ausgabe enthält das ganze Material der alten Ausgabe und enthält eine beträchtliche Menge neuer Informationen. Es wurden einige neue Kapitel eingefügt. Eins analysiert und faßt das vorhandene Beweismaterial für die Künstlichkeit zusammen und zeigt, daß es gemeinsam der außerordentliche Beweis, der von Carl Sagan und anderen skeptischen Wissenschaften verlangt wird, um die außergewöhnliche Behauptung zu rechtfertigen, daß diese Erscheinungen auf dem Mars künstlich sind. Dieses Kapitel enthält ebenfalls einige neue Forschungsergebnisse, die bisher noch nicht veröffentlicht wurden und die Behauptung der Künstlichkeit zusätzlich stützen. Ein anderes Kapitel, das von James Erjavec und Ronald Nicks verfaßt wurde, diskutiert mögliche geologische Mechanismen, die diese Formationen erklären. Ihre Analyse behauptet, daß Geologie in sich die Verschiedenartigkeit der Formen, Organisationsmuster, und Feinheit der Gestaltung, die diese einzigartige Sammlung von Objekten auf dem Mars aufweisen, nicht ausreichend erklären kann.

In dieser Ausgabe sind ebenfalls unsere heutigen Pläne, den Mars zu erforschen, auf den neuesten Stand gebracht sowie eine Untersuchung der letzten Erklärung der NASA in Bezug auf die mögliche Entdeckung außerirdischer Mikroorganismen. Es wurde gezeigt, daß die Beweisnatur der Mikroben im wesentlichen nicht anders als für die Existenz großer künstlicher Strukturen auf dem Mars. Meine Absicht ist, eine eklatante Inkonsistenz in der NASA Philosophie gegenüber Planetenerforschung und der Suche nach außerirdischer Intelligenz hervorzuheben. Eine Inkonsistenz, die besonders beunruhigend ist, da es vielen von uns wieder einmal nicht klar ist, welche die wirklichen Absichten der NASA sind, diese rätselhaften Objekte auf der Marsoberfläche aufzunehmen.

– Mark Carlotto, Frühling 1997

EINLEITUNG

Einige Bücher und viele Magazine und Zeitungsartikel sind über das Marsgesicht geschrieben worden. Von Zeit zu Zeit tauchen einige neue reißerische Geschichten in der Boulevardpresse auf, die behaupten, daß außerirdische Botschaften aus dem Gesicht zur Erde gesendet werden, oder daß andere Gesichter auf der Venus gefunden wurden, von denen eines aussieht wie Elvis! Wie dem auch sei, einige wissenschaftliche Artikel *haben* das Gesicht, eine meilenlange Formation auf der Oberfläche von Mars, die von einem der Viking-Orbiter im Sommer 1976 aufgenommen wurde, ernsthaft behandelt.

Dieses Buch faßt die Ergebnisse der technischen Arbeiten, die über das Gesicht geschrieben worden sind, zusammen und reproduziert Bildmaterial, das der allgemeinen Öffentlichkeit bisher nicht zugänglich war. Es ist keine persönliche Betrachtung dieser Objekte und es spekuliert selbst nicht über den Ursprung und die Aussage, obwohl es, notwendigerweise, über einige der mehr bemerkenswerten Beobachtungen und Spekulationen von anderen Forschern berichtet. Es ist auch keine Darstellung der fünfzehnjährigen Debatte, die die öffentliche und professionelle Meinung wachgerüttelt hat. Planetarwissenschaftler bestehen fast ohne Ausnahme darauf, daß diese rätselhaften Gesichtszüge natürliche geologische Formationen sein müssen. Andere behaupten mit absoluter Sicherheit, daß sie das Produkt einer alten, außerirdischen Intelligenz sind. Wir, aus der Mitte dazwischen, sind uns nicht sicher.

Man bemerkt, daß die wissenschaftliche Gemeinschaft oft dazu tendiert, Untersuchungen im Bereich der außergewöhnlichen Phänomene so zu behandeln, als ob sie nicht auf methodologischer Integrität basieren, sondern nur aufgrund der Sache selbst. Dies jedoch stimmt nicht mit wissenschaftlicher Methodik überein. Wissenschaft ist ein leidenschaftsloser Prozeß, bei dem jeder Gegenstand frei und legitim untersucht werden kann. Die Wissenschaft toleriert keine Tabus, keine Von-vornherein-Verurteilungen, keine Zirkelschlüße, keine absurden oder doppelten Standards. In der Wissenschaft verdient ein Standpunkt genauso einen makellosen Beweis oder Gegenbeweis wie ein anderer.

Allgemein gesagt, basieren wissenschaftliche Methoden darauf, Beobachtungen und Daten zu sammeln, um dann eine Hypothese zu erstellen und das Ganze zu einer beweisbaren Theorie zusammmenzubasteln. Dann können Tests durchgeführt werden, die reproduzierbar durch andere sind und Gegenstand einer gleichberechtigten Überprüfung, so daß ein geschätzter Konses erreichbar ist.

Zugegeben, die Vergänglichkeit vieler ungewöhnlicher Phänomene kann dazu führen, daß Ihre wissenschaftliche Untersuchung schwierig oder unmöglich ist. Aber das Gesicht auf Mars gehört in eine andere Klasse von Phänomenen: Sie haben keine Eile. Wenn wir zum Mars zurückkehren, dann werden wir feststellen, daß das Gesicht und sein Gefolge von rätselhaften Strukturen geduldig unserer wissenschaftlichen Neugier harrt, wie vielleicht schon seit Millionen von Jahren.

Es wird oft diskutiert, daß außergewöhnliche Behauptungen auch außergewöhnliche Beweise verlangen. Dann haben wir in diesem Fall Glück gehabt, denn diese Frage kann durch eine außergewöhnliche Gelegenheit gelöst werden – eine Rückkehr zum Mars, die bereits angesetzt und finanziert ist. Hoffentlich kann 1993, wenn NASA's Mars-Observer den Roten Planeten erreicht und sehr achtsam hochauflösendes Bildmaterial unter kontrollierten Bedingungen sammelt, die Wahrheit ein für allemal bestimmt werden. Bis dahin werden alle, die spekulieren, weiterhin spekulieren, alle Skeptiker werden weiterhin zweifeln und andere wie ich selbst werden fortfahren, die existierenden Daten zu analysieren.

Es wurde gesagt, das Marsgesicht sei entweder vollständig natürlich oder künstlich; wenn man bedenkt, was hier auf dem Spiel steht, gibt es hier keinen Mittelweg. Jene, die glauben, daß es natürlich sei, argumentieren, daß kein verbindlicher Beweis für Leben, nicht einmal mikrobiologisches, auf dem Mars gefunden wurde. Wie kann dann ein Objekt wie dieses Gesicht überhaupt existieren? Alle werden jedoch zugeben, daß es noch viel zu lernen gibt.

Im Moment besteht die Herausforderung darin, Daten zu sammeln, experimentelle und beweisbare Kriterien zu entwickeln und uns sorgfältig auf die erneute Betrachtung vom Mars vorzubereiten. Es ist vielleicht noch zu früh, um zu laut über den Ursprung und die Bedeutung dieses Rätsels zu spekulieren; im Moment ist es einfach nur da.

Die Leser werden meinen Gebrauch von beschreibenden Namen wie „die Stadt" und „die Festung" durch das ganze Buch bemerken, um bestimmte Marsgegebenheiten zu identifizieren. Diese Kurzbezeichnungen wurden während der letzten Dekade von unabhängigen Forschern geprägt und werden routinemäßig angewendet, konsequent zum Segen der Bequemlichkeit. Sie enthalten keine Unterstützung bestimmter Interpretationen dieser Objekte.

Konstruktive Kritik, Kommentare und Vorschläge bezüglich zukünftiger Ausgaben dieses Buches sind sehr willkommen und können über den Verleger weitergeleitet werden.

– *Mark J. Carlotto*

TEIL I.

DAS RÄTSEL

DAS RÄTSEL

„Oh mein Gott, schau Dir das an!"
Viking Projekt Techniker, Toby Owen, July 1976

Das Gesicht auf dem Mars

Auf der Oberfläche des Mars liegt eine Formation, die erstaunlich einem menschlichen Gesicht gleicht. Für einige ist das der Grund, warum sie da ist, uns rufend zu kommen und zu erkunden. Andere glauben, daß es einfach eine komisch ausssehende geologische Landform ist – eine Formation, geformt über die Zeit durch die zufälligen Kräfte der Natur. Daß es unsere Einbildung ist und unser Verlangen, anderes Leben im Universum zu finden, die dazu führt, daß wir es als ein von Intelligenz geformtes Objekt betrachten.

Vielleicht ist dies alles, was über das Gesicht auf dem Mars gesagt werden kann. Vorausgesetzt, daß es in seiner Art eimalig wäre. Aber es ist nicht einmalig. In der Nähe gibt es andere ungewöhnlich aussehende Objekte. Einige sehr geometrisch in ihrer Form. Eine Anzahl von Ihnen sieht aus wie Pyramiden, eine offensichtlich fünfseitig. Außerdem scheinen die Objekte auf der Marsoberfläche in einem organisierten Muster angelegt zu sein. Und wiederum ist es vielleicht unsere Vorstellung, die uns täuscht, etwas zu sehen, das gar nicht da ist. Aber da ist noch mehr.

Bei näherer Betrachtung sehen wir, daß dort subtile Details in dem Gesicht sind wie auch in mehreren anderen der Objekte. Details, die nicht da sein sollten wenn diese Objekt natürlich wäre. Logischerweise sollten diese Details eher durch erodierende Prozesse ausgelöscht worden sein anstatt erhalten.

Aber wiederum halten wir inne und fragen uns: Könnte alles das, was wir sehen, ein Bild sein oder sich verändernde künstliche Objekte? Fragen, die gestellt werden müssen, wann immer jemand digitale Satellitenaufnahmen interpretiert. Und wieder scheint die Antwort nein zu sein. Was wir sehen ist in mehr als einer Aufnahme präsent. Tatsächlich sind alle diese Objekte wenigstens zweimal aufgenommen worden – ungefähr im Abstand von 35 Tagen und unter leicht unterschiedlichen Sonnenständen.

Wenn das Gesicht auf Mars und die nahegelegenen pyramidalen Objekte künstlich sind, dann fordern sie uns auf, sie mit der ägyptischen Sphinx und den Pyramiden zu vergleichen. Aber es gibt keinen Vergleich. Diese Objekte auf Mars sind gewaltig selbst nach den Standards derer, die jene Pyramiden auf dem Plateau von Gizeh gebaut haben. Das Gesicht ist über eine Meile lang und dreimal so hoch wie die Große Pyramide. Während die Große Pyramide vier Seiten hat, jede etwa 226 m lang, besitzt die scheinbar fünfseitige Pyramide auf Mars Seiten, die gut über eine Meile lang sind. Die Pyramiden auf Mars sind ungefähr 100 mal größer in der Fläche und 1000 mal größer im Volumen als die Große Pyramide, eine der größten Strukturen auf der Erde!

Der enorme Maßstab dieser Objekte auf Mars scheint zu implizieren, daß sie nicht real sein können. Sie müssen natürliche geologische Formationen sein. Da die Gravitation auf Mars wiederum nur ein Drittel der auf der Erde ist, könnte jemand mit derselben Technologie wie auf der Erde erheblich größere Strukturen bauen. Dann haben wir keine Erklärung, weil wir nicht einmal erklären können, wie die Ägyptischen Pyramiden gebaut wurden, geschweige denn die Hinterlassenschaften anderer irdischer Rätsel.

So scheint es, als ob wir eine wahres Mysterium in unseren Händen halten.

Die mögliche Entdeckung von künstlichen Strukturen auf einem anderen Planeten wäre eine der wichtigsten Entdeckungen in der Geschichte der Menschheit. Sie sollte eine weitreichende Revolution im wissenschaftlichen, sozialen und philosophischen Denken hervorrufen. Aber sie tat es nicht. Die fähigsten Köpfe der Erde sollten versuchen herauszufinden warum sie da sind und, um dies herauszufinden, an einer Mission zum Mars arbeiten. Aber sie tun es nicht.

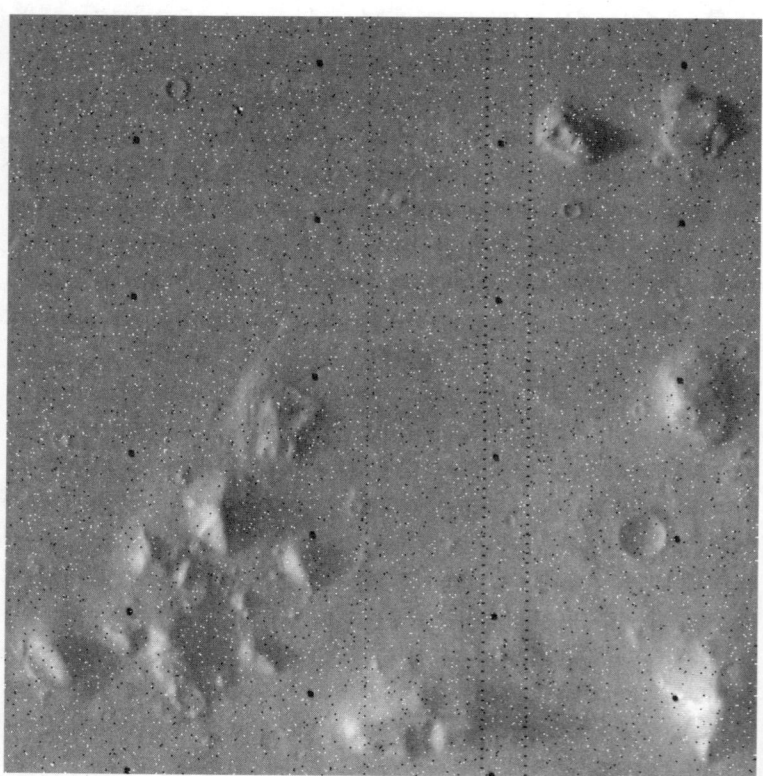

Größerer Ausschnitt der Original Vikingorbiter, Aufnahme des Gesichtes und nahegelegene Strukturen zeigend. Durch Reduktion der Kontrastbearbeitung wird das Gesicht interessanter. Es ist merkwürdig, daß niemand die nahegelegenen Strukturen wahrgenommen hat, welche in verschiedenster Art ungewöhnlicher sind als das Gesicht selbst.

Originalaufnahme des Gesicht auf Mars veröffentlicht von der NASA im Juli 1976. Die Komplettbearbeitung der Aufnahme hat vollständig alle Details des Gesicht ausgelöscht.

Vielleicht waren wir noch nicht bereit, da bis vor kurzem selbst die Möglichkeit, Mikroben auf dem Mars zu finden als absurd galt. Aber durch die kürzliche Entdeckung dessen, was wie versteinerte Mikroorganismen in einem Meteoriten erscheint, von dem man glaubt, daß er vom Mars stammt, verändert sich die wissenschaftliche Einstellung. Und die Öffentlichkeit scheint hungrig nach mehr zu sein. Visionäre beginnen, vom Mars als der nächsten Herausforderung zu sprechen. Ingenieure haben preiswerte Lösungen entwickelt, wie wir dorthin gelangen. Wissenschaftler selbst reden davon, den Mars zu „terraformen", – ihn in eine zweite Erde zu verwandeln.

Währenddessen wartet das Gesicht auf Mars geduldig auf uns. Es hat Jahrtausende gewartet. Es kann noch eine Weile länger warten.

Die Rückkehr der Mars Kanalbauer

Unser Interesse an Mars ist ein relativ neues Phänomen. Es begann im späten 18 Jahrhundert als teilweise verbesserte Teleskope zeigten, daß der Mars der Erde auf einige Arten ähnelt. Dies löste Spekulationen über Leben auf dem Mars aus, die bis ins 19 Jahrhundert anhielten und zu der großen Kontroverse über die Marskanäle führte. Und fast ein Jahrhundert später verfolgen uns die Kanäle immer noch.

Kurz nachdem das Gesicht zum ersten mal im Sommer 1976 aufgenommen wurde, scherzte der bekannte Geologe Harold Masursky „Das ist der Typ, der die ganzen Kanäle von Lowell gebaut hat." Die meisten Planetarwissenschaftler scheinen mit Hal Masursky, Carl Sagan und anderen übereinzustimmen, die sagen, daß das Gesicht auf dem Mars, genauso wie die Kanäle, eine Illusion ist. Laut Sagan sagte Lowell, „daß die Regelmäßigkeit der Kanäle ein unmißverständliches Zeichen dafür sei, daß sie intelligenten Ursprungs sind. Dies ist sicherlich wahr. Die einzig ungelöste Frage war, welche Seite des Teleskops die intelligente war."

Während einige Planetarwissenschaftler offen sind für die Möglichkeit, daß das Gesicht und andere nahegelegene Objekte künstlich sind – daß sie eine genauere Betrachtung verdienen, sehen die meisten oder wollen nicht mehr sehen als daß das Gesicht eine ungewöhnliche Felsformation ist. Obwohl dies merkwürdig erscheint, war es tatsächlich zu erwarten. Laut Thomas Kuhn in seinem Buch *Structure of Scientific Revolutions* basiert normale Wissenschaft auf Paradigmen, Arten, die Welt zu betrachten. „Kein Stück des Ziels von normaler Wissenschaft dient dazu, neue Phänomene herauszufordern; es ist vielmehr so, daß solche, die nicht in die Schublade passen, (die das Paradigma unterstützt) oft gar nicht wahrgenommen werden."

Eine große Anzahl der Gemeinschaft der Planetarwissenschaftler besteht aus Geologen. Und Geologen sehen die Gegebenheiten der Marsoberfläche einfach nur als Geologie. Sie sehen die Möglichkeit, daß das Gesicht eventuell künstlich sein könnte, nicht, weil sie es nicht können. Es liegt außerhalb ihrer Disziplin.

Andere Wissenschaftler weigern sich, das Gesicht als ein künstliches Objekt zu betrachten, weil seine Existenz ihre Weltsicht untergraben würde. Wenn es künstlich wäre, dann wurde es entweder von einer technologischen Zivilisation beheimatet auf dem Planeten, von Besuchern von außerhalb unsere Sonnensystems oder von einer ehemaligen technologischen Zivilisation von der Erde gebaut.

Also fragen Sie, wie kann dort ein menschliches Gesicht auf dem Mars sein? Im besten Fall war der Mars während seiner ersten Milliarde Jahre warm und feucht. Es brauchte fünf Milliarden Jahre, für das Leben um zu beginnen und sich zu seiner heutigen Form zu entwickeln. Wie könnte das gleiche auf dem Mars passiert sein in nur einer Milliarde Jahren?

Oder Sie fragen, wenn es von Besuchern von außerhalb unseres Sonnensystems errichtet wurde, warum Sie ein menschliches Gesicht wählten? Waren Sie selbst humanoid? Ob sie nun Marsianer waren oder Besucher von außerhalb unseres Systems, die menschliche Form erzeugt ein weiters Problem. Laut Darwin folgt die Evolution keinem vorgegebenen Weg. Sie verfolgt kein Ziel. Vielleicht ist sie sogar zufällig. Wie kann dann die gleiche Form auf zwei unterschiedlichen Planeten entstehen, beide mit radikal unterschiedlichen Entwicklungsgeschichten?

Oder Sie fragen wie könnte es von einer früheren Rasse von Menschen von der Erde gebaut worden sein. Sie spekulieren, daß es Millionen, vielleicht sogar Milliarden von Jahren alt ist. Aber selbst wenn es nur einige zehntausend Jahre alt wäre, wie könnte es von Menschen gebaut worden sein die zu jener Zeit gerade Steinwerkzeuge entdeckten? Sie sagen, daß es keine Beweise einer früheren technologisch fortgeschrittenen Rasse auf der Erde gibt. Trotzdem gibt es viele alte Rätsel, die wir immer noch nicht erklären können.

Wenn das Marsgesicht künstlich ist, wird es einen größeren Paradigmenwechsel auslösen. Und die Wissenschaften haben sich historisch solchen Wechseln widersetzt. Auch dies muß mit in Betracht gezogen werden bei dem, was passiert. Könnte der Wunsch, die Paradigmen zu schützen, einige Wissenschaftler dazu gebracht haben, etwas zu eifrig zu sein? Die Regeln des Spiels ein wenig zu beugen? Nicht nur einfach kritisch zu sein, sondern in die Offensive zu gehen und zu versuchen, jene zu diskreditieren, die glauben, daß das Gesicht vielleicht künstlich ist, um die Wahrheit ein wenig zu verwirren? Wobei sie niemals bestimmte Forscher beim Namen nennen – Forscher, die tatsächlich ihre Arbeit zur Überprüfung freigegeben haben und deren Arbeiten in technischen oder wissenschaftlichen Magazinen veröffentlicht worden ist. Forschung, die gute Beweise liefert für nicht nur eine isolierte Anomalie, sondern für eine Kollektion von ungewöhnlichen Formationen. Deren Verschiedenheit voneinander schwer zu erklären ist.

Oder könnte der Wunsch, das Paradigma zu verteidigen, andere Wissenschaftler dazu verleiten, in eine ablehnende Haltung zu verfallen, zu sagen, daß Gesicht kann nicht da sein, also ist es auch nicht da? Zu versuchen, aus der ganzen Angelegenheit einen Witz zu machen?

Ich stelle diese Fragen, weil viele Menschen sich für Antworten an die Aussagen von Wissenschaftlern halten. Was soll ich über dieses Gesicht auf dem Mars denken? Könnte es echt sein? Was bedeutet es? Wenn die Wissenschaft das Gesicht auf dem Mars lächerlich macht, werden es auch die Menschen, die sich auf diese Wissenschaftler verlassen, daß sie ihnen helfen die Fakten zu sortieren. Sie werden auch denken, daß es nur ein Witz ist. Unzweifelhaft werden sie amüsiert durch Berichte der Regenbogenpresse von Tempelruinen auf dem Mars, der Stimme von Elvis Presley, die von dem Gesicht auf dem Mars ausstrahlt und anderem Unsinn dieser Art. Aber letztendlich sind sie vielleicht fehlgeleitet.

Also, welche Beweise existieren, um die Behauptung zu unterstützen, daß das Gesicht und andere nahegelegene Objekte auf dem Mars künstlich in ihrem Ursprung sind? Das berühmte Zitat des ehemaligen Astronomen Carl Sagan „Außergewöhnliche Behauptungen verlangen außergewöhnliche Beweise" legt die Verantwortung für das zur Verfügung stellen des Beweises in die Hände des Individuums oder der Gruppe, die jene Behauptung aufstellt. Die meisten werden zugeben, das es keinen einzigen direkten Beweis, sozusagen keine „Tatwaffe" gibt, um die Behauptung der Künstlichkeit zu unterstützen. Also, wie viele Beweise gibt es? Nur einige interessante Zufälligkeiten, oder gibt es mehr?

Die kürzliche Mitteilung bezüglich der möglichen Entdeckung von versteinerten Mikroorganismen in einem Meteoriten hat sehr großes Interesse auf die Marserkundung gelenkt. Dies ist mit Sicherheit eine außergewöhnliche Behauptung. Aber sind die Beweise genauso außergewöhnlich? Einige Wissenschaftler sagen nein. Die Forscher selbst geben zu, daß jedes einzelne Teil des Beweises für sich andere Interpretationen zuläßt und daß ihre Schlußfolgerung nicht auf einem Stück für einen direkten Beweis (eine lebende Mikrobe) beruht, sondern auf mehreren Stücken von indirekten Beweisen, die alle auf dieselbe Schlußfolgerung hindeuten. Es ist das Zusammenlaufen der Indizien, daß sie dazu geführt hat, darauf zu schließen, daß sie eine versteinerte Mikrobe gefunden haben.

Der Punkt hier ist aber nicht, ob der Beweis stark oder schwach ist, sondern daß die Frage nach mikrobiologischem Leben überhaupt diskutiert wird. Mit anderen Worten, warum ist die Suche nach Mikroben wissenschaftlicher als die Suche nach künstlichen Strukturen? Vielleicht, weil Mikroben zu finden das Paradigma weniger in Aufregung versetzt als die Entdeckung eines eine Meile großen menschlichen Gesichts auf dem Mars.

Seit den frühen 60'er Jahren wurden Radioteleskope benutzt für die Suche nach Signalen von außerhalb unseres Sonnensystems. Die Suche nach außerirdischer Intelligenz (SETI) basiert auf der Annahme, daß es eine ausreichende Anzahl von technologisch fortgeschrittenen Zivilisationen in der Galaxis gibt, um eine solche Suche überhaupt zu rechtfertigen. Könnte eine kleine Anzahl dieser technologischen Zivilisationen, die Technik für den Raumflug entwickelt haben und eine von Ihnen unser Sonnensystem besucht, in ferner Vergangenheit, vielleicht Mars, und Kunsterzeugnisse auf seiner Oberfläche hinterlassen haben? Man würde glauben, daß, wenn die Suche nach außerirdischen Radiosignalen eine legitime wissenschaftliche Anstrengung ist, warum nicht dann auch die Suche nach außerirdischen Kunsterzeugnissen? Wiederum könnte es sein, daß die Entdeckung von Radiosignalen eines Sternensystems viele Lichtjahre entfernt weniger erschreckend wäre als die Entdeckung von realen physischen Hinterlassenschaften praktisch vor unserer Haustür auf dem Mars?

Warum also ist nicht, abgesehen von der Möglichkeit, daß das Gesicht auf dem Mars viele unserer wertgeschätzten Paradigmen in Aufregung versetzt, das Studium des Gesichts wissenschaftlich? Das Phänomen selbst liegt eindeutig innerhalb des Bereichs der Wissenschaften. Die Hypothese, daß das Gesicht künstlich ist, ist verfälschbar. Aber sie kann getestet werden.

Einige Wissenschaftler sagen, daß die Aufnahmen zu unscharf sind, nicht detailliert genug, um die Behauptung der Künstlichkeit zu diesem Zeitpunkt zu unterstützen. Das es nur durch eine magische Angelegenheit bekannt als „image processing" (Bildbearbeitung) gelingt, daß man etwas sieht. Und das, was man sieht, ist in Wirklichkeit gar nicht da. Es ist das Rauschen in den Aufnahmen verstärkt durch den nicht sachgemäßen Gebrauch von Bildbearbeitungstechniken. Aber ist dies wirklich der Fall?

Sind so viele Menschen einfach die Opfer von „wunscherfülltem Sehen" geworden, deren Wahrnehmung durch ihre Erwartungen voreingenommen war, durch das was sie sehen wollten?

Eventuell sind es die Methoden, die verwendet wurden, oder die Schlußfolgerungen der Forscher, die unwissenschaftlich sind. Aber was ist wenn die Methoden bereits getestet worden sind? Zum Beispiel, was fängt man mit einer mathematischen Technik an, welche künstliche menschliche Objekte in irdischen Satellitenaufnahmen entdeckt, die feststellt, daß das Gesicht das am wenigsten natürliche Objekt in dieser Region von Cydonia ist? Oder das Ergebnis einer dreidimensionalen Analyse des Gesichts die zeigt, daß es sein Aussehen über einen weiten Bereich von Beleuchtungsbedingungen und Perspektiven hinweg behält? Mit anderen Worten: daß es keine optische Illusion ist.

Das Gesicht auf dem Mars erinnert manche Wissenschaftler an die große Kontroverse über die Marskanäle ungefähr zur Zeit der Jahrhundertwende. Mit teilweise verbesserten Teleskopen begannen Astronomen erstmals Andeutungen von subtilen Gegebenheiten der Marsoberfläche zu sehen. Für viele integrierten ihre Augen diese subtilen Muster zu linearen Ausdrücken. Einige interpretierten, daß diese Linien Wasserwege sind, gebaut von Marsianern, um Wasser über ihren ausgetrockneten und sterbenden Planeten zu verteilen.

Aber dann, als die Teleskope fortfuhren sich zu entwickeln, begannen Astronomen wahrzunehmen, daß die Kanäle nach allem eine Illusion waren. Viele der heutigen

Wissenschaftler glauben, daß es genau das ist, was gerade geschieht, wenn die Sprache auf das Gesicht auf dem Mars kommt. Daß Aufnahmen mit einer größeren Auflösung beweisen werden, daß das Gesicht und andere Objekte natürliche Felsformationen sind.

Vielleicht. Aber die Meinungen über die Möglichkeit von Leben auf dem Mars haben sich über die Jahre hinweg dramatisch verändert – von Percival Lowell's Kanälen, zu dem toten Planeten aufgenommen, von den frühen Mariner Vorstößen, zu enormen Vulkanen, großen Canyonsystemen und Rinnen ausgewaschen durch Wasser, entdeckt von Mariner 9 und später bestätigt durch Viking.

Eine Lektion ist klar, besonders wenn es um den Mars geht – sei vorbereitet für das Unerwartete!

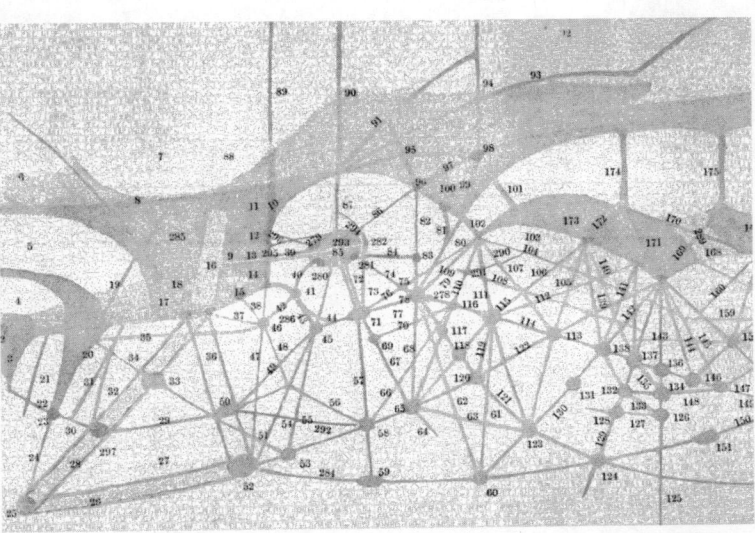

Ausschnitt einer frühen Karte des Mars gezeichnet von Percival Lowell, die Kanäle zeigend.

Die Candor Spalte, generiert aus Aufnahmen des Viking Orbiters zeigt ihre komplexe Geomorphologie, geformt durch Tektonik, Erdrutsche, Wind und vielleicht durch Wasser und Vulkanismus.

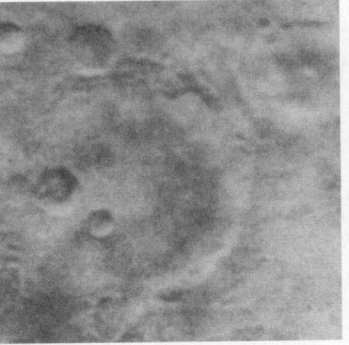

Die ersten Bilder vom Mars, aufgenommen vom Raumfahrzeug Mariner 4 im Jahr 1965. (NASA)

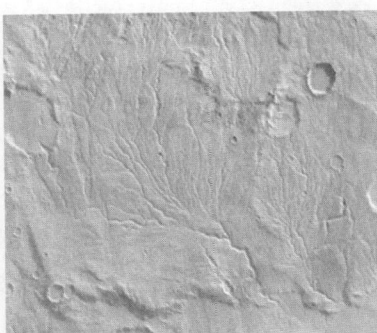

Netzwerk aus Tälern auf dem Mars ähnlich irdischen Abflußsystemen, bei denen Gräben zusammenlaufen, um größere Kanäle zu bilden. (USGS)

TEIL II.
WIEDERENTDECKUNG

WIEDERENTDECKUNG

„Die Entdeckung von Leben auf dem Mars würde als eine der wichtigsten Entdeckungen des 20. Jahrhunderts angesehen."
Norman Horowitz, 1986

Im Juli 1976 erwarb einer der NASA Mars-Orbiter ein Bild, daß so schien als ob es ein menschliches Gesicht zeigt, welches unmittelbar von der Marsoberfläche in den Weltraum starrt. Das Marsgesicht liegt in einer Region, die als Cydonia (sprich sid-DO-nee-ah) bekannt ist, in der nördlichen Hemisphäre des Planeten, die ursprünglich als ein möglicher Landeplatz für Viking in Betracht gezogen worden war. Anfangs gab es einige Aufregung; aber dann, zumindest der NASA nach, wurde über ein zweites Bild berichtet, das über dem gleichen Gebiet „einige Stunden später" geschossen wurde und nichts Ungewöhnliches zeigt. Als Ergebnis wurde der Gesichtszug als eine Erscheinung abgetan – eine „Kuriosität aus Licht und Schatten„ – und war bald vergessen.

Vincent DiPietro und Gregory Molenaar, zwei Ingenieure, die an NASA's Goddard Raumflug Zentrum arbeiteten, entdeckten die vergessenen Bilder des Gesichts wieder, während sie die Archive der Viking Mission am National Space Science Data Center durchsuchten. Neben der Durchführung ihrer eigenen Untersuchungen fanden sie, in den NSSDC Archiven falsch abgelegt, ein zweites bestätigendes Bild des Gesichts, bei leicht veränderten Sonnenstand aufgenommen, nicht einige Stunden, sondern fünfunddreißig Orbite später. Sie stellten auch fest, daß „einige Stunden später" deutlich nach Sonnenuntergang gewesen und der Viking Orbiter dann schon in einiger Entfernung von Cydonia gewesen wäre.

DiPietro und Molenaar's eigene digitale Bildaufbearbeitung zeigt das Gesicht als ein ziemlich bisymmetrisches Objekt, das deutlich ausgeprägte Gesichtszüge besitzt, die Augen andeuten, eine kammartige Nase, einen Mund und einen umgebenden Kopfschmuck oder Helm. Das Gesicht scheint strukturell und ästhetisch differenzierter zu sein, verglichen mit den karrikaturistischen, zweidimensionalen „Gesichtern" die man in zufälligen Landschaftsformen findet, sowohl auf dem Mars, als auch auf der Erde. Obwohl ihre Arbeit in einer technisch verantwortungsvollen Weise gehalten war, diktierte ihre kontroverse Natur, daß ihre Ergebnisse unabhängig von der Gemeinschaft der Planetarwissenschaftler veröffentlicht wurde.[1]

Die anfängliche Kritik an DiPietro's und Molenaar's Ergebnis konzentrierte sich auf die menschliche Tendenz, Gesichter überall zu entdecken. Mit anderen Worten, findet man einen Gesichtszug, der, bis zu welchem Grad auch immer, ein menschliches Gesicht darstellt in der Isolation von Mars, so sagt uns das gar nichts. Aber in einer nachfolgenden Untersuchung motiviert durch ihre Arbeit, wurden andere Objekte gefunden, die mit dem Gesicht in Verbindung zu stehen schienen.[2] Besonders der Wissenschaftsautor Richard C. Hoagland von dem unabhängigen Mars-Untersuchungsteam erwähnt, daß das Gesicht mit einer Anzahl annähernd pyramidenförmiger Objekte im Südwesten ausgerichtet zu sein scheint, die nicht so aussehen, als

Die Viking Mission

Viking I und II (manchmal auch als A und B bezeichnet) waren zwei identische Raumfahrzeuge, von denen jedes einen Orbiter und einen Lander besaß. Eines der Mandate der Viking Missionen war es, zu bestimmen, ob Leben auf dem Mars existiert jetzt oder in der Vergangenheit.

Als Viking I Mars im Sommer 1976 erreichte, begab es sich in einen eiförmigen Orbit, synchronisiert mit der 24-Stunden 37-Minuten Rotation des Planeten. Bei jeder Periapsis (die naheste Annäherung an die Oberfläche des Planeten) schaltete der Orbiter seine beiden elektronischen Kameras ein und nahm einen langen Streifen überlappender Aufnahmen auf, die später zur Erde gesendet wurden, vergleichbar einer Fernsehübertragung.

Die NASA wußte von ihren früheren Mariner Missionen, daß das Marsgelände zerklüftet ist. Einer der Gründe für Viking's Kartierung des Mars war es daher, sichere Aufsetzplätze für ihre Lander zu finden, um diese nach Möglichkeit von potentiellen Gefahren wie Felsbrocken oder Spalten zu bewahren. Da Vikings Kameras nur Objekte auflösen (erkennen) konnten, die größer als 50 Meter (150 feet) sind während dieser Phase der Mission, nahm es die meisten der Aufnahmen am späten Nachmittag auf, wenn kleine Gegenstände lange Schatten werfen würden, die potentielle Unebenheiten für eine Landung leichter sichtbar machen.

Viking's Übertragungen wurden in der Goldstone-Überwachungsstation in der Mojave Wüste empfangen und in Real-Zeit zum Jet Propulsion Laboratory (JPL) am Institut of Technology in Pasadena überspielt. Dort wurden sie in über 60.000 fotographische Negative umgesetzt, jedes ungefähr 12 cm im Quadrat und jedes repräsentiert in etwa tausend Quadratmeilen der Marsoberfläche, wenn es bei Viking's geringster Orbitalhöhe aufgenommen wurde. Die Kontaktabzüge, die von diesen Negativen erstellt wurden, waren absichtlich mit einem relativ hohen Kontrast produziert worden, um Gefahrenstellen für die Landung und ähnliche Gegebenheiten deutlich sichtbarer wahrnehmen zu können. Während diese Technik es erleichtert, das Gesicht hervorzuheben, tendiert sie dazu, alle feinen Details zu unterdrücken.

Vikings Aufnahmen werden durch ihre Einzelbildnummern identifiziert. Zum Beispiel wurde 35A72 während des fünfunddreißigsten Orbits von Raumschiff A aufgenommen und war das zweiundsiebzigste Bild das während des Orbits aufgenommen wurde. Die Bildnummern 35A72 und 70A13 sind die hochauflösensten (detailreichsten) Aufnahmen, die vom Gesicht zur Verfügung stehen und wurden nahe Periapsis (der niederigsten Orbitalhöhe) gemacht, als das Raumschiff ungefähr 1500 Kilometer von Mars entfernt war. Auf dieser Höhe betrug die Bildauflösung auf der Marsoberfläche ungefähr 50 Meter pro Pixel. Die anderen Bildnummern sind weit weniger detailliert, aufgenommen nahe Apoapsis, (der größten Höhe, die in Viking's eliptischem Orbit erreicht wird) ungefähr 33.000 Kilometer weit weg (4).

Es ist bekannt, daß nur ein paar Aufnahmen des Gesichts auf Mars existieren : 35A72 (die Originalaufnahme entdeckt am JPL), 70A13 (die zweite Aufnahme gefunden von DiPietro und Molenaar) und einige andere niedrigauflösende Aufnahmen, die im späteren Verlauf der Mission gemacht wurden: 673B54, 673B56, 753A33 und 753A34. Soweit bekannt ist, wurden keine aufbearbeiteten, vergrößerten oder kontrastkontrollierten Abzüge von dem Gesicht von der NASA, zum Zweck des Studiums oder der Analyse, angefertigt. Die Entdeckungsaufnahme, Bildnummer 35A72, wurde einen Augenblick lang als Kuriosität gezeigt und dann einfach wegsortiert.

ob sie in die Geologie von Cydonia passen. Er bezeichnete sie als die „Stadt" und fuhr fort zu zeigen, daß die Sonnenwend-Ausrichtung zwischen dem Gesicht, Schlüsselobjekten in der Stadt und anderen nahegelegenen anomalen Zügen nur etwa alle Million Jahre erfüllt wird. Die letzte Ausrichtung fand vor ungefähr einer halben Million Jahren statt. Andere beobachteten, daß die Stadt und das Gesicht in der Nähe der scheinbaren Küstenlinie eines alten nördlich gelegenen Meeres liegt, das einst auf dem Mars existiert haben mag.

Dieses und andere Ergebnisse dieser Untersuchung wurden 1984 auf der Konferenz „Argumente für Mars" in Boulder, Colorado präsentiert. Kritiker antworteten, daß künstliche Objekte nicht auf dem Mars auftreten können, weil kein Leben, geschweige denn eine technologische Zivilisation, die fähig wäre, solche Objekte zu schaffen, sich dort rechtzeitig hätte entwickeln können, gemäß den gängigen Theorien. Außerdem könnte die Möglichkeit interplanetarer Kolonisation nicht wirklich ernsthaft in Betracht werden.

Bis 1985 hatte sich die unabhängige Untersuchung bemüht, breitere interdisziplinäre Unterstützung in der technischen und wissenschaftlichen Gemeinde zu gewinnen. Bald erhielt ich mehrere Computerbänder, die über Zwanzig Viking-Orbiter-Aufnahmen des Gesichts und anderer interessanter Objekte enthielten, und ich begann State-of-the-Art Bildbearbeitungen mit Hilfe der besten verfügbaren Bildverarbeitungstechniken zu produzieren. Dieses Kapitel enthält viel von dieser frühen Arbeit, welche später in Büchern von Pozos[2] und Hoagland[3] auftaucht.

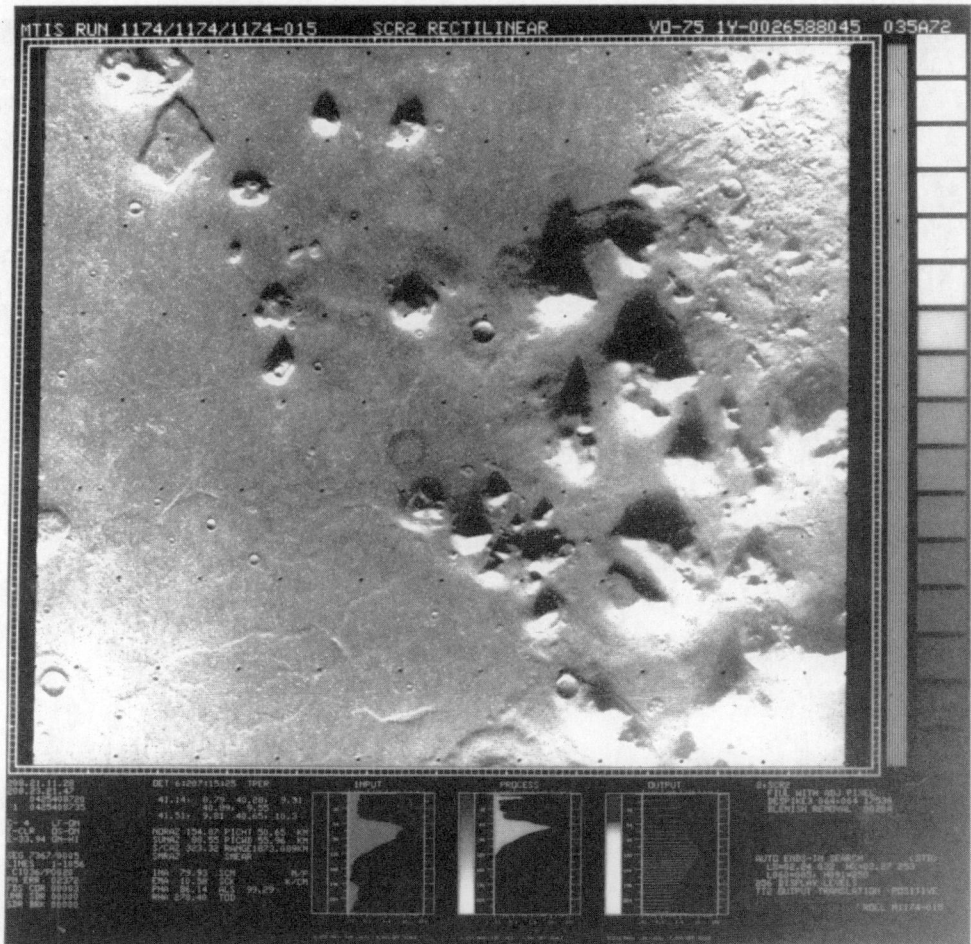

Die Originalaufnahme, 35A72, die das Gesicht zeigt (unterhalb und etwas rechts vom Zentrum). Die Aufnahme wurde spät am Nachmittag während des Marssommers gemacht, mit der Sonne ungefähr 10° über dem nordwestlichen Horizont. Die Aufnahme erfaßt in etwa die Fläche des Bundesstaates von Rhode Island. Falls das Gesicht von Grund auf künstlich konstruiert ist, dann ist es gemäß unseren Standards eine relativ große Struktur: 2.5 km lang (ungefähr 1,5 mal die Länge von San Francisco's Golden Gate Brücke) mal 2 km breit, mit einer Höhe von etwa 400 Metern (ungefähr so hoch wie New York City's World Trade Center) wie durch die Länge des Schattens angezeigt. Wenn es allein ein Produkt der Landschaft ist, entspricht es in seiner Größe vielen der großen Ingenieurleistungen auf der Erde.

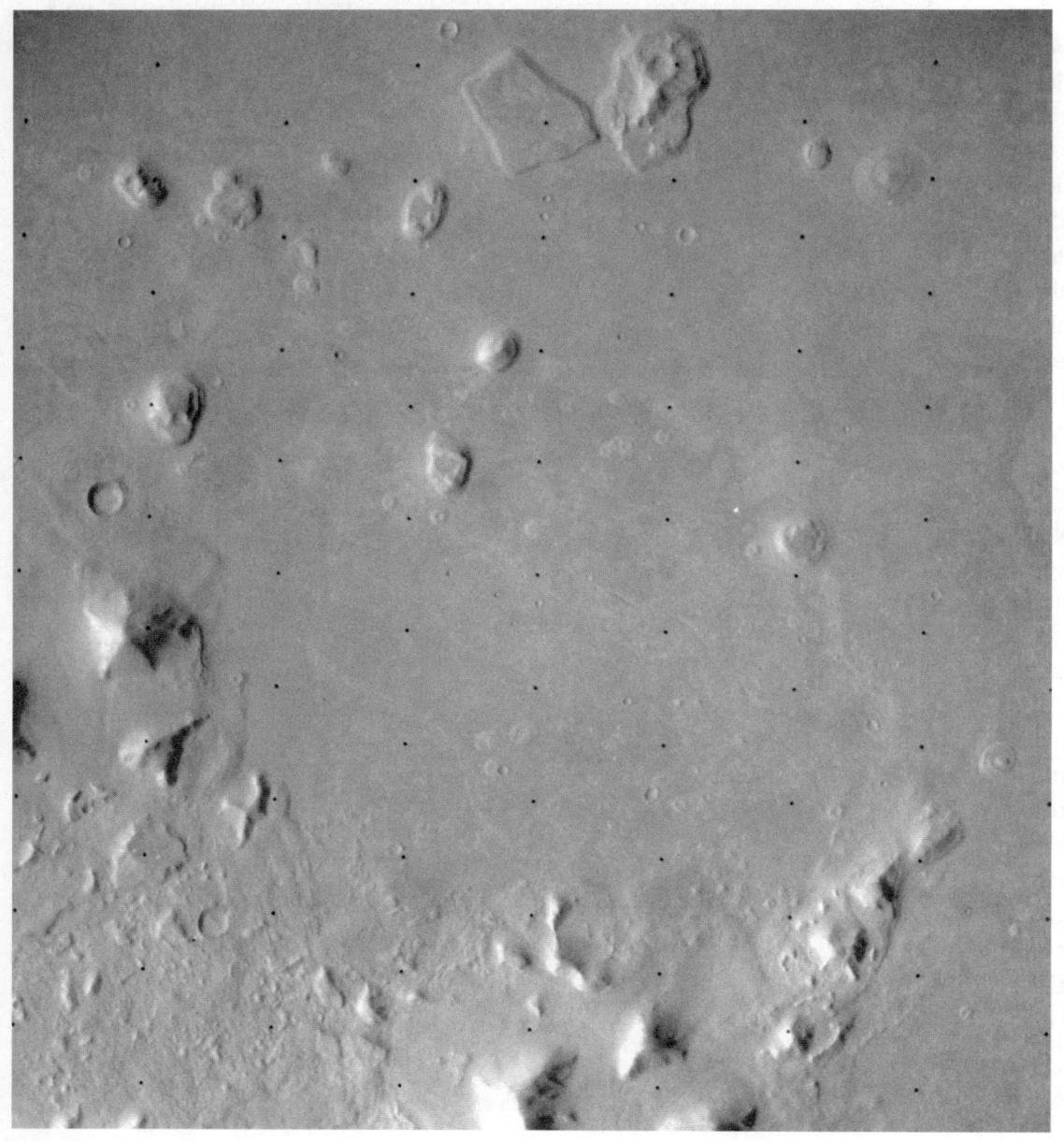

Die zweite Aufnahme, 70A13, die das Gesicht beinhaltet (oben links), gefunden einige Jahre später von DiPietro und Molenaar. Diese Aufnahme wurde 35 Orbits (ungefähr 35 Marstage) später erworben, mit der Sonne etwa 17° höher am Himmel. Bei dieser Aufnahme, mehr zur rechten, ist die schattige Seite des Gesichts zu sehen.

Ausschnitt von 673B56. Diese Aufnahme wurde einige Jahre später gemacht. Zu diesem Zeitpunkt der Mission passierte der Orbiter das Gesicht nahe Apoapsis, so daß die Auflösung (etwa 1 km pro Pixel) beträchtlich geringer ist als in den vorhergehenden Aufnahmen. Das Gesicht und die Stadt sind im unteren Teil der Fotographie, links der Mitte.

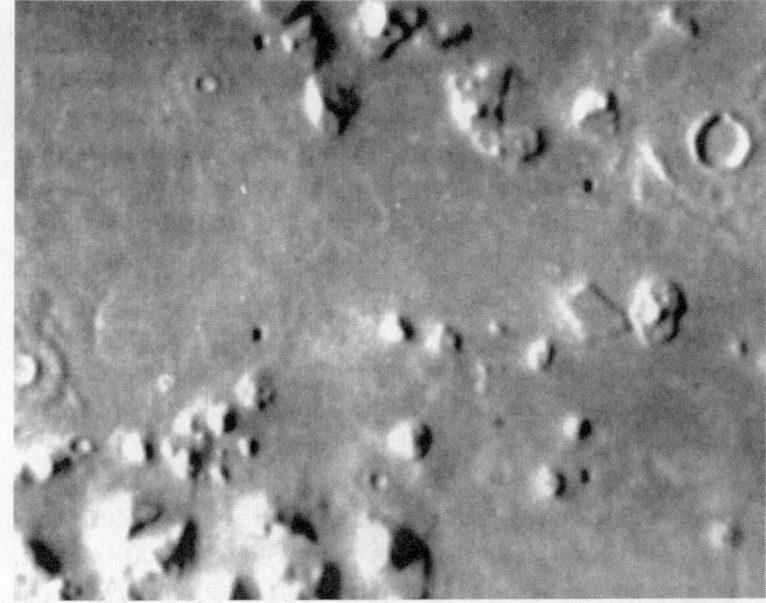

Ausschnitt der Topographischen Karte:[5] Er zeigt die Cydonia-Region des Mars mit der ungefähren Position des Gesichts und der Stadt. Das Gesicht liegt am Ende einer Kette erodierter Berge angrenzend an Acidalia Planitia und die nördlichen Ebenen, in einer Region des Mars, die als Cydonia bekannt ist. Es ist eine Region, die eine Vielzahl von abgeflachten Erhebungen mit kliffähnlichen Wänden (Mesas) und konischen Hügeln oder Knoten enthält.[6] Mesas sind 5-10 km breit, und man glaubt, daß sie Überreste von gekratertem Plateaumaterial sind, welche später von Erosionsprozessen abgetragen wurden. Knoten sind kleiner, ungefähr 2 km groß, und sie könnten isolierte Hügel mit einem seichten Graben um die Basis sein oder auf den Spitzen der Mesas liegen. Es ist noch kein einziger Mechanismus für ihren Ursprung vorgeschlagen worden. Geologisch wird die Formation, auf der das Gesicht erscheint, als Knoten angesehen. Brandenburg[2] hat vorgeschlagen, daß Gesicht und Stadt in der Nähe der Küstenlinie eines alten Ozeans während früherer Wasserepochen auf dem Mars lägen. Solche Spekulationen beruhen auf der Nähe dieser Objekte zu der 0 km Grundhöhenkontur und den Anzeichen von Wasserkanälen in der Umgebung.

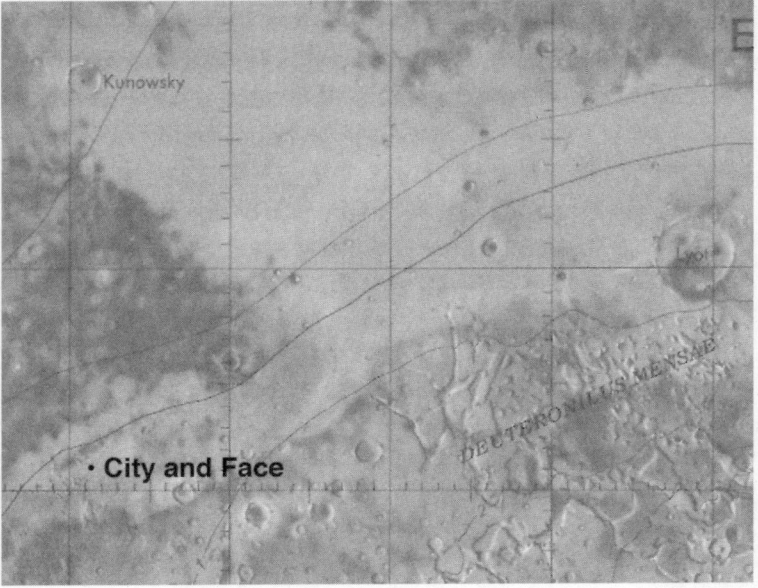

WIEDERHERSTELLUNG DER AUFNAHMEN

Alle Bilder, die von den Viking Kameras eingefangen wurde, besteht aus einer Reihe von 1182 mal 1056 Punkten oder Pixel (Bildelemente). Der Wert eines Pixels gibt die Helligkeit an diesem Punkt der Aufnahme an. Vikings Aufnahmesystem verwandelte den Wert jedes Pixel in eine Sequenz von sieben binären Digits (Nullen oder Einsen), normalerweise Bits genannt, die einzeln zur Erde übermittelt wurden. Auf der Erde wurden diese Sequenzen von Bits in den Originalwert für jeden Pixel zurückübersetzt und die Pixel dann wiederum zu einem Bild zusammengesetzt.

Aufgrund von Radiorauschen kann es zu Fehlern bei der Übermittlung der Daten zur Erde kommen. Zum Beispiel, wenn der Helligkeitswert eines Pixel's 100 beträgt, wird er dargestellt durch die sieben Bits 1100100. Wenn ein Fehler auftritt und das erste Bit als Null anstatt als Eins empfangen wird, verändert sich der Wert zu 0100100, welches in binärer Mathematik (Basis Zwei) nur 36 entspricht und deshalb sehr viel dunkler erscheinen würde als es in Wirklichkeit der Fall ist. Wenn genug Fehler auftreten, so wird das Endergebnis in dem wiederzusammengesetzten Bild „Salz und Pfeffer" Punkte sein, zufällig über die Aufnahme verstreut.

Da diese Fehler durch zufälliges Rauschen verursacht werden, ist es nicht möglich, den wahren Wert der Pixel wiederzuerlangen. Wie auch immer, es können die fehlenden Werte vielleicht aus den Werten der angrenzenden Pixel gefolgert werden, da sich die Helligkeitswerte normalerweise langsam genug über eine Aufnahme hinweg ändern. Dies wird vollbracht durch den Gebrauch eines Bildrestaurations- oder Aufräumalgorithmus, der Pixel entdeckt, die fehlerhaft sein könnten, und deren Wert durch eine Kombination der Werte der umgebenden Pixel ersetzt.

Bildnummer 35A72 wird hier gezeigt, teilweise mit dem Bilderrestaurationsalgorithmus bearbeitet. Die linke Seite enthält die Rohdaten, in welcher die Übertragungsfehler den Eindruck von „Salz und Pfeffer" Rauschen erschaffen. Die rechte Seite der Aufnahme wurde aufgeräumt mit Hilfe des Prozesses, der auf der gegenüberliegenden Seite beschrieben ist.

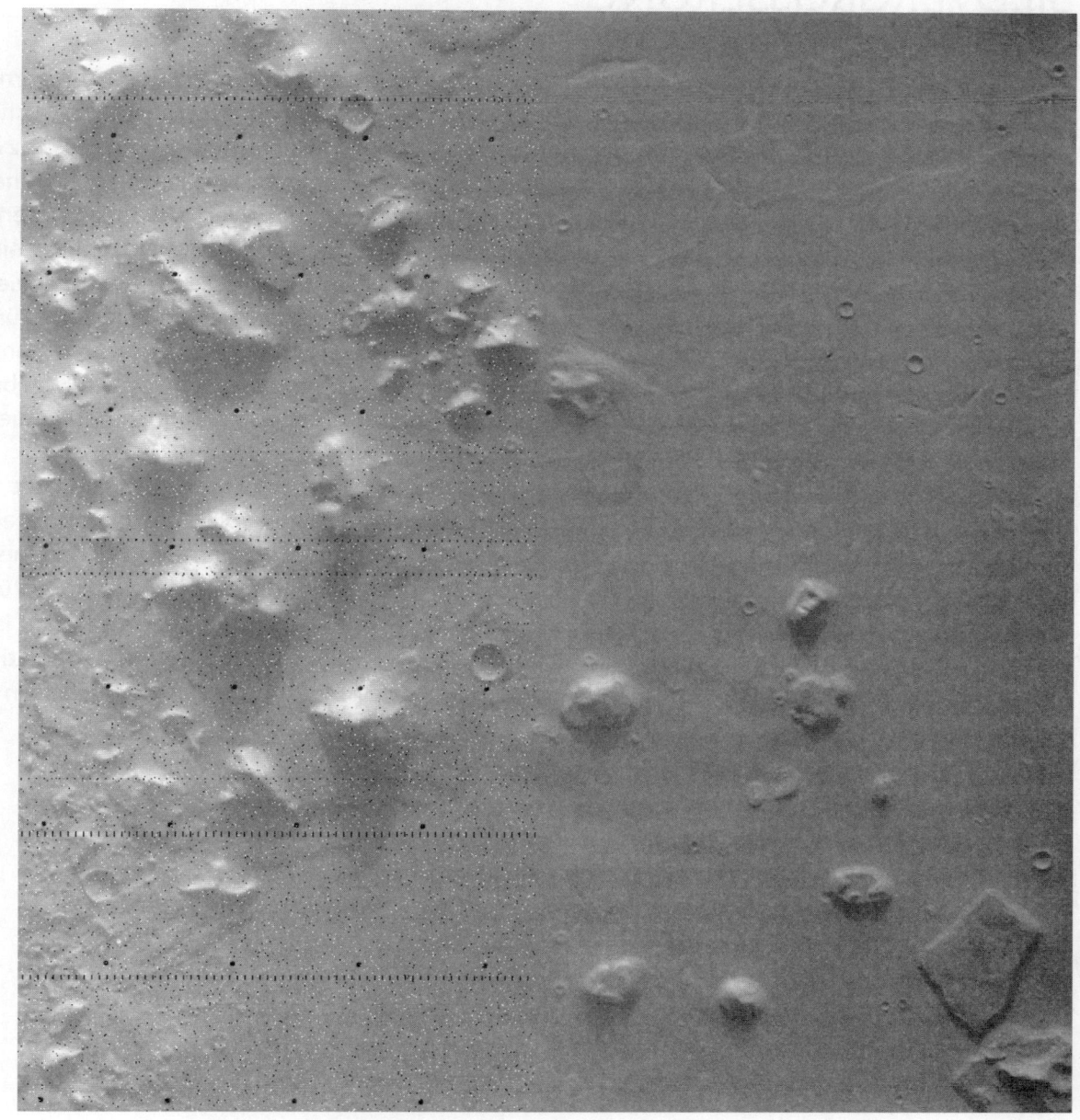

BILDVERGRÖSSERUNG

Die Oberflächenauflösung eines Satelliten-Aufnahmesystems hängt von der Auflösung ihres Aufnahmesensors ab, der Brennweite der Kameralinse (ob sie mehr mit Weitwinkel oder mit Tele ausgelegt ist) und der Höhe des Raumschiffs über Grund. Als der Viking-Orbiter die Aufnahmen 35A72 und 70A13 erwarb, betrug seine Höhe ungefähr 1.500 km und die Oberflächenauflösung etwa 50 m pro Pixel. Mit anderen Worten, Objekte, die 50 m groß sind, wären sichtbar, aber vollständig ohne Details. Bei dieser Auflösung nimmt das Gesicht einen sehr kleinen Teil der Aufnahme ein (etwa 64 x 64 Pixel) und mußte für eine detaillierte Analyse vergrößert werden.

Um digitale Aufnahmen zu vergrößern, müssen zusätzliche Pixel hinzugefügt und deren Werte festgelegt werden. Der einfachste Weg, dies zu erreichen ist es, Pixelwerte zu wiederholen. Um zum Beispiel eine Aufnahme auf das Doppelte ihrer Originalgröße zu vergrößern, kann jeder Pixelwert einmal in der horizontalen als auch in der vertikalen Richtung wiederholt werden. Das Ergebnis jedoch ist einfach eine größere Aufnahme, die aus größeren Pixeln zusammengesetzt ist, was nicht sehr ansprechend ist. Eine bessere Methode ist es, dazwischenliegende Pixel zu berechnen, wieder mit Hilfe einer Kombination der sie umgebenden Werte. Bilineare Interpolation zum Beispiel benutzt die vier nächsten Nachbarn eines Pixels und erbringt glattere Ergebnisse als die Pixelwiederholung, hat aber die Tendenz zum Verschmieren. Würfel-Gitter-Interpolation, welche die Werte von zwölf benachbarten Pixeln benutzt, erbringt ziemlich scharfe Ergebnisse und wurde benutzt, um die meisten Aufnahmen in diesem Buch zu vergrößern.

Während die sichtbare Qualität einer Interpolationstechnik so erscheinen mag, als ob sie besser wäre als eine andere, kann eigentlich keine dieser Methoden tatsächlich die Menge an Informationen über die der Originalaufnahme hinaus erhöhen. Tatsächlich ist es so, benutzt man eine zu hohe Ordnung von Interpolation, kann dies polynomisch zur Einführung von zweifelhaften Zügen führen.

Pixel Replikation

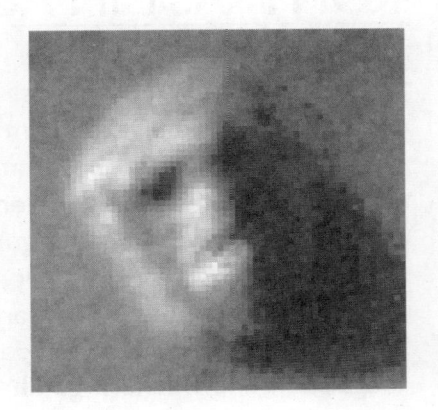

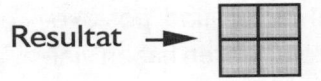

Original Pixel → Resultat

Bilineare Interpolation

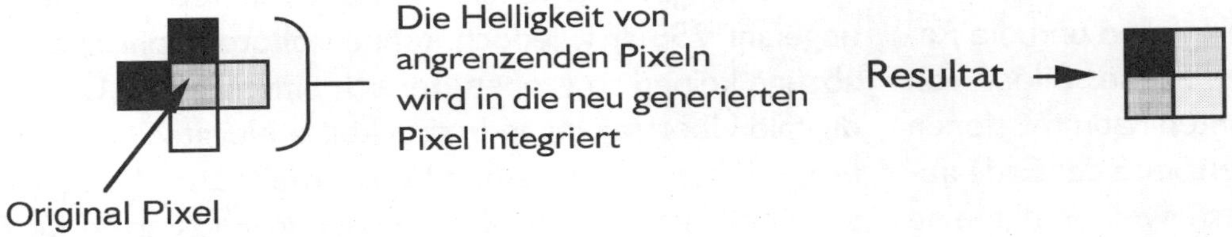

Die Helligkeit von angrenzenden Pixeln wird in die neu generierten Pixel integriert

Original Pixel → Resultat

Würfelgitter Interpolation

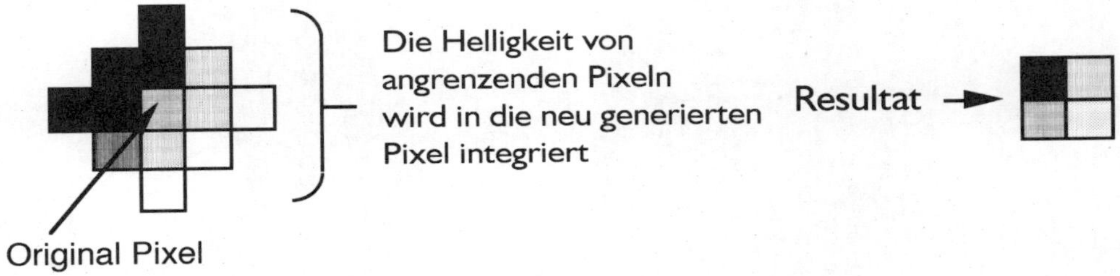

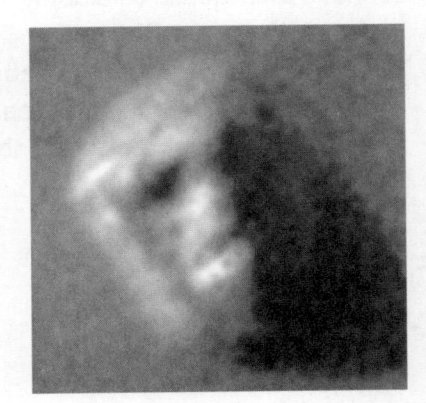

Die Helligkeit von angrenzenden Pixeln wird in die neu generierten Pixel integriert

Original Pixel → Resultat

KONTRAST IN AUFNAHMEN

Nach der Auflösung ist der Kontrast vielleicht der kritischste Faktor, um die Verständlichkeit einer Aufnahme zu bestimmen. Er ist aber oft der am wenigsten verstandene von der allgemeinen Öffentlichkeit und selbst von vielen sonst gutinformierten und positiveingestellten Forschern. In den letzten zehn Jahren haben vielfältige Mißverständnisse der Marsanomalien zu exzessiv kontrastreichen Reproduktionen der Viking Fotos in Zeitungen, Magazinen und Büchern geführt. Z.B., wurde eine Anzahl von zweifelhaften „Gesichtern" und „Pyramiden" „entdeckt", nur um nach eingehender Untersuchung zu beweisen, daß sie die Überreste von exzessivem Kontrast sind.

Der tatsächliche Kontrast einer jeden Szene wird von vielen Faktoren bestimmt. Dies beinhaltet die Größe, Entfernung, Richtung und Anzahl der Lichtquellen und die Reflexion und Textur der Objekte in der Szene. Bilder von Raumspaziergängen, die z.B. auf bemannten Raummissionen gemacht wurden, der sonnenbeschienen Seite der Erde abgewandt, tendieren zu hohem Kontrast, weil es nur eine schmale Lichtquelle (die Sonne) gibt. Es kommt sehr wenig Licht aus anderen Richtungen, um die harten Schatten zu füllen, und die Gegenstände haben hochreflektierende (normalerweise weiße) Oberflächen. Als Ergebnis heben sich die Umrisse von Objekten scharf ab, aber häufig auf Kosten feiner Details. Oft sind die hellen Flächen zu hell und die dunklen Flächen zu dunkel, um von dem dynamischen Bereich (das angenomme Verhältnis von Dunkel-zu-Hell, auch Gamma-Kurve genannt) der Aufnahme oder des Kamera-Systems miteingeschlossen zu werden, und sie mögen daher als ausgedehnte eintönige Bereiche erscheinen. Das andere Extrem wäre ein Schnappschuß, gemacht an einem gleichmäßig bewölkten Tag. Das Fehlen von Oberflächenschatten und Schlagschatten würde jetzt dazu tendieren, die Objekte unnatürlich „flach" aussehen zu lassen – mit einem Mangel an Tiefe und Schärfe. Wie auch immer, alle Elemente einer solchen Szene liegen sicher im dynamischen Bereich einer jeden Aufnahme oder eines Photographischen Systems.

Vikings Kameras haben einen dynamischen Bereich von ungefähr 256 zu 1; jedoch können photographische Papierabzüge keinen so großen Bereich einschließen. Um Vikings digitale Übertragungen in druckbare Negative zu übersetzten, müssen die extremen Werte mehr zur Mitte gebracht werden. Zur gleichen Zeit müssen kontrastarme Bereiche etwas angehoben werden, so daß man kleine Oberflächendetails leichter erkennen kann. Idealerweise ist das Endergebnis ein einzelner Abzug, der alle wichtigen Informationen zusammenzieht, die im hellen Licht, den dunklen Schatten und den mittleren Tönen der Originalszene enthalten sind.

Diese Abzüge illustrieren fünf Stufen von Kontrast. Der höchste Kontrast repräsentiert hier ungefähr den von NASA's Abzug der Vikingbildnummer 35A72, in der das Gesicht original auftauchte.

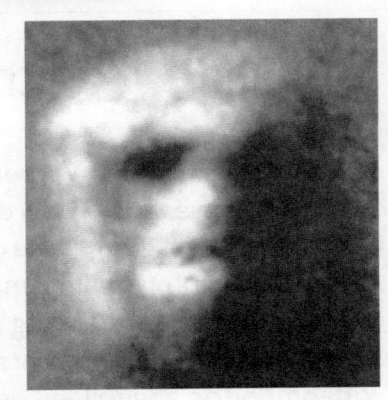

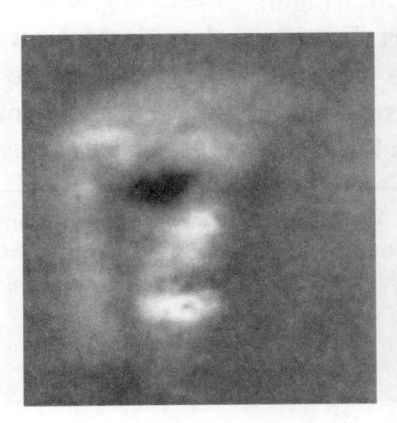

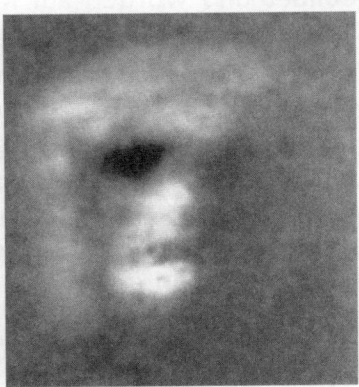

Digitale Kontrast Kontrolle

Die Kontrast Kontrolle der Viking-Aufnahmen beginnt mit der digitalen Neuanordnung von Pixel Werten. Wo bei-spielsweise der Gesamt-Kontrast zu niedrig ist, ist die einfachste Art, ihn zu verbessern, den Bereich der Helligkeitswerte auszudehnen. Dies ist als globale Kontrasterweiterung bekannt, weil alle Pixel gleich behandelt werden. Wo besondere Regionen eine Anpassung benötigen, verbessert eine lokale Kontrasterweiterung die Aufnahme angepaßtermaßen; so sind Bereiche, wo der Kontrast bereits hoch ist, nicht so betroffen wie Bereiche wo, der Kontrast niedrig ist (wie solche innerhalb der Schatten).

Ein Weg um den Kontrast lokal anzupassen ist 1) die Originalaufnahme zu verschmieren; dies liefert ein lokales Maß für die durchschnittliche Helligkeit, 2) einen Teil der verschmierten Aufnahme von der Originalaufnahme abzuziehen; dies gleicht die durchschnittliche Helligkeit aus, und 3) den Unterschied mit einem konstanten steigenden Faktor zu multiplizieren; dies erhöht den lokalen Kontrast.

Analoge Kontrast Kontrolle

Während der Vorbereitung der Fotographien für dieses Buch, wurde die größtmögliche Sorgfalt darauf gelegt, eine optimale Kontrastkontrolle für den analogen fotographischen Bereich sicherzustellen, nachdem die digitale Bearbeitung abgeschlossen war. Die digitalen Aufnahmen wurden zuerst auf einem hochauflösenden Videomonitor abgebildet und wurden auf feinkörnigen 35mm Plus-X und T-Max Filmen abfotographiert. Es wurden mehrere Belichtungen von jeder Aufnahme gemacht, und nach sorgfältiger Entwicklung wurde die beste Belichtung für den Druck gewählt. Da fotographisches Druckpapier einen wesentlich schmaleren Dynamikbereich hat als Negativfilm, wurden konventionelle Dunkelkammer- Techniken angewandt, um einen minimalen Verlust von Helligkeits und Schatten-Informationen in den definitiven Masterprints sicherzustellen.

Die Technologie und Wirtschaftlichkeit des Buchdrucks stellt weitere Herausforderungen daran, eine gute Kontrastkontrolle aufrechtzuerhalten; Reproduktionen in vorhergehenden Publikationen zu diesem Thema waren qualitativ unbeständig, und selbst die jetzige Ausgabe kann nicht ganz den Masterprints gerecht werden. Wäre es ökonomisch möglich gewesen, wären einige wirkliche Photos (oder idealerweise Transparente, welche einen größeren Dynamikbereich als Abzüge haben) mit in diesem Buch enthalten.

Die „Schlüssel", eine erodierte Mesa südöstlich des Gesichts. Wegen des übertriebenen Kontrasts in NASA's Reproduktionen (links) wurde diese Formation falscherweise oft als ein weiteres „Gesicht" identifiziert. Sorgfältige Kontrolle des Kontrasts (rechts) kann die Möglichkeit solcher Fehlinterpretationen minimieren.

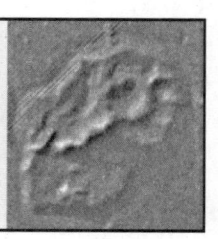

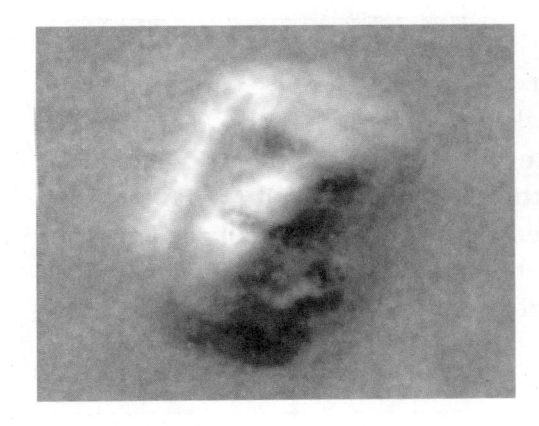

Globale digitale Kontrast Kontrolle

Lokale digitale Kontrast Kontrolle

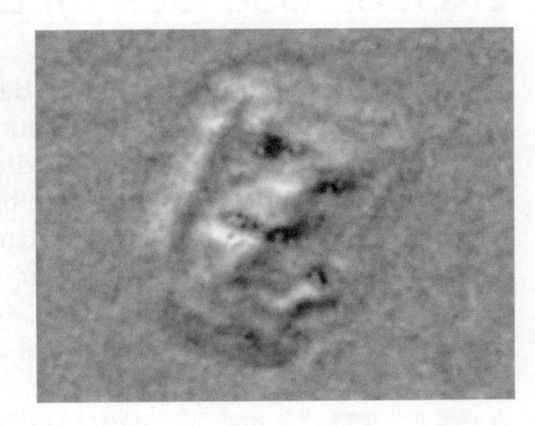

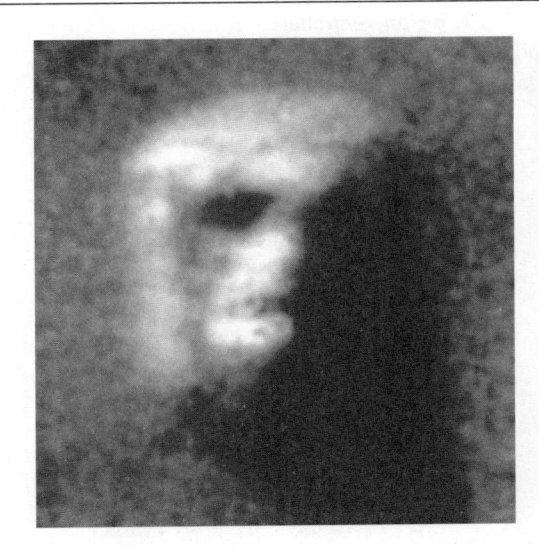

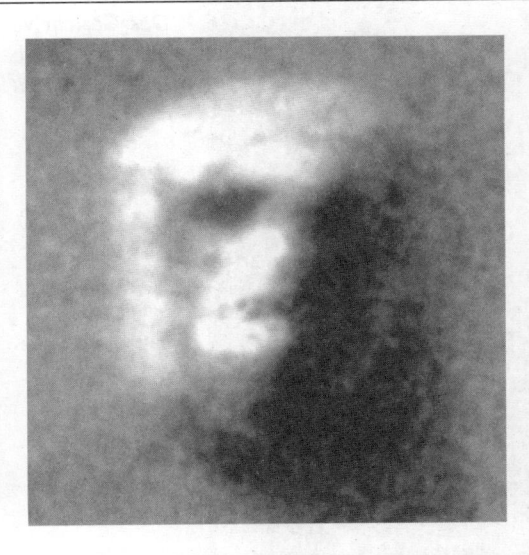

Druckkontrast: Um hellerleuchtete Details in dem Negativ zu enthüllen, muß der Abzug überbelichtet sein (links). Um schattige Details zu enthüllen, muß er unterbelichtet sein (rechts). Um den ganzen tonalen Bereich zu enthüllen, muß das Abzugpapier selektiv belichtet werden, mit helleren Bereichen, die eine größere Belichtung erhalten und dunklen, die weniger erhalten (mitte). Generelle und lokale Kontrastkontrolle können auch auf unterschiedliche Weise angewandt werden. Es sollte darauf hingewiesen werden, daß, wenn ein Foto selbst wiederfotographiert oder fotokopiert wird, der Kontrast der Kopie immer höher ist als der des Originals. Kopien von Kopien werden noch kontrastreicher und so weiter, so daß ein fortwährender Verlust von Details im Licht und im Schatten mit jeder nachfolgenden „Generation" erlebt wird. Dies ist einer der Gründe, warum fotographische Vergrößerungen, die zum Studium oder zur Analyse gedacht sind, ausschließlich von Original-Negativen („erste Generation") gemacht werden müssen.

ERGEBNISSE DER BILDBEARBEITUNG

Die Verbesserungen, die an den Aufnahmen des Gesichts 35A72 und 70A13 durchgeführt wurden, enthüllen subtile Züge, die auf den NASA Originalfotos nicht offenkundig sind: bilateral-kreuzende Linien über den Augen, feine Strukturen im Mund, auf die sich einige als „Zähne" beziehen, und Streifen in einem regelmäßigen Abstand auf dem „Kopfschmuck" oder „Helm", der auf andere den Eindruck eines Stils gemacht hat, den man in der Kunst der Pharaonen im alten Ägypten findet. Es ist bekannt, daß diese Züge, die in beiden Viking-Aufnahmen erscheinen, zusammenhängende Formen sind und strukturell ein Ganzes mit dem Objekt bilden; deshalb können sie nicht durch zufälliges Rauschen oder durch Überreste der Wiederherstellung der Aufnahmen und des Prozesses der Verbesserung entstanden sein.[7]

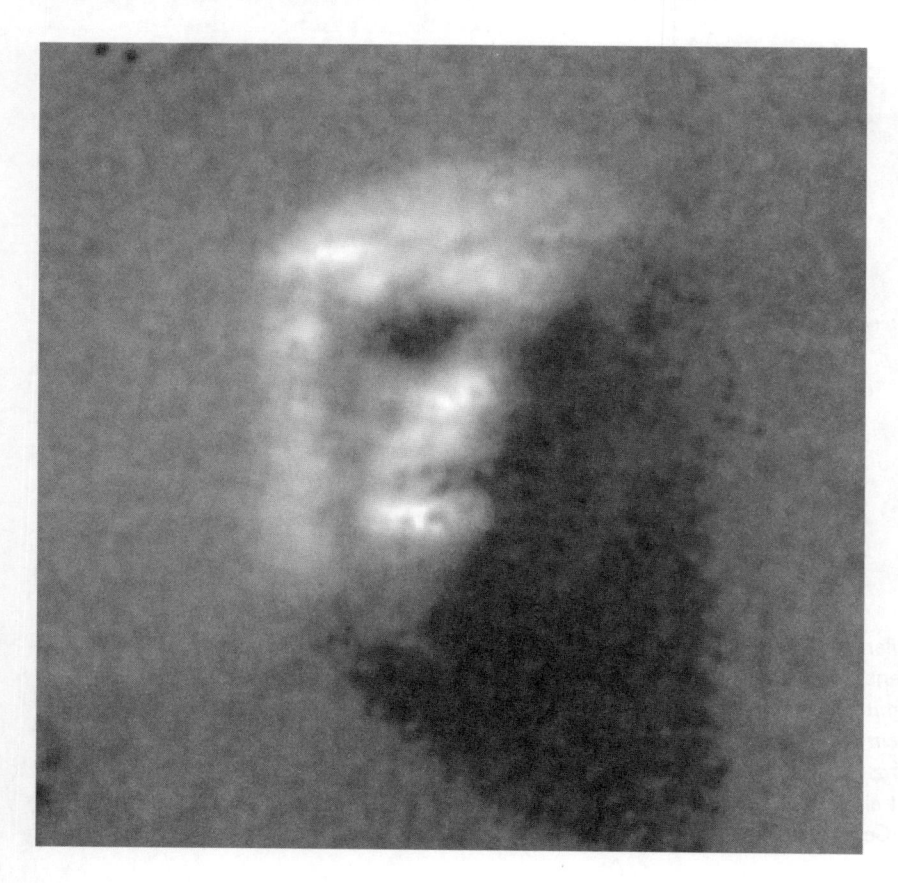

Das Gesicht von 35A72, digital vergrößert um den Faktor 9 und bearbeitet, um die mehr offensichtlichen Details zu klären.

Es scheint offenkundig durch diese Verbesserungen, daß die rechte Seite des Gesichts entweder unfertig oder erniedrigt und kein Spiegelbild der linken Seite ist. Diejenigen, die die Intelligenztheorie unterstützen, argumentieren, daß die Verzerrung auf Meteoriteneinschlag beruht, Erosion über die Zeit, vollständige Aufgabe des Projekts oder seiner absichtliche Unterbrechung bei Erreichen einer ausreichenden Wahrnehmbarkeit als Gesicht. Gegner sind nicht überrascht über die Ungenauigkeit der Symmetrie von etwas, wovon sie glauben, daß es einfach eine natürlich geformte Mesa ist. Es sollte für alle Betroffenen klar sein, daß die Original Viking Daten der schattigen Seite des Gesichts sehr wenig Informationen enthalten und deshalb das schwächste Glied in der Kette der Bildwiederherstellung darstellen. Ein endgültiges Urteil über die Symmetrie der Kammlinie und die Natur eines jeden feinen Details in der schattigen Seite sollte eingestellt werden, bis das Gesicht unter mehr enthüllender Beleuchtung fotographiert werden kann.

Ähnlich vergrößerter und bearbeiteter Ausschnitt aus Viking Bild 70A13. Der dunkle Fleck unterhalb und zur rechten des Mundes ist eine Registraturmarke der Kamera, die nicht vollständig von dem Bildwiederherstellungs-Algorithmus entfernt worden ist.

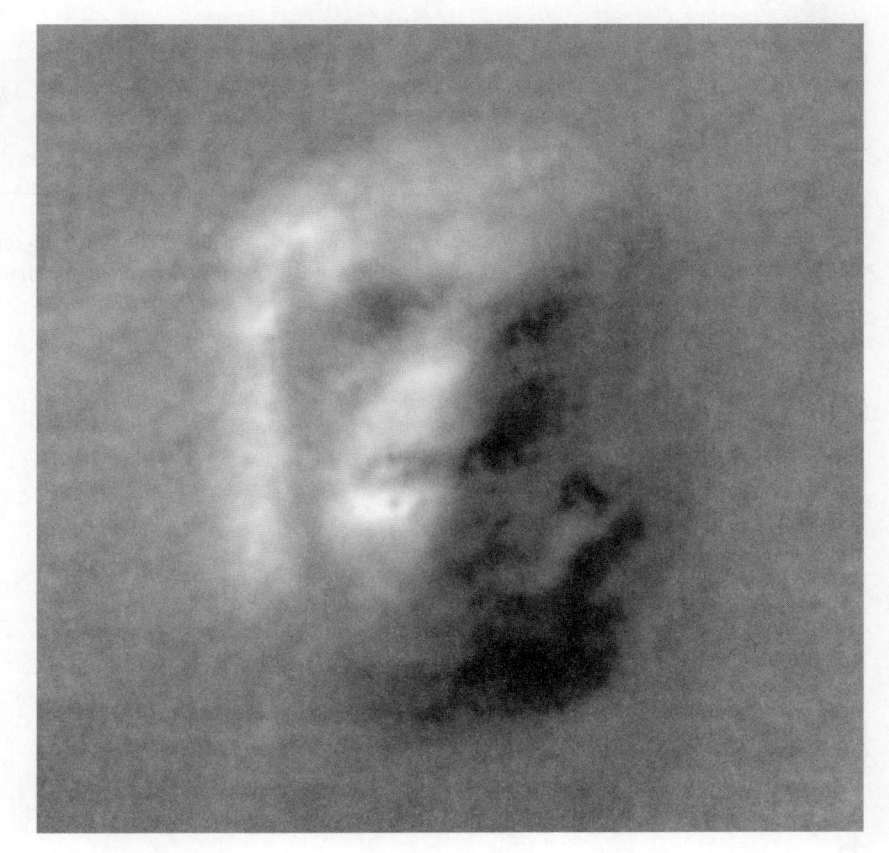

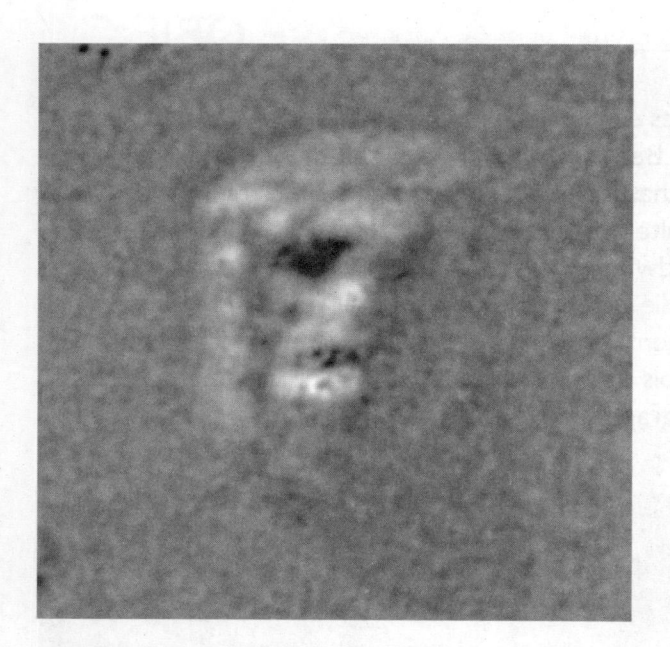

Lineare Gegebenheiten in 35A72 sind hier betont, um die bilateral-kreuzenden Linien über den Augen und die weiten lateralen Streifen über den Seiten des „Helms" besser zu zeigen.

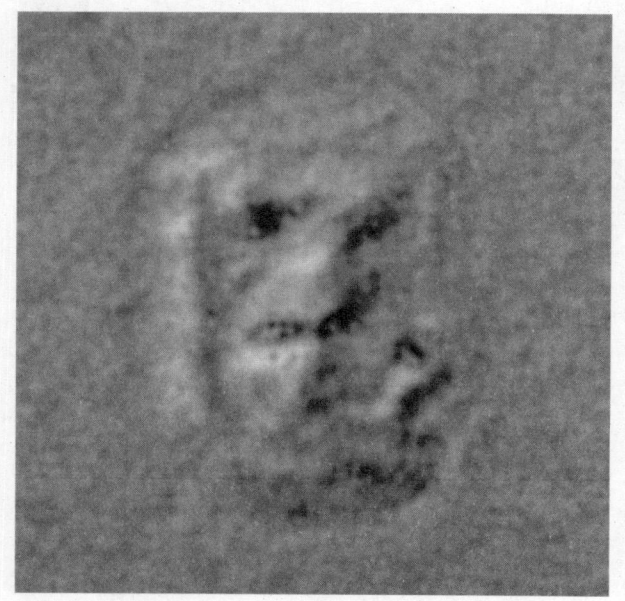

Kontrastangleichung, ausgeführt an 70A13, zeigt feine Details auf der schattigen Seite des Gesichts, die eine scheinbare zweite Augenhöhle und eine Erweiterung des Mundes beinhalten.

DAS GESICHT UND NAHE GELEGENE OBJEKTE

Bald nach der Wiederentdeckung des Gesichts fanden DiPietro und Molenaar andere unverwechselbare nahe gelegene Objekte. Weitere Entdeckungen durch Hoagland und andere folgten später. Hoagland hat argumentiert, daß die Nähe solcher Objekte zu dem Gesicht die Wahrscheinlichkeit steigert, daß diese Ansammlung von Objekten nicht natürlich ist. Außerdem haben er und Torun[8] versucht, Argumente für den Fall der Außerirdischen Intelligenz zu stärken, basierend auf der statistischen Unwahrscheinlichkeit von bestimmten beobachteten Beziehungen. Die direkten Ausrichtungen, z.B. mit dem Sonnenaufgang der Sommersonnenwende (so wie man sie in prähistorischen Komplexen auf der Erde gefunden hat) wird alle Million Jahre von den Schlüsselobjekten des Cydonia Komplex erfüllt; weiterhin kommen bestimmte mathematische Konstanten wiederholend in den beobachteten Winkelbeziehungen innerhalb und zwischen bestimmten Objekten vor, ebenso wie deren Beziehung zu ihren planetaren Koordinaten (siehe Anhang A und B).

Andere wiederum argumentieren, daß eine solche Analyse auf dem Zirkelschluß beruht, der annimmt, daß die Intelligenzhypothese wahr ist und so lange sucht, bis interessante Beziehungen gefunden werden.[9]

Die Festung aus 35A72. In einigen Dingen mehr faszinierend als das Gesicht ist dieses ungewöhnliche trapezförmige Objekt, das ungefähr 2 km groß ist, die „Festung" benannt. Dieses Objekt scheint so, als ob es mehrere wallartige Abschnitte enthält, die zwei gerade Seiten beinhalten, die einen inneren Raum einschließen. Zwei der „Wälle" scheinen so, als ob sie in regelmäßigen Abständen Markierungen oder Einkerbungen enthalten. Der schwarze Fleck rechts des nordöstlichen Walls ist ein Überbleibsel eines Kameraregistrationspunkts.

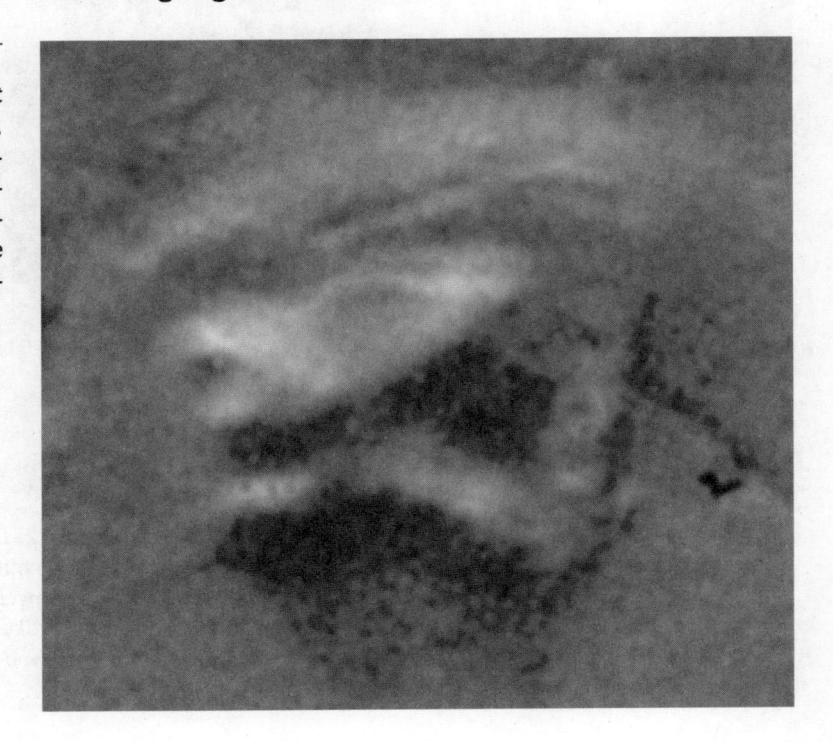

Digital wiederhergestellter und kontrastverbesserter Ausschnitt von 35A72. Diese Aufnahme zeigt ein Gebiet von ungefähr 33 mal 27 km und ist so orientiert, daß Norden oben ist. Diese Ansicht zeigt das Gesicht zusammen mit einer Anzahl von polyhedralen Objekten, die als die „Stadt" bekannt sind. Die Objekte und ihre Schatten genauso wie feine Variationen in dem sie umgebenden Gelände wurden verbessert. Der kreisförmige Ring in der Mitte der Fotografie ist ein Diffraktions-Muster, hervorgerufen durch einen Staubpartikel auf der Linse und repräsentiert keine Gegebenheit auf der Marsoberfläche. Überbleibsel der Kameraregistrationsmarken (ein gitterähnliches Muster von Punkten), die nicht vollständig von dem Wiederherstellungsalogarithmus entfernt worden sind, sind ebenfalls sichtbar.

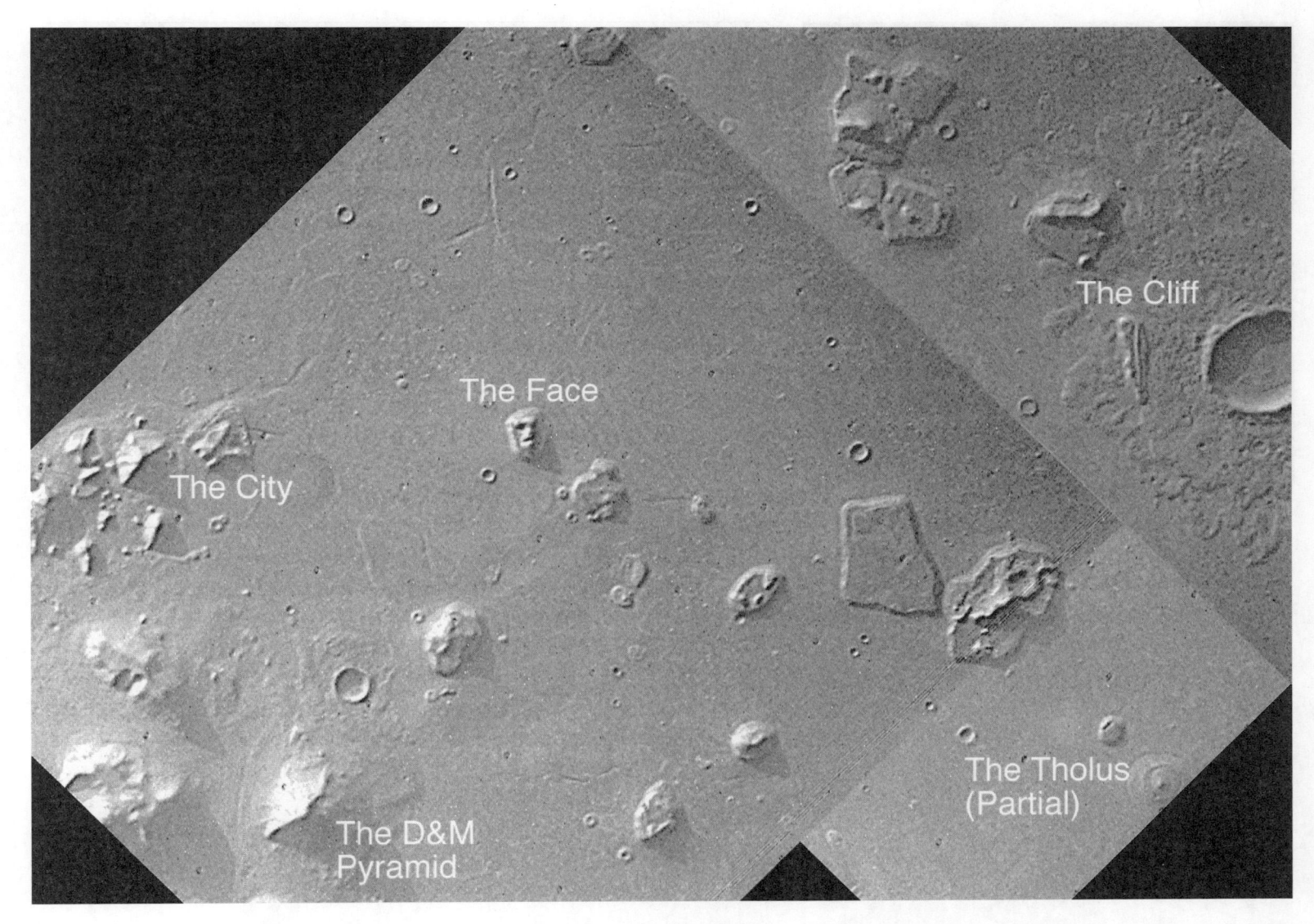

Überblick über den Cydonia-Komplex, zusammengesetzt aus den Viking Bildnummern 35A72, 73 und 74. Das gezeigte Gebiet ist ungefähr viermal so groß wie das in der vorherigen Aufnahme und zeigt die wichtigsten Objekte von Interesse in der Cydonia-Region. Bei dieser Aufnahme betont die lineare Bearbeitung die feinen Details.

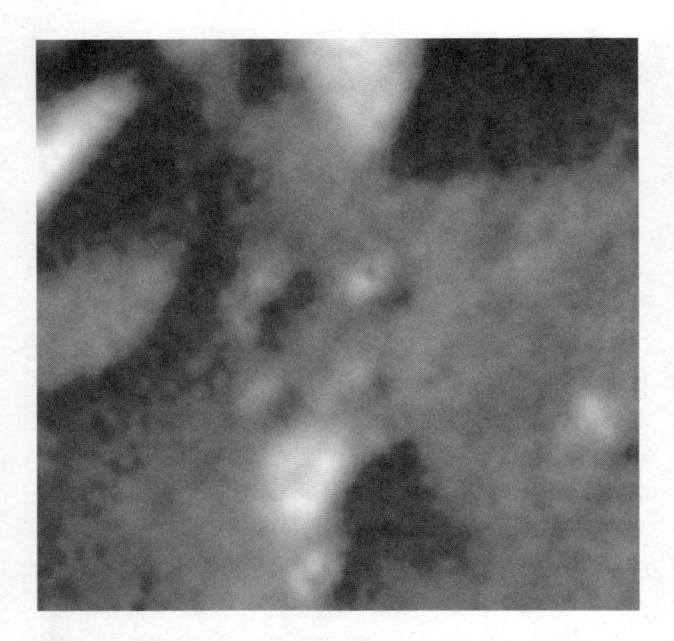

Vergrößerung des „Stadtzentrums", einer Gruppe von vier Strukturen, die einen fünften kleineren Hügel umgeben. Die Gestaltung läßt auf ein „Fadenkreuz" schließen und liegt scheinbar am exakt seitlichen Zentrum der Stadt. Ein Beobachter würde an diesem Punkt das Gesicht in perfektem Profil sehen. Dieser Punkt wurde von Hoagland und Torun auch als eine Schlüsselreferenz für ihre Beobachtungen der Geometrie des Cydonia-Komplexes benutzt. Das Stadtzentrum ist der primäre Punkt, von dem aus die Ausrichtung der Sommersonnenwende gemessen wurde.

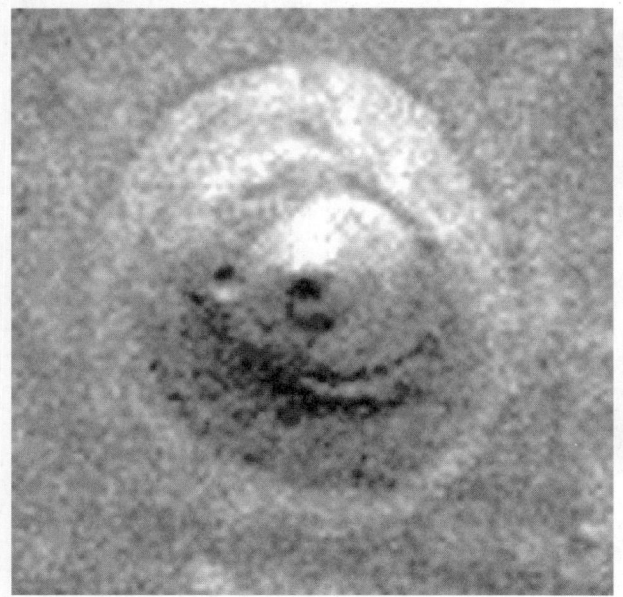

Ein weiteres einmaliges Gebilde ist der „Tholos" oder der „Hügel". Diese geomorphologische Anomalie zeigt eine auffallende Ähnlichkeit zu prähistorischen Erdarbeiten, die auf den Britischen Inseln gefunden wurden, besonders in seinen Proportionen und Details wie dem unverwechselbaren peripheren Graben oder „Wassergraben". Hoagland und Torun haben argumentiert, daß er einen Schlüsselpunkt in den beobachteten scheinbaren Geometrischen Beziehungen des Cydonia-Komplexes darstellt.

Das „Kliff" aus 35A72. Eine eigenartige kliffähnliche Mesa, die sich 25-30 Meter über einen pfannkuchenähnlichen „Kratersockel" erhebt (die umgebende Auswurfdecke entstanden, als der Permafrost auf dem Mars geschmolzen und aufgeworfen wurde durch den originalen Kratereinschlag). Hoagland hat demonstriert, daß das Kliff mit dem Gesicht teilhat an der Sonnenwend-Ausrichtung und an einigen anderen Winkel- und Positionsbeziehungen. Die gesamte Form des Kliff's, Oberflächen-Textur und die interne Struktur scheinen sich deutlich von der des umgebenden Kraterauswurfs zu unterscheiden, welches nahelegt, daß seine Formation vor dem stark kraterbildenden Einschlag datiert werden muß. Anhänger der Intelligenztheorie theoretisieren, daß, wenn das Objekt vor dem Einschlag datierte, sich Auswurfmaterial an der östlichen Seite des Kliff aufgetürmt, periphere Spritzmuster gezeigt und sich auf der gegenüberliegenden Seite ein „Explosionsschatten" geformt hätte. So hätte das angrenzende Terrain auf der Kraterseite aufgetürmt sein müssen, erscheint aber statt dessen wie ausgehölt – das entgegengesetzte Ergebnis zu dem von natürlichen Kräften erwarteten. Dieses und der gestreifte oder „Explosionsfeld"-Effekt zwischen dem Kliff und dem Krater, haben Spekulationen angeheizt über den Abbruch von Material für die Konstruktion des Kliff's.

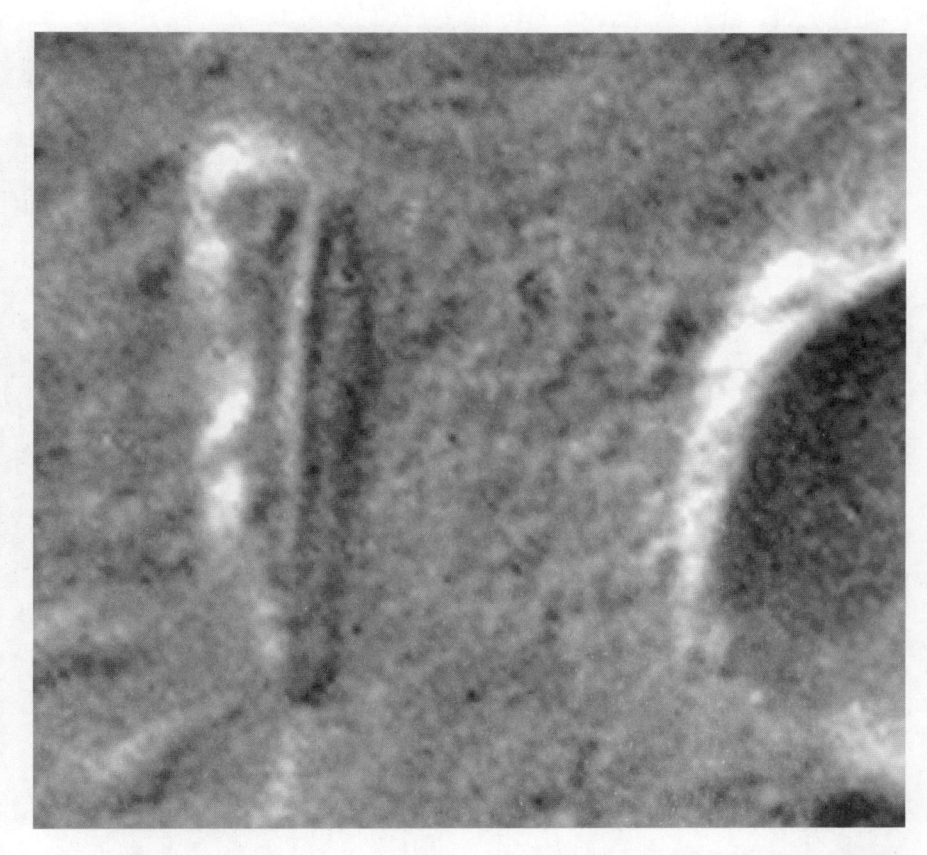

Es scheint so, als ob es eine fortlaufende Rille oder einen Pfad gibt, der seinen Ursprung in dem ausgehöhlten Gebiet hat, das sich rampenartig zum nordöstlichen Ende des Kliff erhebt, wendet und sich südwärts fortsetzt, dann eine letzte Haarnadelkurve macht und am nordwestlichen Ende endet. Dies ist hier mehr offensichtlich gemacht, durch künstliche Verkürzung, die einen Blick von Süden her simuliert bei einem Winkel von ungefähr 70° vom Nadir.

50

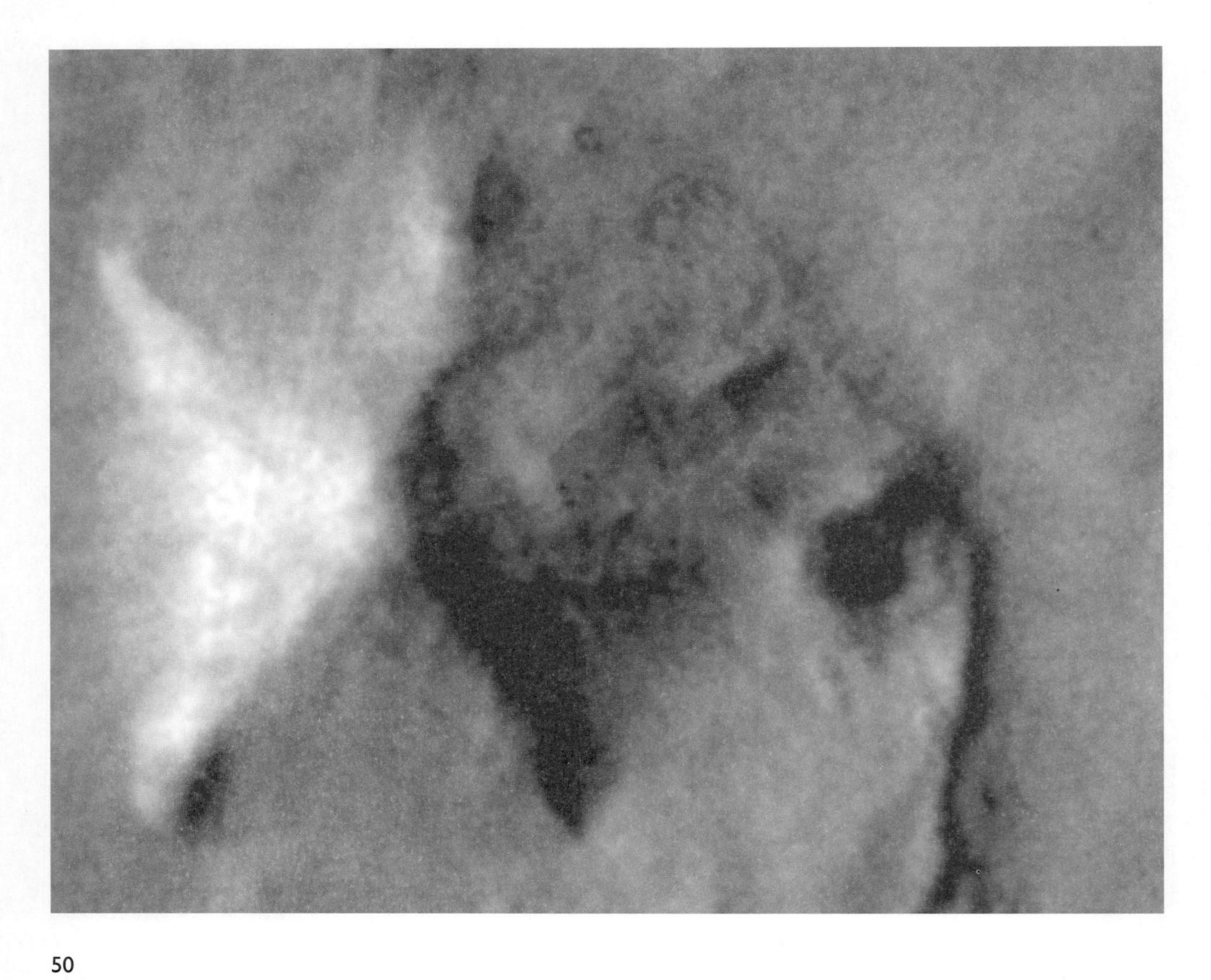

Die D&M Pyramide aus 70A13. Unter den anderen Objekten, die zuerst von DiPietro und Molenaar wahrgenommen wurden, war ein pyramidales Objekt südlich des Gesichts, später von Hoagland nach ihren Entdeckern, die „D&M Pyramide" getauft. Hoagland hat zuerst beobachtet, daß es ein fünfseitiges, im Grunde bisymmetrisches Objekt zu sein scheint, das vielleicht einem erheblichen Einschlagschaden widerstanden hat und dessen scheinbare Symmetrieachse direkt auf das Gesicht zeigt. Erst kürzlich hat Torun[8] die Geomorphologie dieses Objekts im Detail studiert, und hat argumentiert, daß es nicht von irgendeinem bekannten geologischen Prozeß geformt worden sein kann.

Nach Osten hin gerade neben der Struktur sichtbar ist ein tiefes Loch, dessen Boden, anders als bei den meisten Kratern, nicht gesehen werden kann. Diese Gegebenheit hat zu Spekulationen Anlaß gegeben, die explosives Eindringen beinhalten – als ob dort etwas eingetreten und innerhalb der Struktur explodiert ist, das die große beobachtbare kuppelförmige Erhebung zur Rechten des Zentrums geschaffen hat, die scheinbare Dislokation des umgebenden Materials, den Trümmerfluß um die östlichen und südlichen Seiten der Struktur und die Abblätterung eines halbkreisförmigen Bereiches auf der südlichsten Facette.

Eine andere bemerkenswerte Gegebenheit ist eine „poröse" Struktur oder ein Muster (bemerkbar auf den Master-Abzügen, obwohl weniger sichtbar auf diesen Reproduktionen) durch eine scheinbar geradlinige Bresche im nordöstlichen Quadranten der Pyramide.

Die Ähnlichkeit der Form der D&M, wenn direkt von oben drauf gesehen, zu der einer menschlichen Figur mit erhobenen Armen, ist nicht unbemerkt geblieben von denen, die die Intelligenztheorie bevorzugen, während andere argumentieren, daß menschliche Formen, wie etwa Gesichter, vielleicht gefunden werden, wo immer die menschliche Vorstellung frei ist zu phantasieren. Diejenigen, die argumentieren, daß die Struktur ursprünglich bisymmetrisch war, weisen auf spezifische Gründe für ihre jetzige Form hin; z.B. daß die scheinbare Verkürzung des rechten „Beins" zurückgeführt werden kann auf den tiefen Fluß von Trümmern um seine Basis.

Die D&M Pyramide, wie sie anfangs in Bild 35A72 erschien. Bei diesem Bild macht es der flache Sonnenwinkel schwierig, die wahre Form des Objekts zu erkennen. Das Ergebnis selbst nach der besten digitalen Bearbeitung, ist eine radikale Störung der Form des Objekts, und daß fast völlige Verschwinden des angrenzenden Kraters. Es war nicht vor der späteren Entdeckung der Bildnummer 70A13 durch DiPietro und Molenaar und der nachfolgenden Studien durch Hoagland, daß die tatsächliche Form offensichtlich wurde.

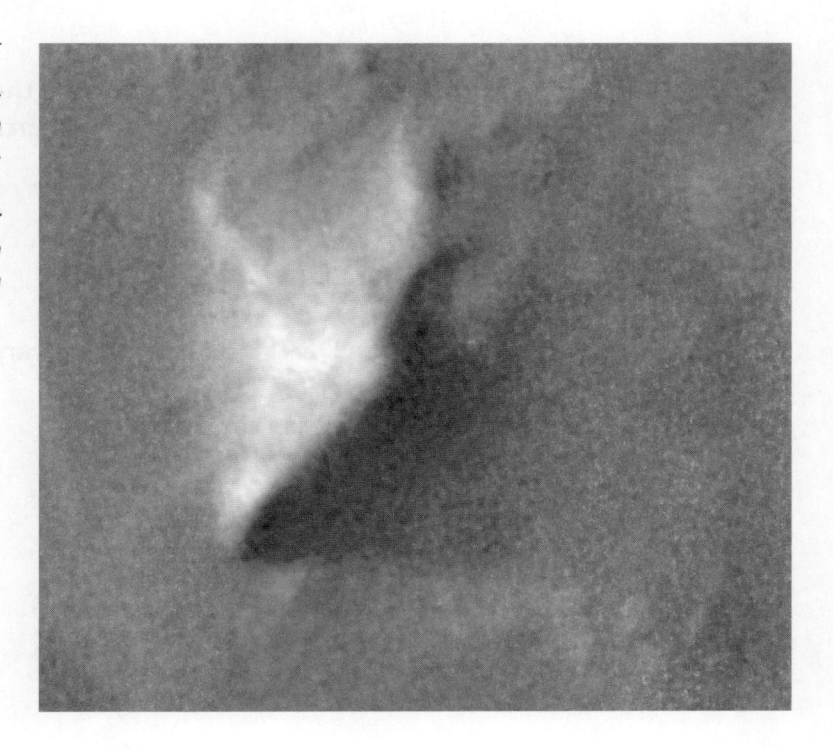

Referenzen für Teil II.

1. V. DiPietro und G. Molenaar, *Unusual Martian Surface Features*,
   Mars Research, Glenn Dale, MD, 1982.

2. R.Pozos, *The Face on Mars: Evidence for a lost Civilization ?*,
   Chicago Review Press, 1986.

3. R. Hoagland, *The Monuments on Mars: A City on Edge of Forever*,
   North Atlantic Books, Berkley, CA, 1987

4. M. Carr, *The Surface of Mars*, Yale University Press, New Haven, CT, 1981.

5. Atlas of Mars, 1:25.000.000 Topographic Series, M 25M 3 RMC,
   I-961 U.S. Geological Survey, 1979.

6. J. Guest und P.Butterworth, „Geological observations in the Cydonia
   Region of Mars from Viking", *Journal of Geophysical Research*, Vol.82,
   No.4111, 1977.

7. M. Carlotto, „Digital imagery analysis of unusual Martian
   surface features", *Applied Optics*, Vol 27, No.27, 1988.

8. E. Torun, „The geometry of the D&M Pyramid" (nicht veröffentlicht), 1988.

9. R. Crowe, „The return of the Martian canal-builders",
   Optics and Photonic News, June 1991.

TEIL III.

3-D ANALYSE DES GESICHTS AUF DEM MARS

3-D REKONSTRUKTION

„Ist es nicht eigenartig was Tricks von Licht und Schatten machen können. Wenn wir das Bild ein paar Stunden später gemacht hätten wäre alles verschwunden gewesen..."
Viking Projekt Wissenschaftler, Gerry Soffen, Juli 1976.

Von Anfang an hat die Gemeinschaft der Planetarwissenschaftler das Gesicht auf Mars als „einen Trick aus Licht und Schatten" angesehen, teilweise aufgrund des offensichtlichen Fehlens von bestätigenden Aufnahmen. Obwohl DiPietro und Molenaar ein anderes Bild des Gesichts gefunden haben, wurde es unter generell ähnlichen Bedingungen wie das erste erworben mit der Sonne nahe dem westlichen Horizont. Obwohl der Mars von Viking unter vielfältigen Aufnahmebedingungen gesehen wurde, schienen keine anderen brauchbaren Aufnahmen von dem Gesicht als 35A72 und 70A13 zu existieren. Einige niedrigauflösende Aufnahmen (753A33, 34) von Cydonia und dem Gesicht, erworben am Morgen, wurden gefunden, aber sie enthielten zu wenig Details, um von großem Nutzen zu sein, außer in der Bestätigung der essentiellen Symmetrie der Mesa, auf der das Gesicht erscheint.

Anfang 1986 begann ich eine Analyse der dreidimensionalen Form des Gesichts auf Mars. Der Plan war, die Aufnahmen, die erhältlich waren, zu benutzen, um die zugrundeliegende 3-D Struktur des Gesichts zu gewinnen und zu rekonstruieren. War die Form einmal digital modelliert, dann können Computergraphik-Techniken benutzt werden, um synthetische Ansichten durch Verschieben der Position der Lichtquelle und des Beobachters zu schaffen. Dies würde es erlauben, eine Reihe von Fragen zu beantworten. Zum Beispiel, wie sieht das Objekt aus, wenn es aus unterschiedlichen Perspektiven betrachtet wird? Würde das Objekt immer noch wie ein Gesicht aussehen, wenn es von Osten beleuchtet würde? Stellt die zugrundeliegende 3-D Struktur auch ein Gesicht dar oder ist der Eindruck eines Gesichts tatsächlich ein „Trick aus Licht und Schatten"?

Die Ergebnisse der 3-D Analyse sind klar. Der Eindruck einer wahrnehmbaren Gesichtstruktur ist kein vergängliches Phänomen wie das des „Alten Mann des Berges" in New Hampshire und ähnliche zweidimensionale Profile oder Silhouetten natürlichen Ursprungs. Die Gesichtszüge sind in der zugrunde liegenden Topographie vorhanden und scheinen wahrnehmbare Charakteristiken für ein Gesicht über einen weiten Bereich von Beleuchtungsbedingungen und Perspektiven widerzuspiegeln.

SHAPE-FROM-SHADING

Der beste Weg, um die dreidimensionale Form von Landformen auf Luftaufnahmen zu bestimmen, ist es, mit Stereopaaren zu beginnen; also zwei Aufnahmen, die aus leicht unterschiedlichen Perspektiven aufgenommen wurden. Die relative Lage von Oberflächenmerkmalen in jedem Foto zeigt ihre Höhe an.

Da Stereopaare für den Teil von Cydonia, der das Gesicht enthält, nicht zur Verfügung standen, wurde stattdessen eine alternative Technik, bekannt als Fotoclinometrie oder Shape-from-shading,[1] benutzt. Dieser Ansatz wurde ursprünglich entwickelt, um die Topographie des Mondes zu analysieren. Shape-from-shading gewinnt Oberflächenhöhen aus den Neigungswinkeln der Oberfläche, die selbst wiederum aus den Veränderungen in Helligkeit oder Schattierung gewonnen werden.

In Computergraphiken werden Informationen über die tatsächliche dreidimensionale Form eines Objekts dazu benutzt, um sein zweidimensionales Abbild zu erschaffen.

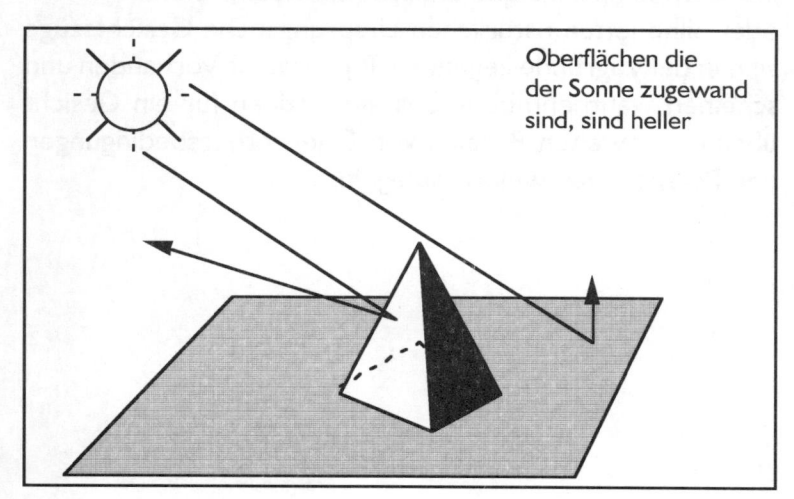

Shape-from-shading ist im Grunde umgekehrte Computergraphik; es versucht, die dreidimensionale Form eines Objekts *aus* seinem zweidimensionalen Abbild zu errechnen.

Es wurden eine Auswahl von Shape-from-shading Algorithmen in der Astrogeologie und in Computergraphikkreisen entwickelt, und sie sind erfolgreich auf Aufnahmen von trockenen Gebieten der Erde und des Mondes sowie Mars und erst kürzlich Venus angewendet worden. Eine besonders einfache Version kann benutzt werden, wenn die Sonne nahe dem Horizont steht; die Szene wird direkt von oben nach unten betrachtet und der Neigungswinkel ist viel geringer als der des Zenith- Winkels der Sonne.[2] Unter diesen Bedingungen kann gezeigt werden, daß der Grad der Neigung auf der Oberfläche in Richtung auf die Lichtquelle proportional zu der Helligkeit der Aufnahme ist. Wenn die Aufnahme so orientiert ist, daß die Sonne links ist, kann durch Addieren der Helligkeitswerte der Aufnahme von links nach rechts über die Aufnahme hinweg (diese Methode ist als Strip Integration bekannt) ein Plan der Höhe errechnet werden, während man den Durchschnitt von oben nach unten zwischen angrenzenden Reihen bildet. Die Bildung des Durchschnitts zwingt Erhebungen zwischen den Reihen in senkrechter Richtung zu der Lichtquelle dazu, sich einigermaßen ruhig zu verändern.

Oberflächen die der Sonne zugewand sind, sind heller

In einem Modell, das oft bei Shape-from-shading benutzt wird, ist die Helligkeit der Aufnahme proportional zum Kosinus des Winkels zwischen dem lokalen Oberflächen Normal (eine Linie senkrecht zu der lokalen Neigung des Geländes) und der Richtung der Lichtquelle, und hängt nicht ab von der Position des Betrachters. Oberflächen, die sich der Beleuchtung (Lichtquelle) zuwenden, sind die hellsten, während solche, die sich abwenden oder von anderen beschattet werden, die dunkelsten sind. Komplexere Modelle, die Spekulationen formen (Glanz), hängen auch von der Position des Beobachters ab.

Aufnahme einer abgeflachten Halbkugel auf einem flachen Untergrund (Beleuchtung ist zur linken) und ein perspektivischer Ausdruck der entsprechenden Oberflächenhöhe.

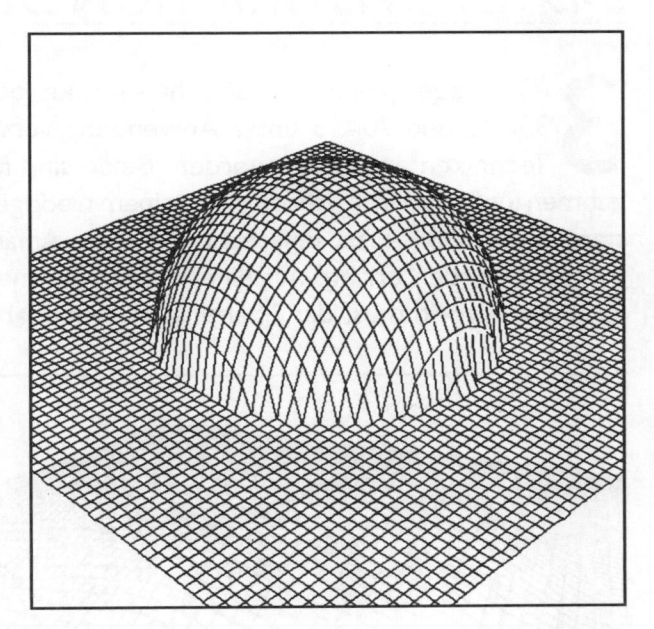

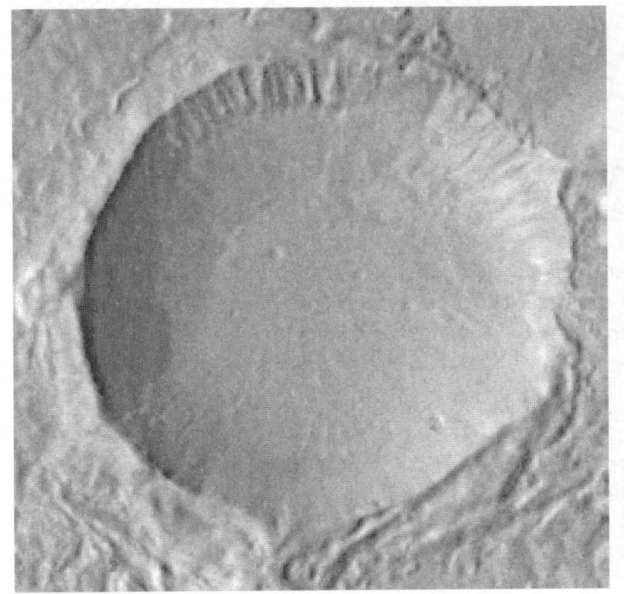

Aufnahme eines Kraters auf Mars aus 70A13 und die errechnete Oberfläche unter Benutzung von Shape-from-shading.

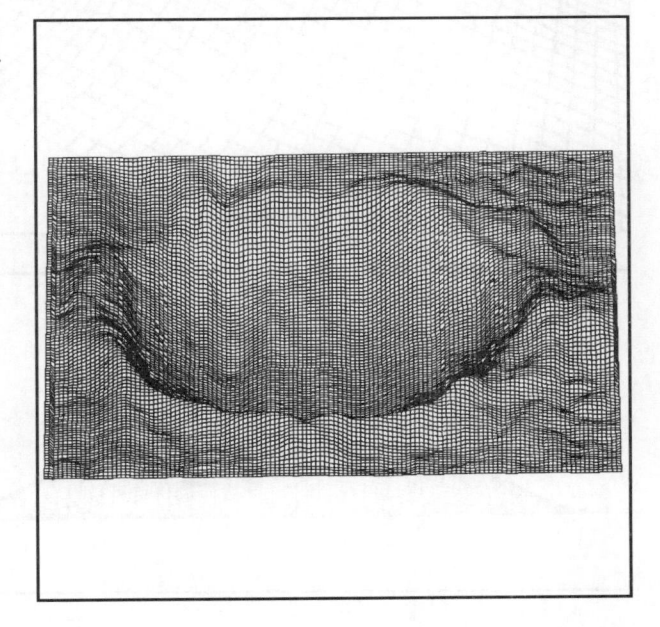

3-D REKONSTRUKTION DES GESICHTS

3-D Wiedergaben des Gesicht sind aus den Bildern 35A72 und 70A13 unter Anwendung verschiedener Techniken errechnet worden. Beide sind ideale Aufnahmen für Shape-from-shading, mit einem niedrigen Sonnenstand und der Blick fast senkrecht von oben. Anfängliche Ergebnisse wurden erlangt mit einem iterativen mehrfachauflösenden Algorithmus, der übereinstimmende, aber irgendwie verschmierte Oberflächen aus den beiden Aufnahmen errechnete.[3] Später wurde ein simulierter härtender Algorithmus entwickelt,[4] der ein schärferes, aber irgendwie verrauschteres Ergebnis generierte. Beide Algorithmen sind rechenintensiv und konnten deshalb nur für kleine Aufnahmen benutzt werden. Für größere Aufnahmen wurde der, wie früher beschriebene, *Strip-Integration* Algorithmus benutzt.

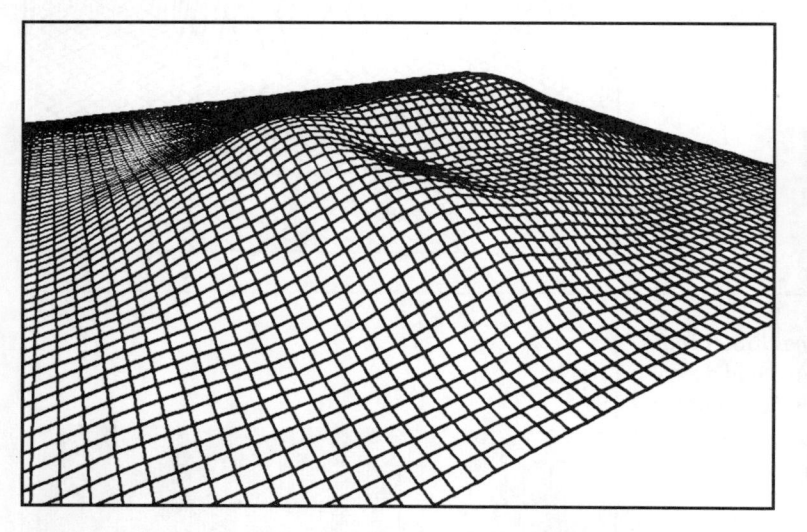

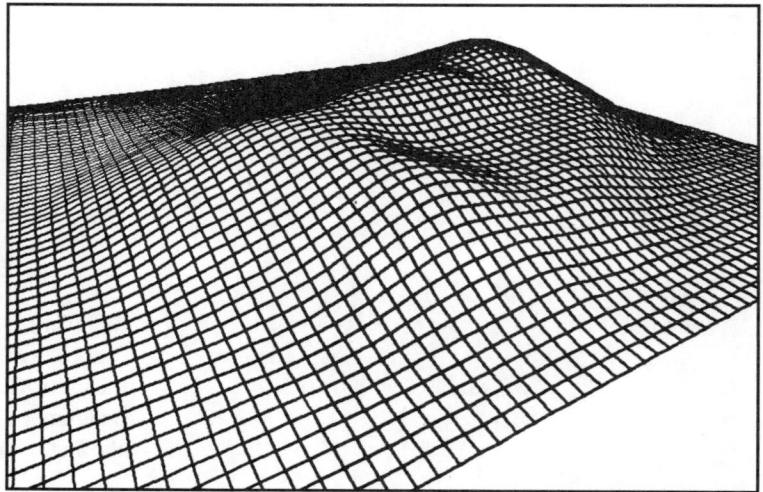

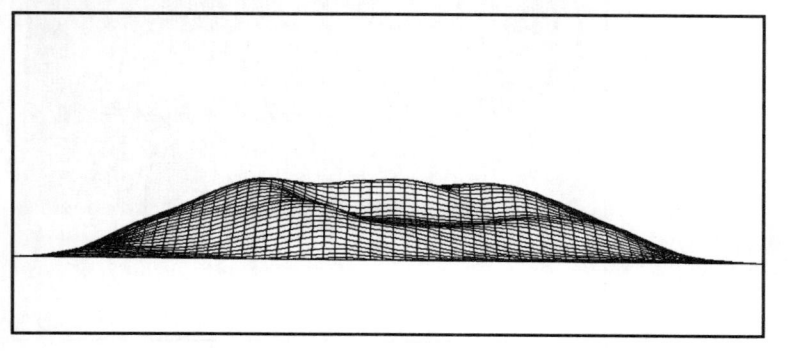

Perspektivischer Ausdruck der Höhe, errechnet aus 35A72 und 70A13 unter Benutzung des mehrfachauflösenden Algorithmus. Die Ansicht ist von Nordwest, oben und zur Linken des Gesicht.

Ansicht der Oberflächenhöhe aus der Stadt in Richtung des Gesichts schauend, den simulierten härtenden Algorithmus benutzend.

BESTÄTIGUNG DER ERGEBNISSE

Da Grundwahrheiten über den Mars fehlen, wurden die rekonstruierten Oberflächen des Gesichts durch mehrere Methoden überprüft. Erstens schattierte Wiedergaben, errechnet aus den erlangten Oberflächenhöhen wurden mit der Originalaufnahme verglichen. Zweitens, da nur zwei bedeutende Aufnahmen des Gesichts vorhanden sind, wurde die errechnete Höhe des einen benutzt, um eine schattierte Wiedergabe zu errechnen, die dem anderen entspricht; So wurden, Höhen benutzt, erlangt aus 35A72, um eine synthetische Aufnahme von 70A13 zu erschaffen und umgekehrt.[5] Drittens wurde eine schattierte Wiedergabe unter simuliertem Morgenlicht generiert und mit der niedrigauflösenden Aufnahme 753A34 verglichen.

Die Ergebnisse aus allen drei Test zeigen an, daß die errechneten Oberflächen genaue 3-D Wiedergaben sind. Die Gegenprobe der Ergebnisse aus 35A72 und 70A13 rechtfertigt die Annahme einer einheitlichen Albedo (Oberflächen Reflexion) über diesem Gebiet. Die Vermessung des Schattenwurfs bei bekannten Sonnenwinkeln stellt eine zusätzliche Bestätigung der Formen und vertikalen Dimensionen von bestimmten Gegebenheiten dar (es sollte erwähnt werden, daß die Berechnung der Schattenlänge auch in dem Shape-from-shading Algorithmus enthalten ist).

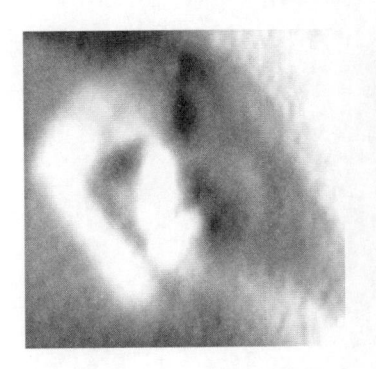

Vorherbestimmte Aufnahme von 35A72 erlangt aus der Höhe von 70A13.

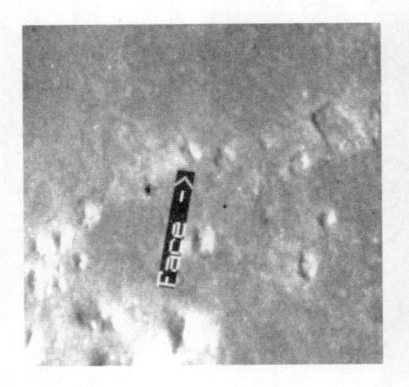

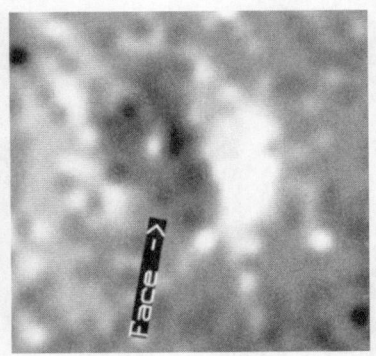

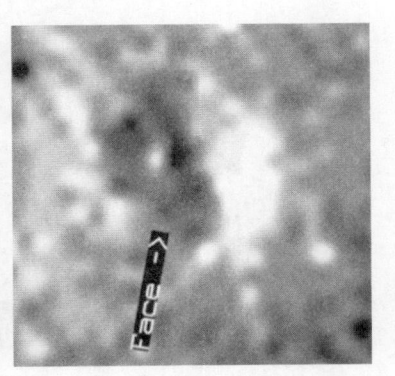

(Links) Ausschnitt aus der Aufnahme 753A34, gemacht über der Cydonia Region. (Mitte) Vergrößerte Morgenaufnahme des Gesichts von 753A34. (Rechts) Synthetische Morgenaufnahme, erlangt aus der Höhe von 70A13. Schattierte Wiedergaben der rekonstruierten Oberfläche unter verschiedenen Beleuchtungsbedingungen können einfach durch Veränderung der Position der Lichtquelle errechnet werden. Diese Abbildung schlägt vor, wie das Gesicht aussehen würde, wenn es von der gegenüberliegenden Seite beleuchtet würde. Es ist wahrnehmbar, daß die Details auf der rechte Seite des Gesichts abgeschwächt sind, da dieser Teil der Originalaufnahme im Schatten war (in der Praxis haben Shape-from-shading Techniken einige Schwierigkeiten bei der Wiederherstellung dieser Teile der Oberfläche); weiterhin erbringt der Prozeß der Errechnung schattierter Wiedergaben keinen Schattenwurf des Objekts, so daß die Aufnahme beinahe wie eine fotographische Umkehrung des Originals erscheint.

PERSPEKTIVISCHE ANSICHTEN

Wenn einmal die dreidimensionale Oberfläche eines Objekts in einem Computer geformt wurde, können künstliche Ansichten mittels computergraphischen Rendertechniken aus jeder Perspektive erzeugt werden.

In einer Serie von perspektivischen Ansichten rund um das Gesicht, bleiben Gegebenheiten, die in der abwärtsblickenden Originalansicht deutlich waren, sogar bestehen, wenn das Objekt aus radikal unterschiedlichen Perspektiven betrachtet wird.

Kritiker der Intilligenzhypothese zitieren oft New Hampshire's „Old Man of the Mountain" als eine irdische Analogie zu dem Gesicht auf dem Mars; deshalb haben wir es zum Vergleich dargestellt. Wie im Fall aller natürlich auftretenden Silhouetten verschwinden ihre „Gesichtszüge", wenn die Position des Betrachters sich ändert.

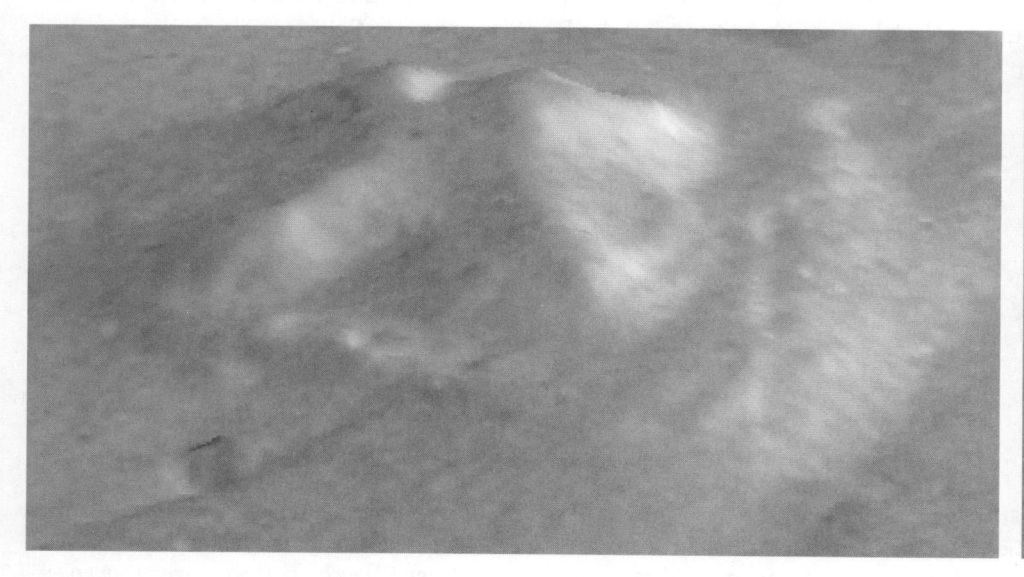

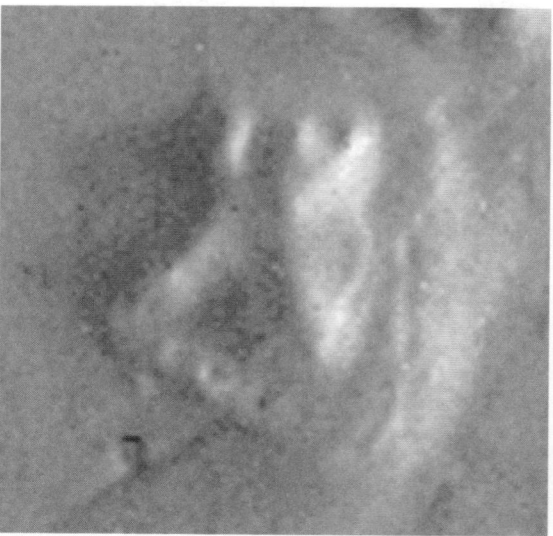

Perspektivische Ansicht der Festung, links. Verglichen mit der Draufsicht, rechts.

Ansicht des „Old Man of the Mountain" vom Touristenbereich aus.

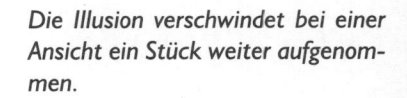

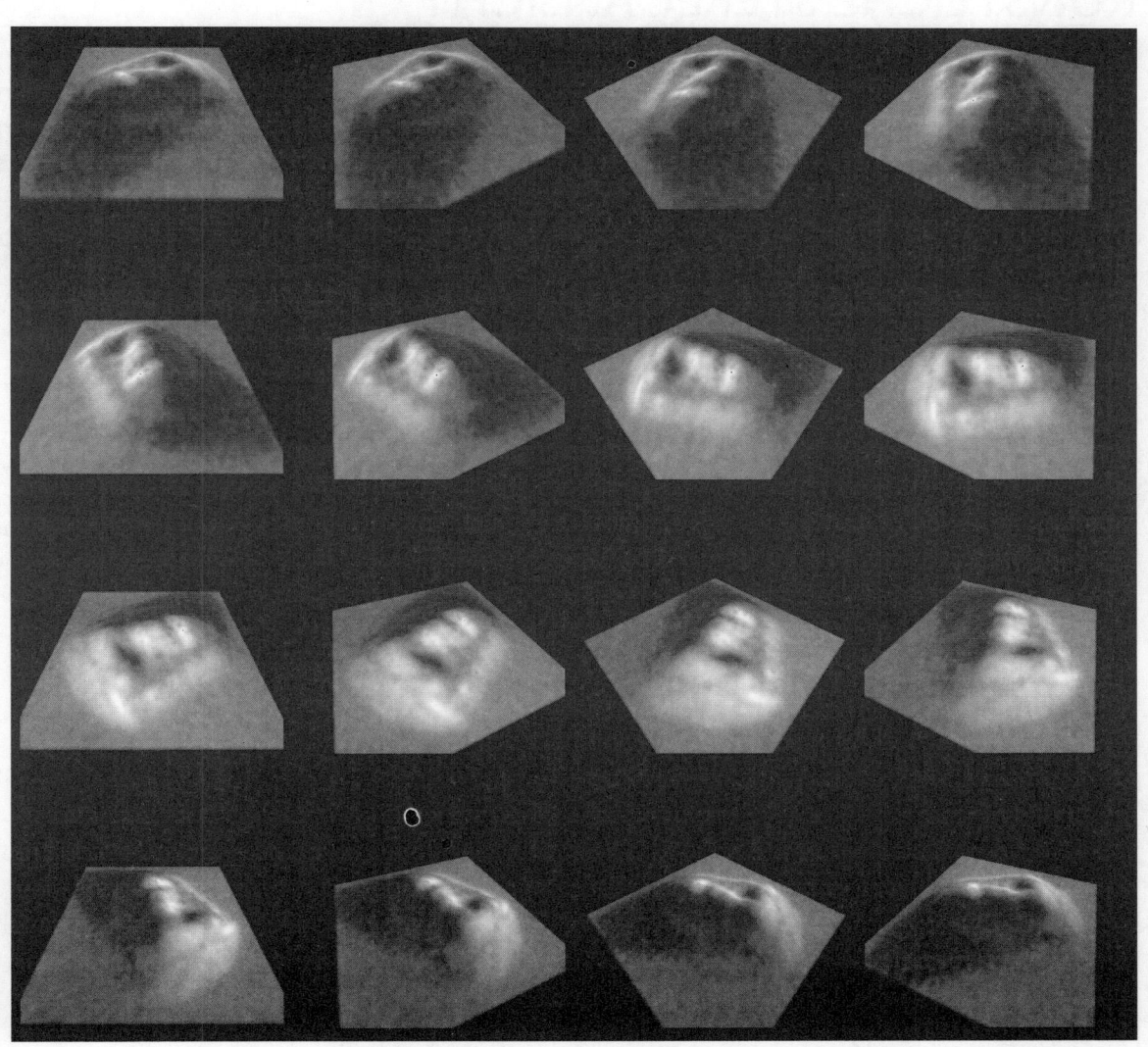

Die Illusion verschwindet bei einer Ansicht ein Stück weiter aufgenommen.

Perspektivische Ansichten rund um das Gesicht.

KÜNSTLICHE STEREOANSICHT

Ein anderer Weg, um die Ergebnisse der 3-D Analyse zu präsentieren, ist in Form von künstlichen Stereopaaren, was zwei Aufnahmen aus leicht unterschiedlichen Perspektiven berechnet bedeutet. Wenn diese stereoskopisch betrachtet werden, (die linke Aufnahme nur mit dem linken Auge und die rechte nur mit dem rechten Auge) vermittelt das Ergebnis einen richtigen Eindruck der Tiefe.

Stereopaare werden manchmal mit erweiterten Parallaxen (als ob die Augen weiter auseinander wären als normal) produziert, um eine übertriebene Tiefendimension bereitzustellen, die es erlaubt, Oberflächen und räumliche Gegebenheiten im größeren Detail zu studieren.

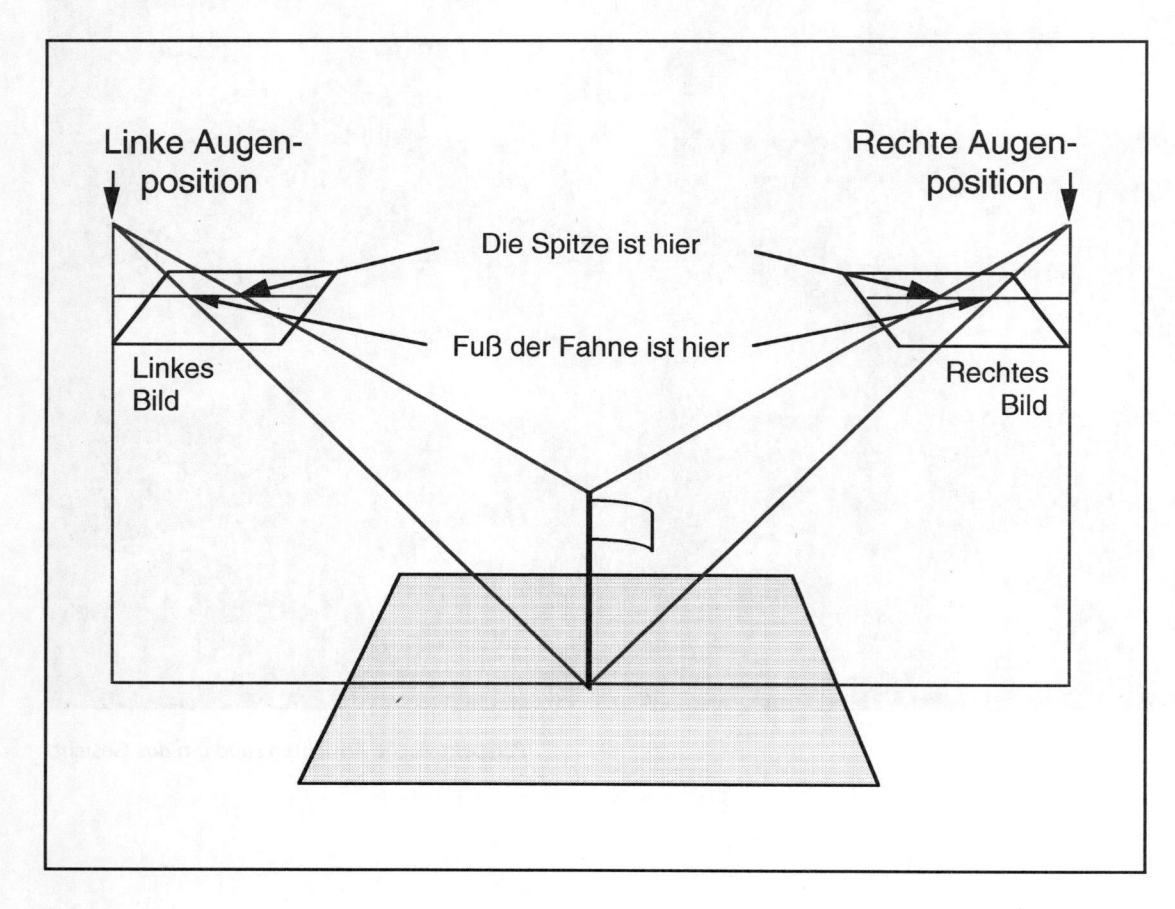

Wie eine Stereoaufnahme entsteht. Beachten Sie die unterschiedliche Position von oben und unten des Objekts in jeder Aufnahme.

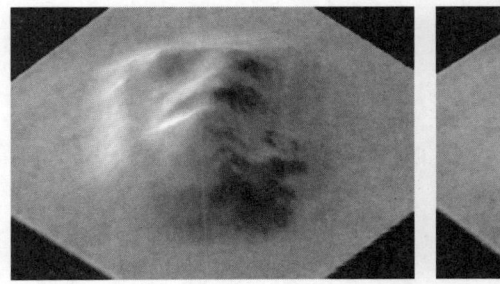

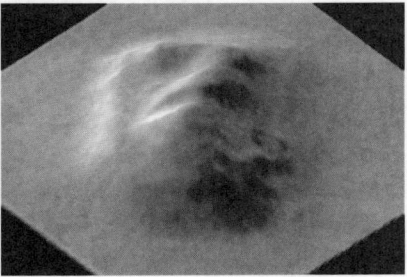

Linkes und rechtes Stereopaar einer Ansicht direkt vor dem Gesicht.

WIE SIEHT MAN DAS STEREO-BILD?

Den folgenden Ansatz benutzend, kann der Leser die Paare der Aufnahmen, die hier präsentiert sind, stereoskopisch sehen, um eine zusammenhängende dreidimensionale Ansicht zu erhalten.

1) Halten Sie dieses Buch mit ausgestreckten Armen in Augenhöhe vor sich, sehen Sie gerade über die Buchkante auf ein entferntes Objekt.

2) Ohne tatsächlich den Blick auf die Seite zu senken, nehmen Sie wahr, wie das Aufnahmepaar sich scheinbar überlappt, um eine dritte Aufnahme zwischen sich zu formen.

3) Die Augen weiterhin entspannt und immer noch auf die Entfernung scharf gestellt, verlagern Sie langsam und vorsichtig Ihre Aufmerksamkeit (aber nicht Ihre Augen) auf die dritte, mittlere Aufnahme.

4) Schließlich, den Abstand des Buches so gut wie möglich einhaltend, heben Sie das Buch leicht an, so daß die mittlere Aufnahme jetzt im Zentrum Ihres Gesichtsfeldes ist.

Nach einiger Übung sollten Sie in der Lage sein, die Stereoaufnahmen ganz scharf zu stellen und dann das Buch näher zu holen für eine genauere Betrachtung.

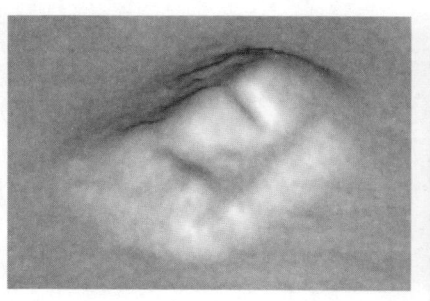

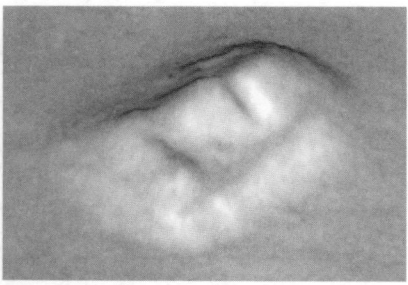

Linkes und rechtes Stereopaar einer Ansicht von Nordwest, oberhalb und zur Linken des Gesichts.

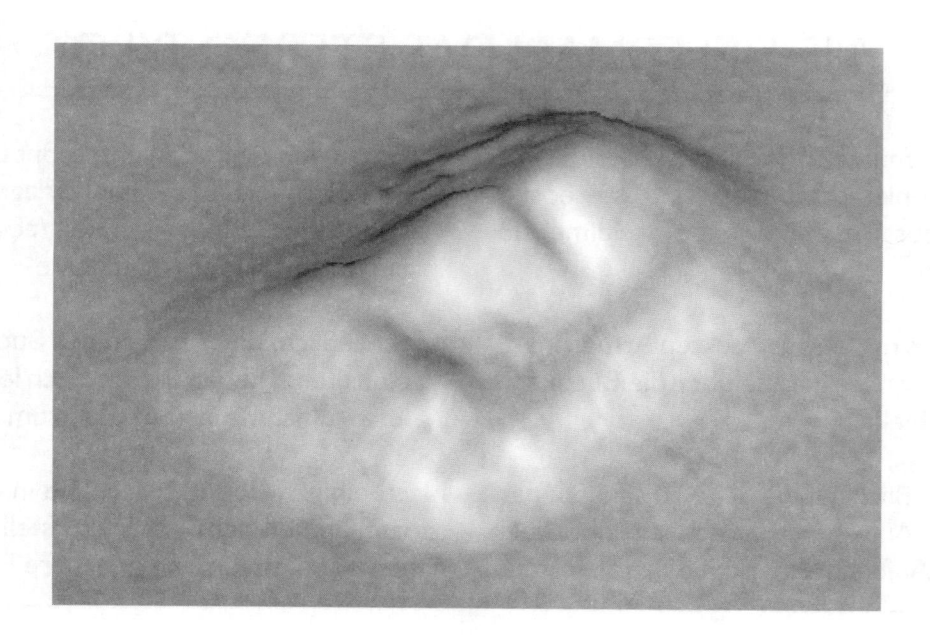

64

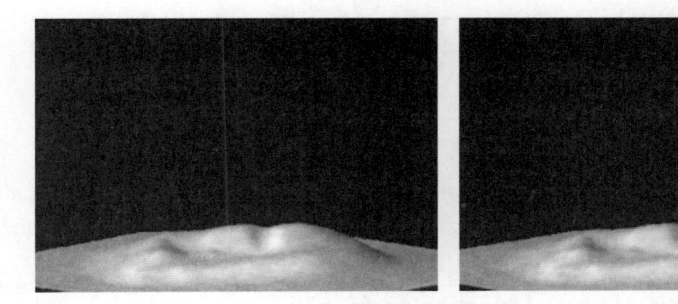

Linkes und rechtes Stereopaar des Gesichts aus 70A13 nahe Bodenhöhe aus Richtung der Stadt. Es wurde argumentiert, daß diese Wiedergabe Hoagland's Theorie unterstützt, daß es bei einem künstlichen Gesicht so beabsichtigt war, daß seine „fertige" (westliche) Seite von der Stadt sichtbar ist.

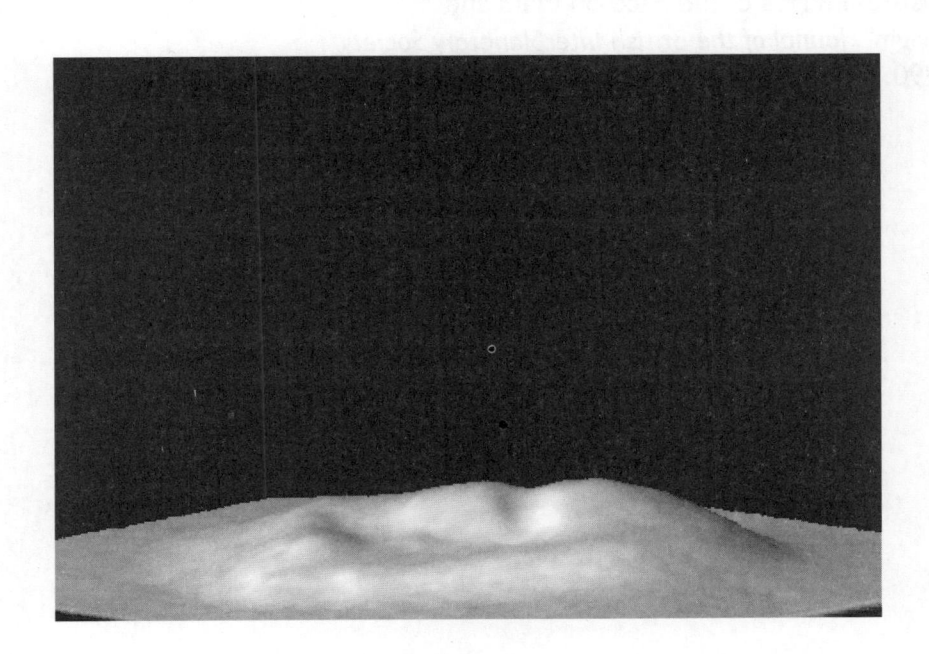

Referenzen für Teil III.

1. *Shape-from-Shading*, B. Horn und M. Brooks (Herausgeb.), MIT Press, Cambridge, MA, 1989

2. B. Horn, „Understanding image intensities", *Artificial Intelligence*, Vol.8, 201-203, 1977

3. Mark J. Carlotto, „Digital imagery analysis of unsual Martian surface features", *Applied Optics*, Vol.27, No.10, S.1926-1933, 15. Mai 1988

4. Keith Hartt und Mark Carlotto, „A method for shape-from-shading, using multiple images acquired under different viewing and lighting conditions", *Proceedings of the International Conference on Computer Vision and Pattern Recognition*, San Diego, CA, Juni 1989.

5. Brian O'Leary, „Analysis of images of the Face on Mars and Possibel Intelligent Origin", *Jounal of the British Interplanetary Society*, Vol.43, S.203-208, 1990.

TEIL IV.

MARS UND DIE SUCHE NACH AUSSERIRDISCHER INTELLIGENZ

SETI UND DIE „GROSSE STILLE"

„Lassen Sie uns annehmen daß jede dieser Zivilisationen pro Jahr eine Interstellare Expedition aussendet. Es würde bedeuten daß jeder Stern, wie unsere Sonne, wenigstens einmal alle Million Jahre besucht würde. In einigen Systemen wo diese Wesen Leben gefunden haben, würden Sie regelmäßigere Besuche machen. Es gibt dann eine große Wahrscheinlichkeit daß Sie die Erde alle paar Tausend Jahre besucht haben. Es ist nicht unwahrscheinlich daß Kunsterzeugnisse dieser Besuche immer noch existieren oder daß sogar eine Art Basis erhalten ist, vielleicht automatisch, innerhalb des Sonnensytems, um die Kontinuität zukünftiger Expeditionen sicherzustellen."
Carl Sagan, aus einer Rede vor der American Rocket Society, 1962.

Die Suche nach Außerirdischer Intelligenz (SETI) begann in den frühen 60'er Jahren unter der Benutzung von Radioteleskopen zum systematischen Abtasten des Himmels nach Radioübertragungen intelligenten Ursprungs von ähnlichen Quellen im tiefen Raum.[1] Nach dreißig Jahren immerhin ist nicht bekannt, daß eine ET-Übertragung empfangen wurde. Dies erhebt einige Fragen nach den grundsätzlichen Annahmen, die hinter SETI stehen: Haben wir in alle richtigen Richtungen geblickt oder auf allen richtigen Frequenzen zugehört? Haben wir wirklich die Technologie, um Außerirdische Kommunikation zu entdecken und zu dechiffrieren? Sind Radiowellen die Wahl der Außerirdischen Kommunikationstechnologie? Versuchen wir, ein Signal zu hören, was einfach nicht da ist?[2]

Fehlender Erfolg im Kontakten von ET's hat manche dazu veranlaßt, sich zu fragen, ob die Erde nicht unter einer Art kosmischer Quarantäne steht![3] Andere argumentieren, daß sich dem SETI-Konzept zu verschreiben als einem ausschließlichen Tiefenraum Ansatz, wäre wie „den Himmel und die Erde unendlich zu trennen", uns ablenken vom Wahrnehmen und Untersuchen der Beweise näher an unserem eigenen Zuhause.

Wenn, wie generell angenommen, Leben, so wie wir es kennen, sich nicht auf den anderen Planeten unseres Sonnensystems hätte entwickeln können würde es tatsächlich so scheinen, als ob unsere einzige Hoffnung, Wesen wie uns selbst zu kontaktieren, durch Radiowellen oder etwas Ähnlichem möglich wäre. Aber auf welcher Grundlage können wir die Möglichkeit ausschließen, daß Außerirdische oder ihre Sonden nicht vielleicht schon dieses Sonnensystem erreicht haben ? Können wir mit absoluter Sicherheit sagen, daß sie keine Artefakte hinterlassen oder Oberflächen verändert haben in einer Art, die unsere eigenen planetaren Sonden entdecken können?[4] Ist es nicht zulässig, die Möglichkeit zu berücksichtigen, daß Viking, dessen Mission die Suche nach Leben enthielt, vielleicht fremde Artefakte auf Mars aufgenommen hat? Da die Suche nach Außerirdischer Intelligenz eine Suche nach dem Unbekannten ist, müssen wir da nicht wenigstens offen bleiben für das Unerwartete?

DIE NOTWENDIGKEIT OBJEKTIVER KRITERIEN

Wie immer unser Ansatz auch aussieht, um Daten zu erlangen, wir müssen objektive Kriterien und Methoden zum Testen der Intelligenzhypothese entwickeln, wann immer sich ein provozierender Beweis präsentiert.

Innerhalb der SETI-Gruppierung sind bereits einige Kriterien und Methoden vorgeschlagen worden. Zum Beispiel, vermutete Sagan,[5] daß Abweichungen von dem natürlichen Spektrum der Black-Body Strahlung vielleicht ein Anzeichen von Außerirdischer Intelligenz in interstellaren Entfernungen ist. SETI selbst hat lange auf der Annahme bestanden, daß Modulationen von Radiowellen, die bestimmte mathematische Charakteristiken wiedergeben, vielleicht als Beweis für intelligenten Ursprung anzusehen sind.

Im Bereich der Luft- und Satellitenaufklärung kann ein anderer mathematischer Ansatz, bekannt als Fraktales Modellieren, angewendet werden, um künstliche Objekte zu erkennen, die in natürliche Landschaften eingebettet sind. Es gibt keinen Grund anzunehmen, daß diese Technik weniger effektiv für andere Planeten arbeiten würde; tatsächlich waren die heutigen Ergebnisse, die Viking Daten benutzen, sehr ermutigend.[6] Im besonderen scheinen das Gesicht und andere nahegelegene Objekte in Cydonia objektiv meßbare Qualitäten zu teilen, die sie von dem sie umgebenden Gelände abheben. Durch Standards, die schon lange bei irdischen Anwendungen akzeptiert werden, kann vorläufig gezeigt werden, daß den Anomalien von Cydonia die Art von Struktur fehlt, die charakteristisch für natürlich geformte Landformen ist.

FRAKTALES MODELLIEREN

Wenn man eine Fotographie betrachtet, ist es oft unmöglich, die Größe oder Entfernung von natürlichen Objekten (Bäume, Felsen, Hügel, Seen, usw.) zu schätzen, es sei denn, ein bekanntes Objekt ist auch vorhanden, um einen Referenzmaßstab zu liefern. Das liegt daran, daß natürliche Objekte dazu tendieren, die gleiche Art von Unterstruktur in verschiedenen Maßstäben zu zeigen. Zum Beispiel, kann eine Anzahl von sich verzweigenden Ästen auf einem Bonsai optisch nur schwer von denen eines riesigen Baumes unterschieden werden; man kann auch dieselben Muster von Brüchen und Einkerbungen in einem kleinen Kiesel wie auch auf einem Felsblock finden; die Wendungen und Biegungen in der Uferlinie eines Teichs können präzise die nachahmen, die von einem viel längeren Stück eines Sees aufgenommen wurden und so weiter. Generell gesagt: die Natur tendiert dazu, Strukturen zu erschaffen, die „sich-selbst-ähnliche" Unterstrukturen haben; wenn man sie in immer größeren Details untersucht, so erscheinen dieselben Arten von Mustern immer wieder. Objekte, die dieses Verhalten zeigen, sind als *Fraktale* bekannt.

Im Gegensatz dazu sind künstliche Strukturen grundsätzlich nicht-fraktal. Die einzigen Ausnahmen sind die, die absichtlich so entworfen wurden, um die fraktalen Formen der Natur nachzumachen; z. B. künstlerische Wiedergaben der Natur oder mathematisch erzeugte Fraktale, wie die von-Koch „Schneeflocken"-Kurve, wie unten beschrieben. Die Wissenschaft der Fraktalen Geometrie wurde mit großem Erfolg angewendet, um ein besseres Verständnis, durch das Formen von Modellen, für eine große Anzahl von natürlichen Phänomenen[7] zu erlangen, wie etwa die elektrische Entladungen, Wolken, die Verteilung von Kratern auf dem Mond, die Schwankung der Börse und die Formen von natürlichem Gelände oder Küstenlinien, um nur einige zu nennen. In den letzten Jahren ist ein ganzer Bereich der Mathematik um das Konzept der Fraktale herum entstanden. Da digitale Aufnahmen und Aufnahmeverarbeitung hauptsächlich mathematisch sind, kann fraktale Analyse vielleicht in der Computeraufnahmeanalyse benutzt werden, um nicht-fraktale Objekte in einer fraktalen Umgebung auszumachen.

BEISPIEL FÜR EIN FRAKTAL

Wie hier illustriert wird, kann eine gerade Linie in ein fraktales Muster umgewandelt werden, indem man zusätzliche Abschnitte hinzufügt, die ihre Komplexität und damit ihre Länge erhöht. Die Rate, mit der ihre Gesamtlänge wächst, ist relativ zu der Rate, mit der sie unterteilt wird, ihre Fraktale Dimension.

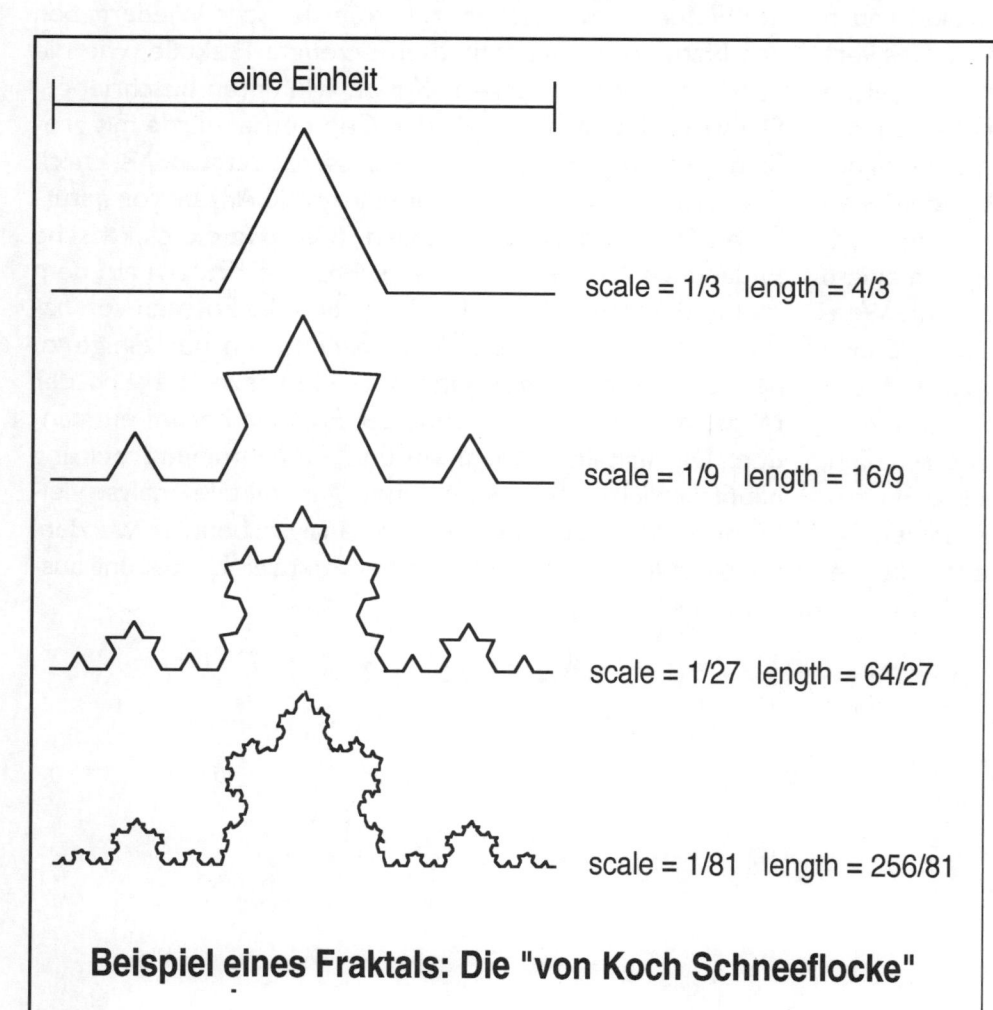

eine Einheit

scale = 1/3   length = 4/3

scale = 1/9   length = 16/9

scale = 1/27   length = 64/27

scale = 1/81   length = 256/81

Beispiel eines Fraktals: Die "von Koch Schneeflocke"

Wir denken, daß den meisten Objekten eine ganzzahlige Dimension zugrunde liegt; z.B. haben Linien die Dimension Eins – Flächen die Dimension Zwei – Räume die Dimension Drei. Wenn ein Objekt in N-Teile unterteilt wird, so daß jeder Teil durch den Wert r vom Ganzen verkleinert wird, erfüllt die Dimension D die Relation $Nr^D = 1$. Zum Beispiel, kann eine Quadrateinheit (1 x 1) in vier kleinere Quadrate unterteilt werden, jedes ½ x ½ groß; daher $4(1/2)^2 = 1$ deshalb D = 2. Für Fraktale ist die Dimension keine Ganzzahl. Als Beispiel betrachten Sie die von-Koch-Kurve. Der Prozeß, um eine von-Koch-Kurve zu generieren, ist der folgende: Beginnen Sie mit dem Ausgangsinterval, entfernen Sie das mittlere Drittel und ersetzen Sie es durch zwei Segmente, jedes mit der Länge 1/3, so daß bei der ursprünglichen Auflösung seine Länge Eins beträgt, bei der Auflösung r = 1/3 gibt es N = 4 Segmente jedes 1/3 lang mit einer Gesamtlänge von L = 4/3. Wenn die Prozedur für jedes der vier Intervalle wiederholt wird, entstehen 16 Segmente, jedes mit der Länge r = 1/9 mit einer Gesamtlänge von L = 16/9. Wenn man dies k-mal wiederholt, erhält man eine Kurve mit der Länge $(4/3)^k$. Wenn die Kurve wiederholt unterteilt wird, z.B. wenn k anwächst, erreicht seine Länge unendlich aber seine Fläche beträgt Null ! Die Dimension der von-Koch-Kurve ist gleich dem $\log N / \log (1/r) = \log 4^k / \log 3^k = \log 4 / \log 3 = 1.26$, ungefähr. Da die Dimension grundsätzlich größer ist als ihre topologische Dimension, ist es ein Fraktal und bedeutet, daß die von-Koch-Kurve mehr Raum einnimmt als eine Gerade.

FRAKTALE LANDSCHAFTEN

Indem man einen ähnlichen Prozeß in die dritte Dimension erhebt, kann man fraktale Modelle von natürlichem Gelände erschaffen.

Eine wichtige Gruppe von Fraktalen bekannt, als $1/f$ Rauschen oder fraktale Brownsche Bewegung, haben sich als gute Modelle für Geländeoberflächen bei Maßstäben kleiner 0.6 km gezeigt.[8] Die Rauhigkeit des Geländes steht in Beziehung zu der fraktalen Dimension D. Glattes Gelände wie sanfte Hügel etwa haben eine Dimension in der Nähe von 2.0, während rauhe Berge näher an 2.5 liegen. Wie die von-Koch-Kurve, zeigen fraktale Oberflächen einige interessante maßstäbliche Eigenschaften. Zum einen die Standardabweichung der Differenz in der Höhe zwischen zwei Punkten, die Entfernung r auseinander, ist proportional zu r hoch 3-D. Mit anderen Worten ist sie ein Ausdruck der Standardabweichung der Differenz zwischen Punkten den Abstand r auseinander, als eine Funktion von r auf log-log Graphpapier ist eine gerade Linie mit einer Neigung gleich zu 3-D. Eine andere interessante Eigenschaft Fraktaler Oberflächen ist, daß die räumliche Frequenz Abnahmen von f hoch 5-2D enthält, wobei f die räumliche Frequenz in Zyklen/Metern ist. Diese Eigenschaft wurde von Voss[9] ausgenutzt, um Fraktale zu erschaffen, durch das Filtern von weißem Rauschen. Eine weitere Eigenschaft von fraktalen Oberflächen ist, daß die Fläche der Oberfläche mit r hoch 2-D abnimmt, wobei r der Maßstab der Messung ist.

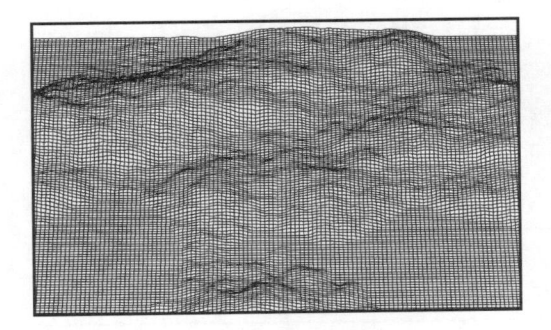

Ausschnitt einer fraktalen Oberfläche mit der Dimension $D = 2.1$

Ausschnitt einer fraktalen Oberfläche mit der Dimension $D = 2.3$

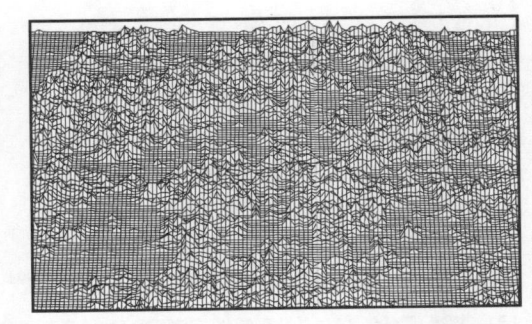

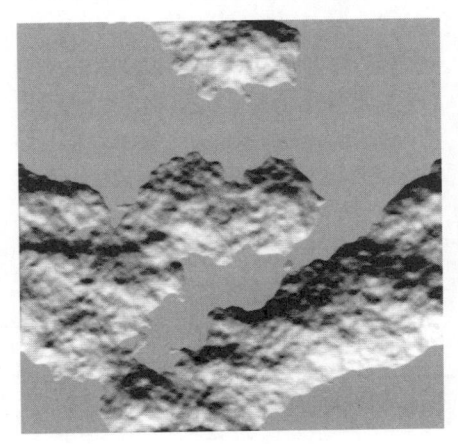

Schattierte Wiedergabe einer fraktalen Oberfläche ($D=2.1$). Höhen unterhalb eines bestimmten Wertes sind auf eine Konstante gesetzt, ungefähr so, als würde man die Fläche des Fraktals bis zu einer bestimmte Höhe mit Wasser auffüllen. Die Sonne ist im Süden 45° über dem Horizont und der Beobachter direkt oberhalb.

Perspektivische Ansicht mit dem Beobachter 30° über dem Horizont und südlich gelegen, mit der Sonne direkt hinter sich.

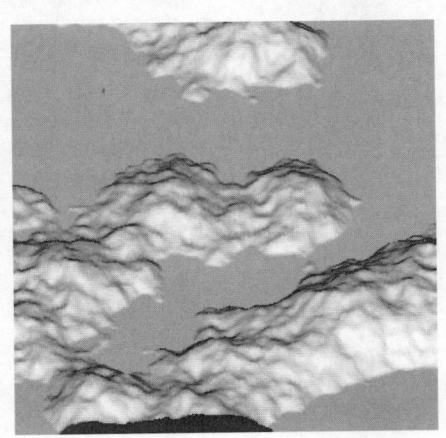

AUFSPÜREN VON KÜNSTLICHEN OBJEKTEN IN AUFNAHMEN

Da die genauen Ausmaße von menschlichen Objekten (Größe, Form, Textur, etc.) oft nicht von vornherein bekannt sind, wurde ein Algorithmus[10] entwickelt, der menschliche Objekte indirekt – durch Modellieren und Entfernen des natürlichen Hintergrunds, entdeckt.

Wie schon früher erwähnt werden die metrischen Eigenschaften von Fraktalen maßstabsgerecht erfaßt durch klare Gesetze, so daß wir die gerade Linie im log-log Raum als eine Signatur für fraktale Objekte ansehen können.

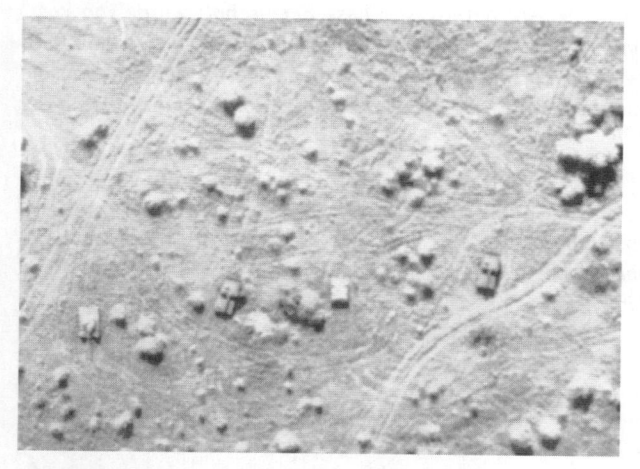

Aufnahme von Militärfahrzeugen, angeordnet auf einem Schlachtfeld.

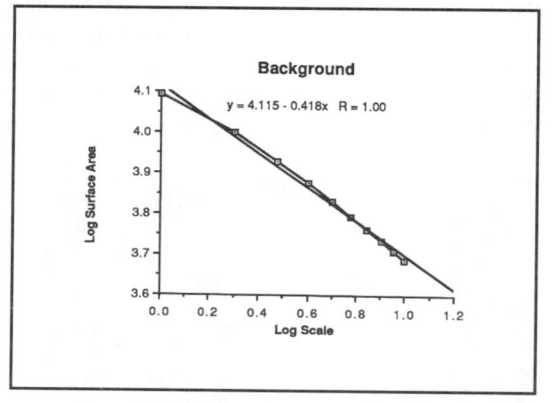

Signatur des natürlichen Hintergrunds.

Ergebnis der Aufklärung, erlangt durch Kombination der Gebiete, die außerhalb des Dimensions-Bereichs (2.0-2.5) liegen mit den Gebieten, die nicht fraktal sind, und ein „Anwachsen"-lassen des Ergebnisses bis zu einer Menge, die der Größe des Analysefensters entspricht. Drei der vier Fahrzeuge wurden entdeckt, eins wurde verfehlt, und es gab zwei „falsche Alarme".

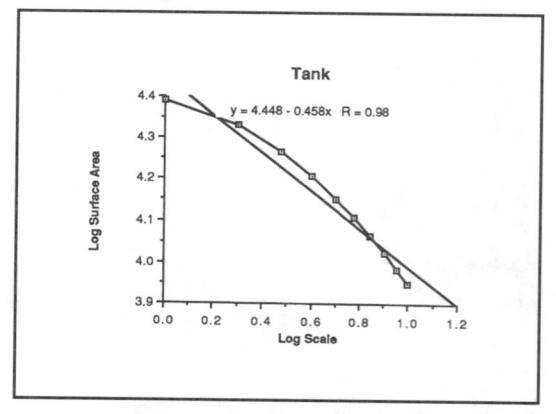

Signatur eines Militärfahrzeugs.

FRAKTAL-ANALYSE DES GESICHTS

Wenn die obige Technik auf die beiden Vikingschlüsselaufnahmen von Cydonia angewendet wird, ist das Ergebnis eindeutig: in beiden Aufnahmen ist das Gesicht, das am geringsten fraktale Objekt.

Teile der zwei Aufnahmen, 35A72 und 70A13, die das Gesicht beinhalten, sind unten gezeigt, zusammen mit ihren Aufnahmen des fraktalen Fehlers der Modellentsprechung, der die Abweichung von fraktalem Verhalten auf lokaler Basis zeigt. Helle Bereiche in diesen Aufnahmen zeigen einen hohen Anteil von Fehlern an und zeigen daher, wo die Aufnahme nicht lokal fraktal ist.

In Aufnahme 70A13, in der die Sonne 17° höher am Himmel steht als in 35A72, gibt es erheblich mehr „falsche Alarme". Dies liegt an der Tatsache, daß, wenn die Sonne sich dem Zenit nähert, die Beschaffenheit des Geländes weniger deutlich ist, deshalb wird es schwieriger, zwischen fraktalem und nicht-fraktalen Objekten zu unterscheiden.[6]

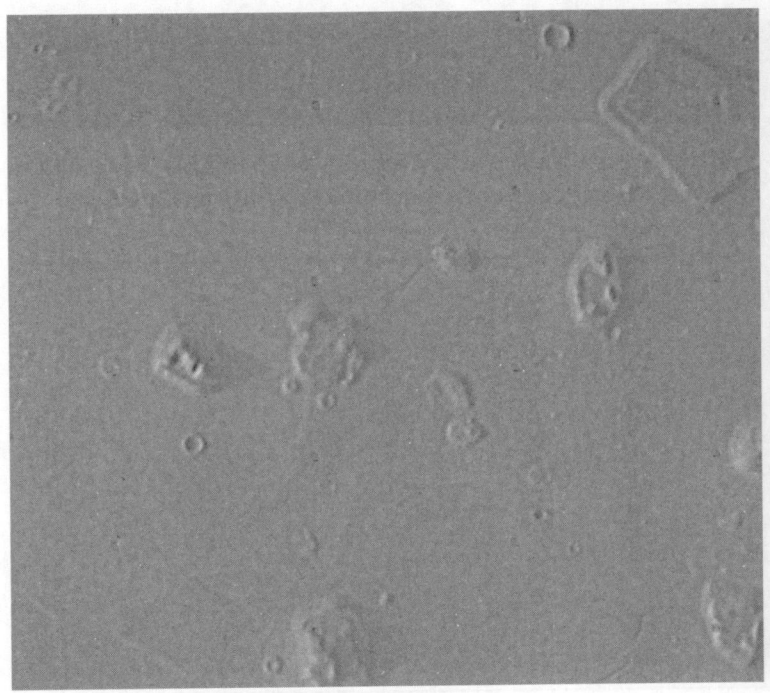

Aufnahme von 35A72, die das Gesicht beinhaltet.

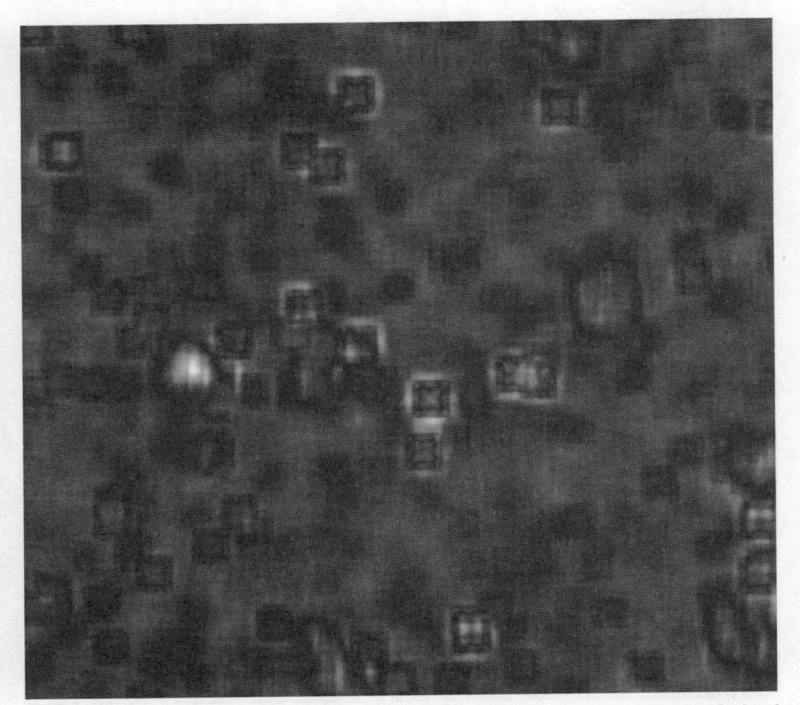

Fehler der Modellentsprechung für 35A72. Helle Bereiche sind weniger fraktal als dunkle Bereiche. Ringförmige Flächen sind Überbleibsel, verursacht durch noch vorhandenes „Salz-und-Pfeffer" Rauschen in der Aufnahme.

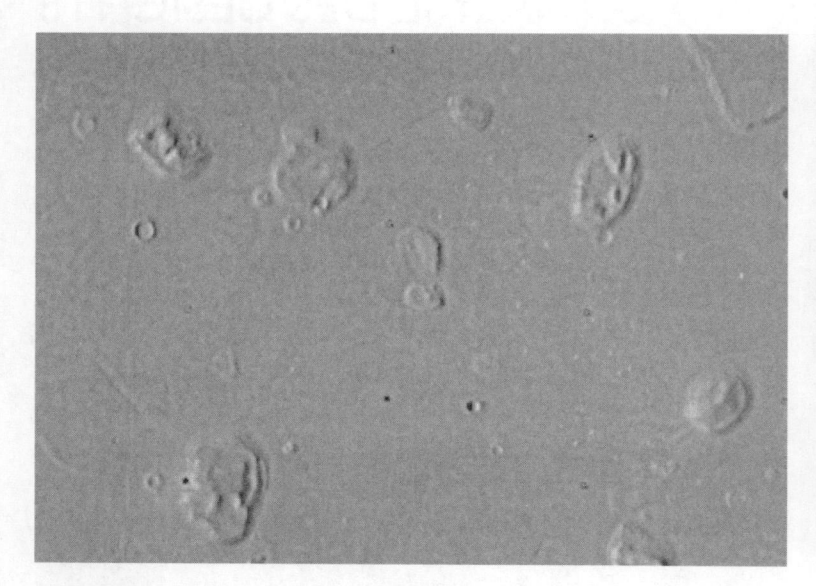

Aufnahme von 70A13, die das Gesicht beinhaltet.

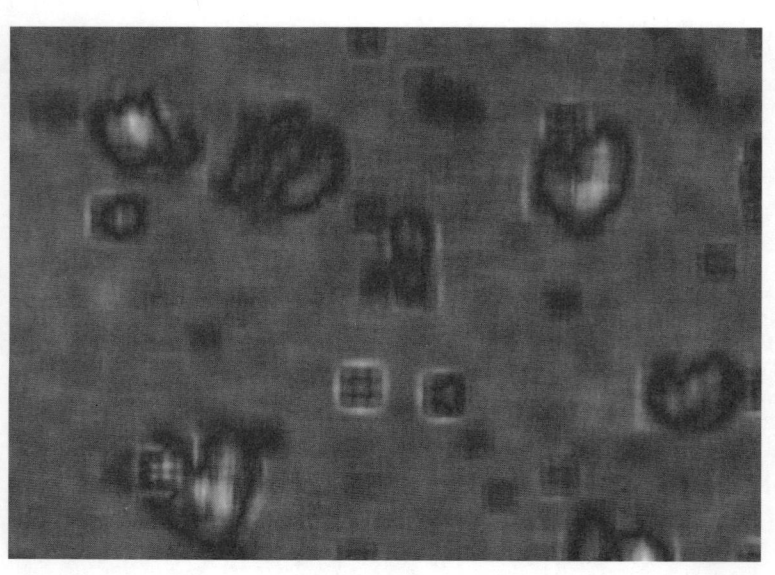

Fraktale Fehler der Modellentsprechung für 70A13. Nehmen Sie den Verlust der Fähigkeit wahr, das Gesicht vom Hintergrund zu unterscheiden.

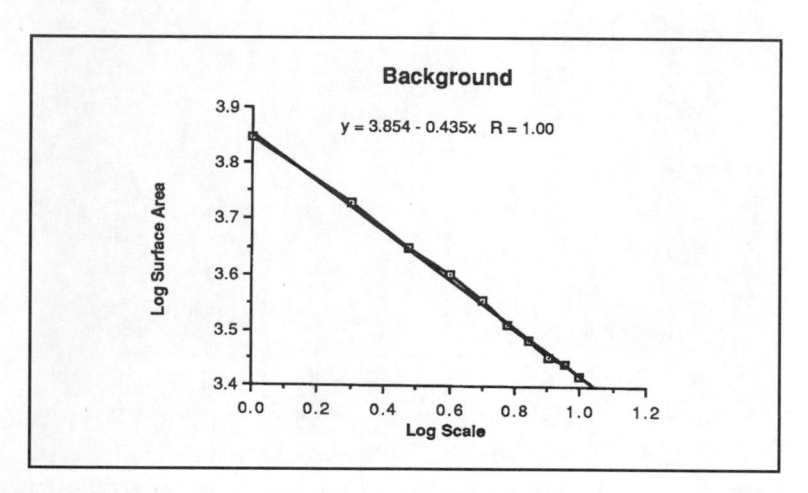

Background

$y = 3.854 - 0.435x \quad R = 1.00$

Face

$y = 4.301 - 0.313x \quad R = 0.95$

Beispiel für eine Hintergrund-Signatur (Vergleichen Sie mit der von natürlichem Gelände auf der Erde).

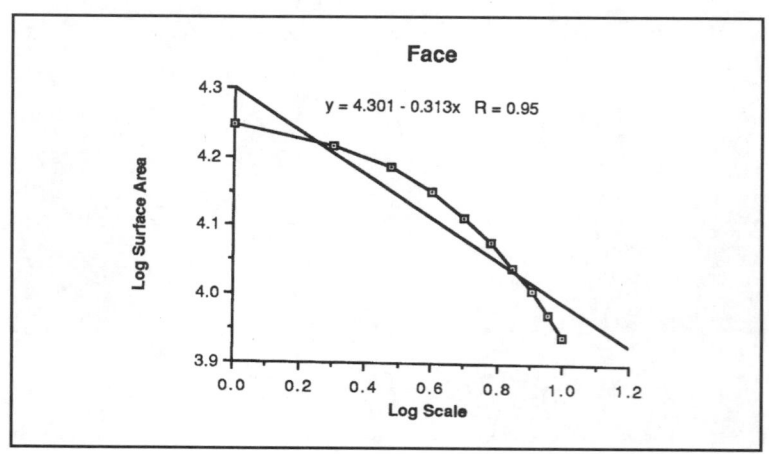

Signatur des Gesichts (Vergleichen Sie mit der eines Militärfahrzeugs).

ANALYSE DES CYDONIA-KOMPLEXES

Die gerade beschriebene Analyse wurde auf benachbarte Vikingaufnahmen ausgedehnt. Während herausgefunden wurde, daß das Gesicht den größten fraktalen Modellentsprechungs-Fehler hat, haben auch eine Anzahl von Objekten in der Stadt sehr hohe Modellentsprechungs-Fehler, inklusive der Festung.

Ein 1280 x 1024 Pixel großes Mosaik aus Teilen der Viking-Orbiter Aufnahmen Nr. 35A72, 35A73 und 35A74 zeigt die Ergebnisse innerhalb des Cydonia-Komplexes, bestehend aus der Stadt, Gesicht, D&M-Pyramide und anderen Objekten. Jeder Pixel stellt etwa 50 x 50 Meter dar. Die gesamte gezeigte Fläche beträgt ungefähr 3.000 qkm.

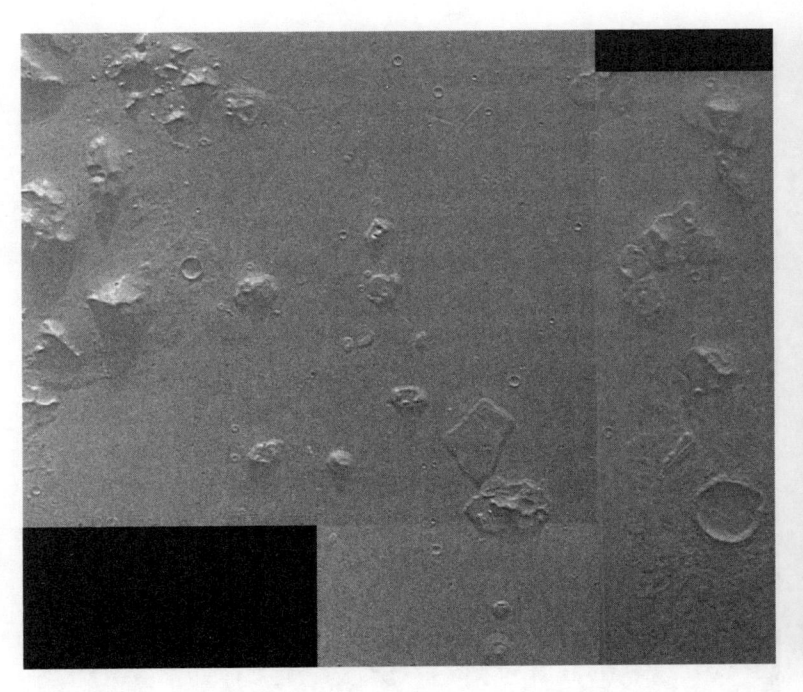

Mosaik zusammengesetzt aus Teilen von drei Vikingaufnahmen.

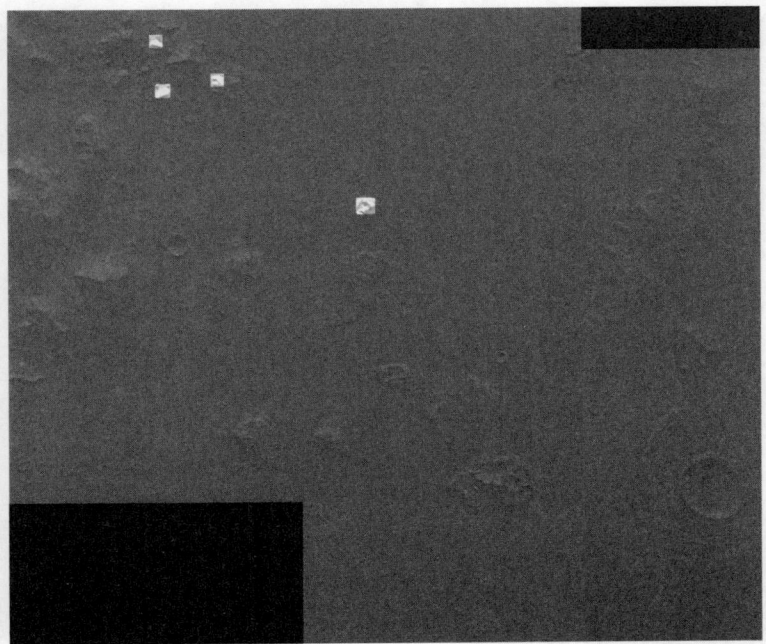

Mosaik der entsprechenden Modellentsprechungs-Aufnahmen bearbeitet, um die stärksten Anomalien zu zeigen.

ANDERE ANOMALE OBJEKTE IN DER CYDONIA-REGION

Hier ist ein Ergebnis von Vikingaufnahme 70A10, die nahelegt, daß es vielleicht andere Objekte in der generellen Umgebung gibt, die eine Untersuchung wert wären. Der gezeigte Bereich ist 512 x 512 Pixel groß und ist über 100 km entfernt vom Cydonia-Komplex. Entstanden durch periodisches nicht fraktales Rauschen in der Aufnahme, die hellen Flächen ignorierend, kann man eine starke Anomalie in Form einer ungewöhnlichen kreisförmigen Formation (die „Schüssel" genannt) entdecken, die so scheint, als ob einige der entscheidenden morphologischen Gegebenheiten von typischen Einschlagkratern fehlen. Es liegt in der Mitte einer Struktur, die unter anderem faszinierende Details hat, auch eine spitz zulaufende „Rampe", die einige Beobachter an die Treppe einer Mesoamerikanischen Pyramide erinnert hat

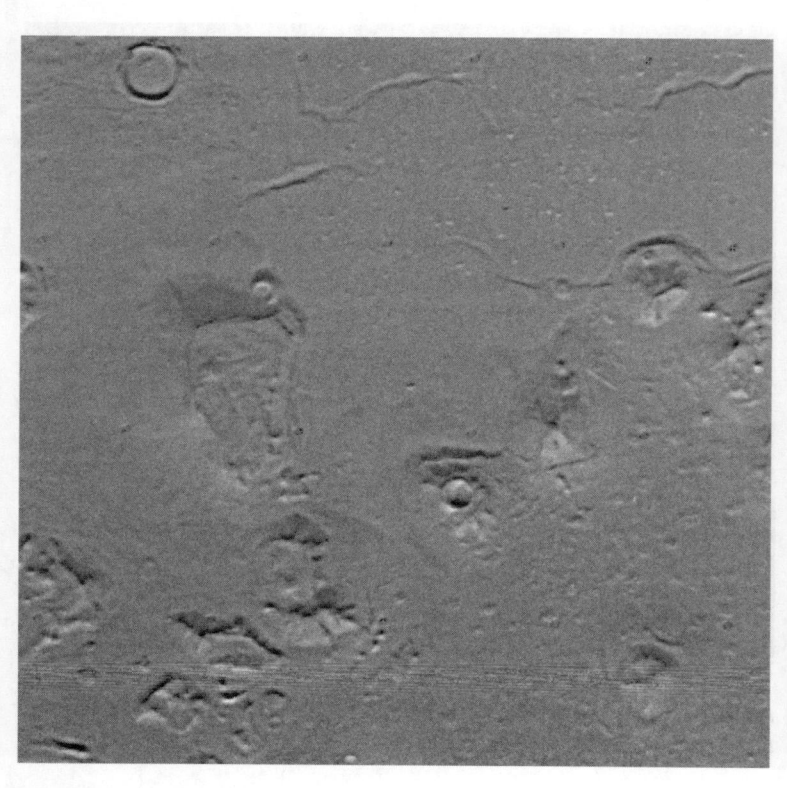

Aufnahme von 70A10.

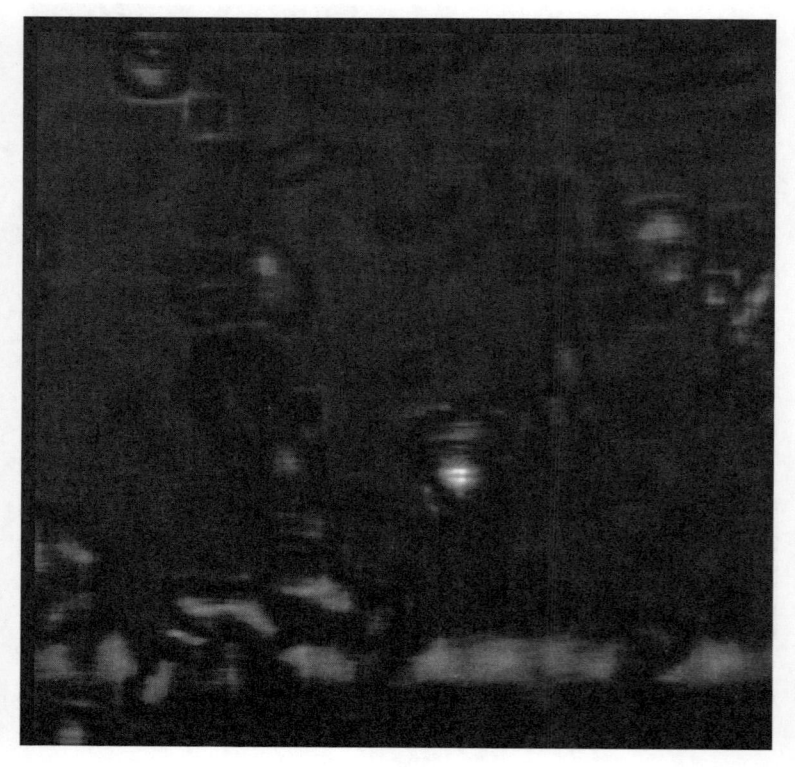

Aufnahme des Modellentsprechungs-Fehlers.

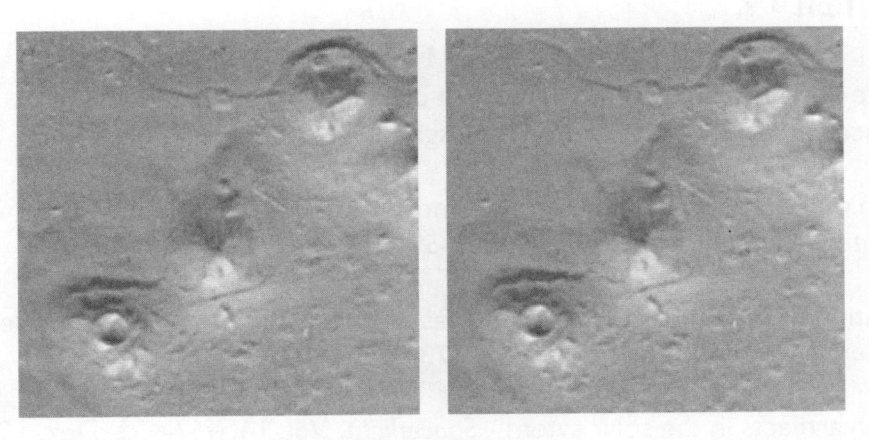

Linkes und rechtes künstliches Stereopaar der Schüssel, eines pyramidenartigen Objektes und geradliniger Einschnitte.

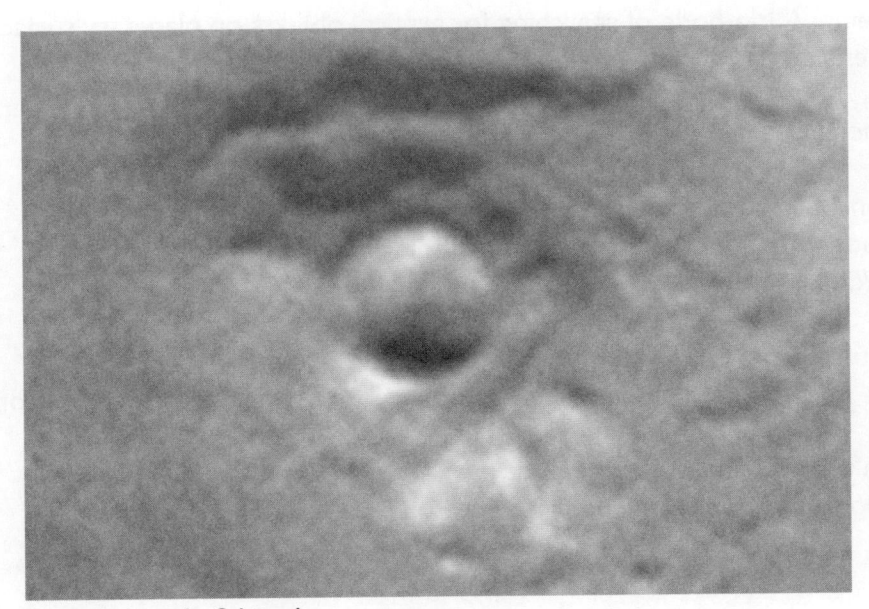

Nahaufnahme der Schüssel

Referenzen für Teil IV.

1. F. Drake, „How can we detect radio transmissions from distant planetary sytems?",
   in *Interstellar Communication*, A.G.W. Cameron (Herausgeb.), W.A. Benjamin, New York, 1963

2. T. Denton, „Dancing in our lenses: Why there are not more technological civilizations",
   Journal of the Britisch Interplanetary Society, Vol. 37, 522-525, 1984

3. J. Deardorff, „Examination of the Embargo Hypothesis as an explanation for the Great Silence",
   Journal of the British Interplanetary Society, Vol. 40, SS. 373-379, 1987

4. G. Foster, „Non-human artifacts in the solar sytem", *Spaceflight*, Vol. 14, 447-453, Dez. 1972

5. C. Sagan, „The recognition of extraterrestial intelligence", *Proceedings of the Royal Society*,
   Vol. 189, SS. 143-153, 1975

6. M. Carlotto und M. Stein, „A Methode of searching for artifical objekts on planetary surfaces",
   Journal of the British Interplanetary Society, Vol. 43., SS. 209-216, 1990

7. B. Mandelbrot, *The Fractal Geometry of Nature*, W.H. Freeman, New York, 1983

8. D. Mark und P. Aronson, „Scale-dependent fractal dimensions of topographic surfaces:
   An empirical investigation with applications in geomorphology and computer mapping",
   Mathmatical Geology, Vol. 16, No. 7, 1984

9. R. Voss, „Fractals in nature: from characterization to simulation",
   in *The Science of Fractal Images*, (Peitgen und Saupe Herausgeb.), Springer Verlag, New York, 1988

10. M.Stein, „Fractal image modells and object detection",
    Proc. Society of Photo-Optical Instrumentation Engineers, Vol. 845, SS. 293-300, 1987.

TEIL V.

GEOLOGISCHE ANALYSE DER RÄTSELHAFTEN LANDFORMEN IN CYDONIA

GEOLOGISCHE ANALYSE DER RÄTSELHAFTEN LANDFORMEN IN CYDONIA

„Trotz unseres angehaltenem Atems und dem Klopfen unserer Herzen, die Mars Sphinx sieht natürlich aus – nicht künstlich, nicht wie der Doppelgänger eines menschlichen Gesichts....
Aber ich könnte mich irren."
Carl Sagan, *Demon Haunted World*, 1996.

Uns wird von der NASA gesagt das die Cydonia Merkmale nichts mehr sind als die ausgegrabenen, erodierten Reste eines älteren Terrains. Dagegen gibt es viele Anzeichen, die zeigen, daß die Merkmale, die in Cydonia zutage treten, das Produkt von mehr sind als einfacher Abtragung. Unabhängig von ihrem Ursprung sind die Merkmale und ihre räumlichen und zeitlichen Beziehungen zueinander ausreichend komplex um eine genauere Nachforschung zu rechtfertigen. Nur durch fortgeführte ernsthafte Untersuchung können wir dahin gelangen, die Merkmale in Cydonia zu verstehen, und, was vielleicht noch wichtiger ist, ein erweitertes Verständnis zu übersetzen, um einige der geomorphischen Prozesse der Erde neu zu betrachten.

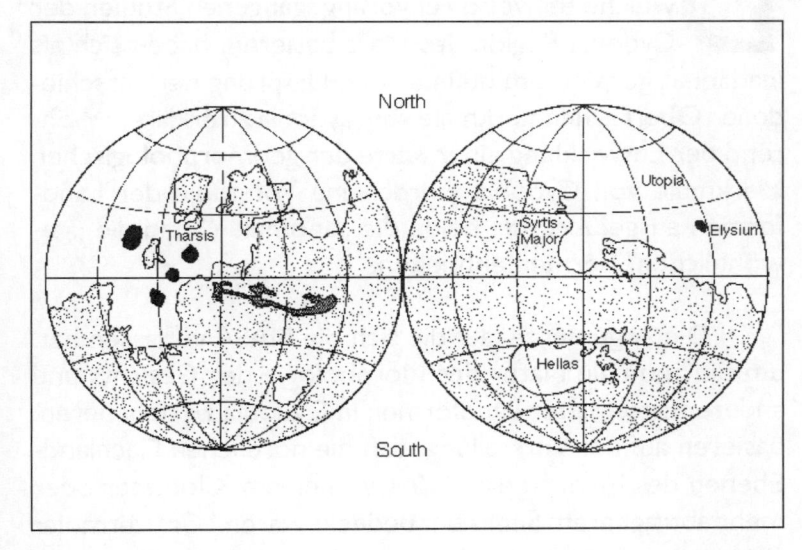

Die Topographie des Mars ist asymmetrisch, wobei der größere Teil der südlichen Hemisphäre sich über die Referenzgröße erhebt und die nördliche Hemisphäre darunter abfällt. Die südliche Hemisphäre ist deutlich stärker gekratert und auf Grund dessen für älter gehalten worden als die nördlichen Ebenen. (Lunar and Planetary Institute)

Der Text dieses Kapitels wurde von James Erjavec und Ronald Nicks beigesteuert. James Erjavec ist Geologe und ein Spezialist für Geographische Informationssysteme. Er erlangte seinen Bachelor of Science in Geologie an der Cleveland State University im Jahre 1979 und seinen Master of Science in Ökonomischer Geologie an der University of Arizona im Jahre 1981. Herr Erjavec hat über 15 Jahre Erfahrung in Geologischer Kartographie, Formationsstratigraphischer Interpretation und in Geochemie. Ronald Nicks ist ein Diplomgeologe mit über dreißig Jahren Erfahrung in Geologischer Charakterisierung und in der Umweltbereinigung. Er erlangte seinen Bachelor of Arts in Geologie an der California State University im Jahre 1966. Seine Fähigkeiten beinhalten Verwerfungskartierung, Luftfotografieanalysen, Erdrutsch- und Landformanalysen, und Boden- und Felsmaterial-Sicherstellung für Laborversuche.

DIE CYDONIA REGION DES MARS

Die breit angelegten Verallgemeinerungen der NASA, welche teilweise auf vorangegangenen Studien der Cydonia Region des Mars basieren, haben sich als inadäquat gezeigt, um definitiv den Ursprung der verschiedenen Oberflächenmerkmale von Cydonia zu erklären. Während der Entwicklung einer Karte der geomorphologischen Merkmale von Cydonia wurde eine Vorstudie der Landformen ausgeführt, die beide die „anomalen" und die „gewöhnlichen" Formen enthielten.

Die Argumente, auf die sich die NASA verlassen hat, um die anomale Natur der Morphologie des Gesichts und anderer rätselhafter Landformen in Cydonia zu debatieren, basieren auf der Vorstellung, daß die nördlichen Flachland-Ebenen des Mars zu einer Zeit von einem Kilometer oder mehr abtragbarem Sediment bedeckt waren.[1] Crattermole[2] zitiert eine Forschung, die vorschlägt, daß die Flachland-Ebenen mit soviel wie 2 bis 3 Kilometern Sediment bedeckt waren.

Der Ursprung der Landformen der Cydonia Mensae wird einem differenzierten Erosionsprozeß zugeschrieben, der abdeckendes gekratertes Plateaumaterial entfernt und ein hügeliges Terrain hinterlassen hat, das eine Kombination ist aus ausgegrabenen Überresten eines gekraterten Terrains und Eruptiv Intrusion oder gekratertem Plateaumaterial.[3] Soweit wie es die allgemeine Wissenschaftsliteratur angeht, scheint sie diese Sicht ohne Vorbehalte akzeptiert zu haben.

Es ist nicht ungewöhnlich, Referenzen in Bezug auf die Cydonia Landformen zu finden, die typischerweise deren Ursprung als das exklusive Ergebnis von Winderosion[4] anführen, ohne über die Stichhaltigkeit der Daten und Voraussetzungen nachzudenken, die solche Ansprüche unterstützen.

Aber seit kurzem stehen Beweise[5] zur Verfügung, die Ansprüche widerlegen, daß mehr als ein Kilometer Sediment von den nördlichen Flachland-Ebenen des Mars erodiert ist. McGill hat Gleichungen für die Kraterausdehnung benutzt, um daraus zu schließen, daß es nur eine leichte bis moderate Erosion der nördlichen Flachland-Ebenen seit der Noachian Epoche gegeben haben kann und das im besten Fall 200m Material von den Ebenen abgenommen wurde. Dies wird von Maxwell[6] bestätigt, der zeigt, daß es nur geringe Wechselbeziehungen zwischen der Zweiteilung der Mars Landformen (nördliche Flachland-Ebenen und südliches Kraterhochland) und der Streichrichtung der Abhänge und Bergrücken der Landformen gibt. Cattermole sagt aus, daß, weil eine Serie von eng mit einander verbundenen geologischen Ereignissen auf die nördlichen Ebenen eingewirkt hat (7-10) und ein Beweis dafür fehlt, wohin die 2 bis 3 km des erodierten Sediments transportiert worden sind, es nur eine geringe Wahrscheinlichkeit gibt, daß Erosion die treibende Kraft für das abflachende Ereignis ist.

Stattdessen glaubt, er daß der Beweis vorschlägt, daß die Abflachung der nördlichen Ebenen das Ergebnis eines (heutzutage) unklaren internen Mechanismus ist.

Yardangs sind windgeformte Hügel, die in ihrer Größe von einigen Metern bis zu einigen Kilometern reichen und die in trockenen Gebieten entstehen. Sie treten auf, wenn erodierbare Felsen und Sedimente einem starken gleichgerichtetem Wind ausgesetzt sind. (Lunar and Planetary Institute)

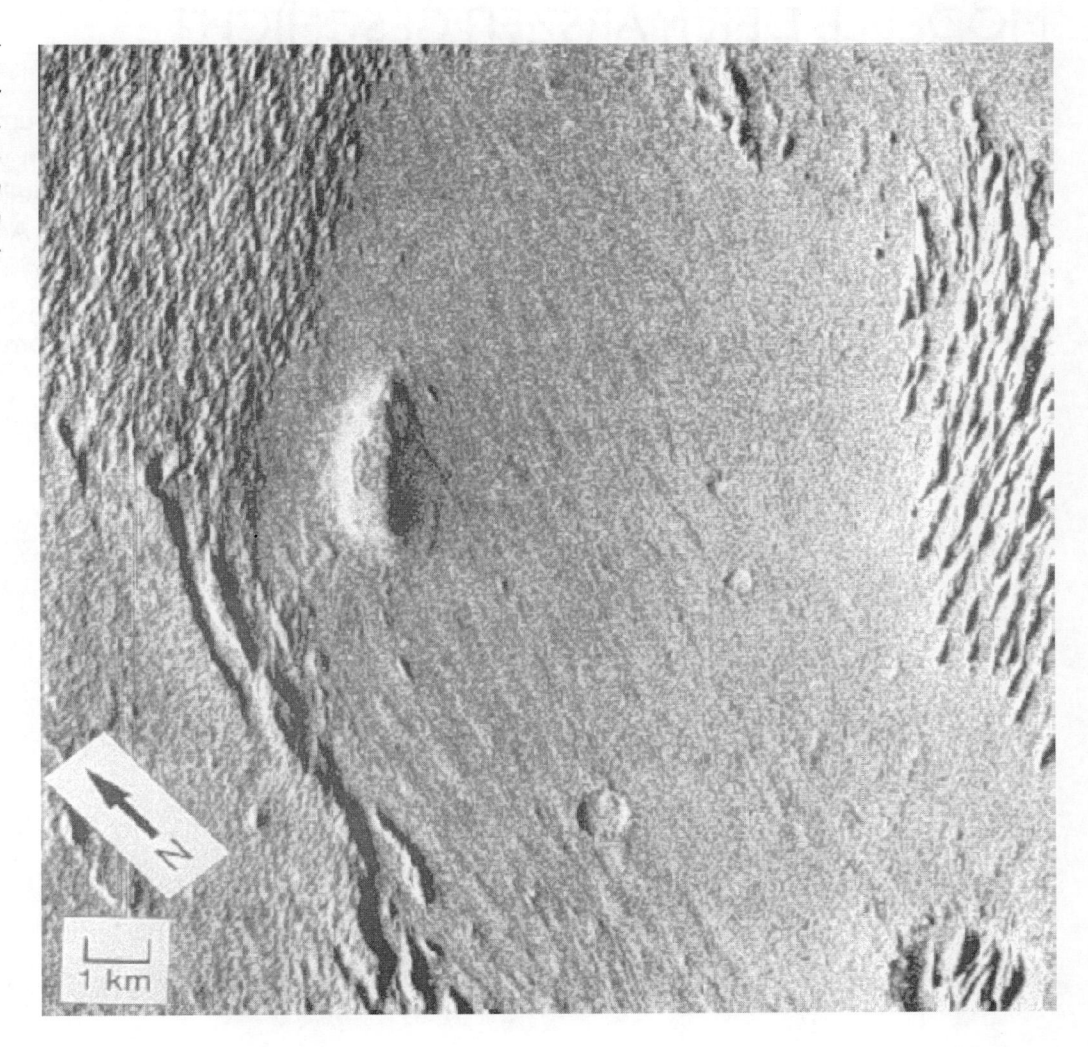

MODELLE DER MARSZEITGESCHICHTE

Weiterhin ist es möglich, im Licht eines Gravitationsmodells, entwickelt von Smith und Zuber,[11] daß die Zweiteilung vielleicht gar nicht existiert, zumindest nicht mit dem vorgeschlagenen scharfen Höhenbruch. Die Analyse von Smith und Zuber der orbitalen Grundabtastungs-Daten der Mariner 9 und Viking Orbiter deutet darauf hin, daß das marsianische Massenzentrum und das Formzentrum um ungefähr 3km voneinander abweichen. Wenn diese Daten wahr sind, dann ist die Kennzeichnung der Zweiteilung vielleicht nicht mehr als das Produkt dieser Abweichung. Die Autoren deuten an, daß die Grenze der Zweiteilung mehr allmählich fortschreitend ist als vorher festgestellt, wobei sich die Oberfläche nach und nach über Tausende von Kilometern senkt.

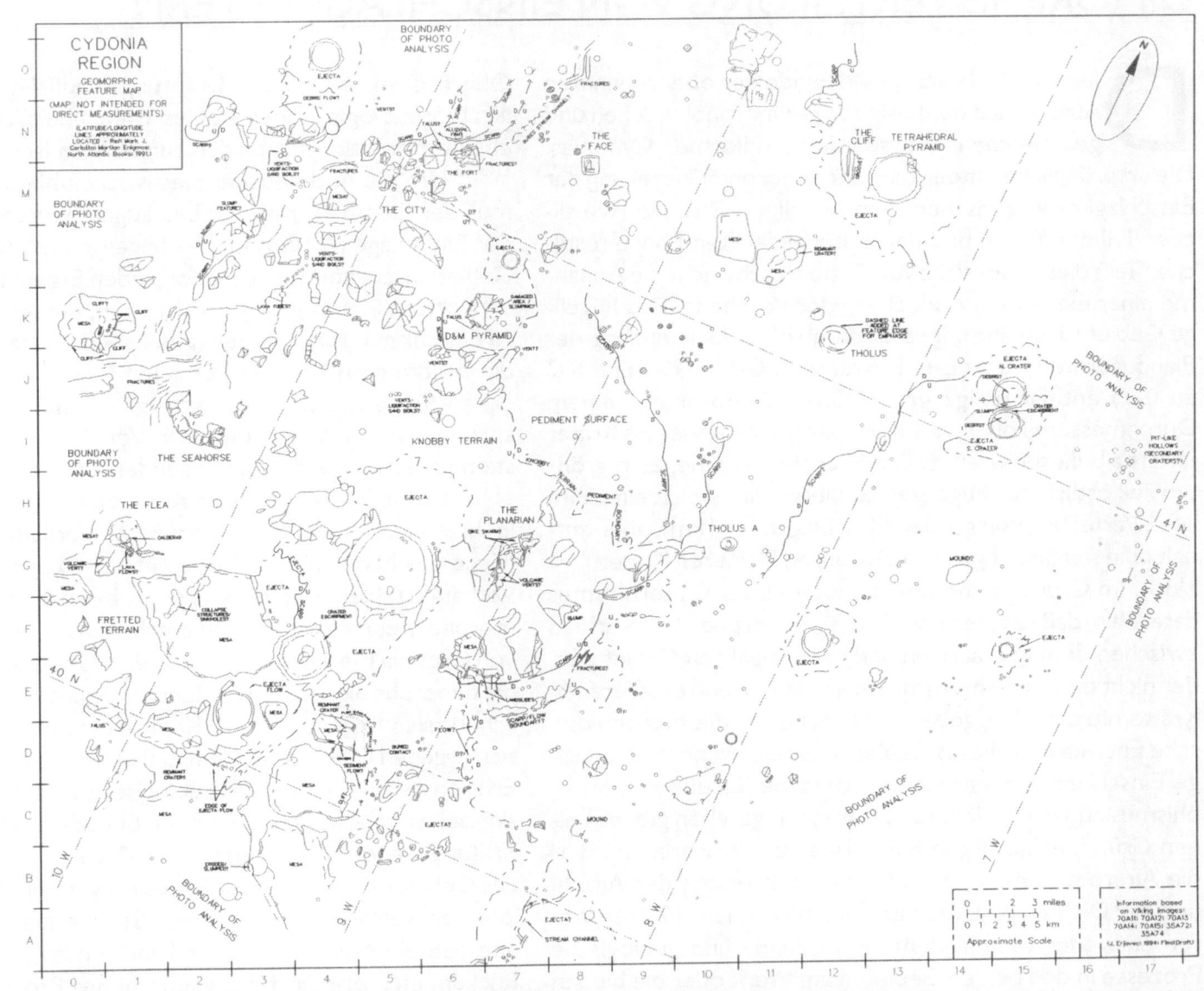

Karte der geomorphischen Kennzeichen von Cydonia ungefähr begrenzt durch die 40° N bis 41.5° N Breitengrade und die 11° W bis 7° W Längengrade (eine Fläche, die von den Viking-Aufnahmen 70A11, 70A12, 70A13, 70A14, 70A15, 35A72 und 35A74 abgedeckt wird).

DIMORPHE VERTEILUNG VON EINSCHLAGKRATERN

Diese Studie bestätigt die Funde der obengenannten Autoren auf der Basis von geomorphologischen und geologischen Analysen der Landformen Cydonias. Die ursprüngliche Entdeckung der dimorphen Verteilung der Einschlagkrater zwischen dem hügeligen Gelände (westlicher Teil der Karte) und der kraterbedeckten Ebene (östlicher Teil) dieses Bereichs von Cydonia schwächt die Annahme einer extensiven Abdeckung der Vorebene. Das hügelige Gebiet (ungefähr begrenzt durch einer Linie entlang der Planquadrate H-0 zu E-6, E-6 zu G-9, G-9 zu K-7 und K-7 zu 0-7) enthält einige große Einschlagkrater mit einem Durchmesser größer als 1 km, aber nur sehr wenige Krater unterhalb dieser Grenze. Die Sockeloberfläche, zum größten Teil östlich des hügeligen Gebiets gelegen, hat eine ähnliche Verteilung von großen Einschlägen (> 1km), aber enthält eine signifikant größere Anzahl an kleineren Kratern (< 1km). Im Grunde genommen deutet dieser Dimorphismus darauf hin, daß es einen deutlichen geomorphen Unterschied zwischen dem gekraterten und dem hügeligen Gebiet gibt, der nicht dafür verantwortlich sein kann, wenn erodierende Kräfte die ausschlaggebende Ursache für die morphologische Entwicklung dieses Gebietes wären. Wenn man zufällige Einschläge allein als einzige Ursache für diesen Dimorphismus außer acht läßt (und statistisch gesehen gibt es keinen Grund, es zufälligen Einschlägen zu- zuschreiben, weil die Alterbestimmung der Marsoberflächen auf der Anzahl und der Dichte von Einschlagkratern beruhen (12,13)), waren entweder verschiedene erodierende und geologische Prozesse in den beiden Gebieten am Werk oder die beiden Oberflächen hatten ihren Ursprung in auffällig unterschiedlich Morphologien, oder, was am wahrscheinlichsten ist, daß eine Kombination aus beiden aufgetreten ist.

Um die Authentizität dieses scheinbaren Dimorphismus der Einschlagkrater zu bestätigen, wurden Zählungen der Einschläge (<1km) für das hügelige und das gekraterte Gebiet durchgeführt und die folgenden Ergebnisse erhalten:

Nach Einbeziehung von Kratern, die scheinbar unklare Einschlagursachen haben (z.B. Pseudokrater oder Krater die bestimmten linearen Verläufen folgen oder Einbrüche deren Kratermorphologie anzeigt das ihr möglicher Ursprung von vulkanischen oder Verflüssigung Prozessen stammt, etc.), wurden die folgenden Ergebnisse erhalten:

Da die Fläche, die in die Kraterzählung einbezogen ist, in ihrer Ausdehnung eher klein ist im Verhältnis zur Oberfläche des Mars, können keine definitiven Schlüsse aus den Verhältniszahlen gezogen werden, aber der vorliegende dimorphe Trend bleibt scheinbar erhalten auf der Oberfläche von Cydonia Mensea, die das studierte Gebiet umgibt. Wenn die dimorphe Signatur dieser Einschläge authentisch ist, dann erhebt sich folgende Frage: Könnte eine solche Verteilung sich ergeben haben unter dem Einfluß von unterschiedlicher Erosion als einem primären geologischen Mechanismus? Für sich selbst genommen scheint die bimodale Verteilung der Krater Zweifel an dem Anspruch aufkommen zu lassen, daß das Gebiet unterschiedlicher Erosion von mindestens 1 Kilometer weichem, abdeckendem Sediment ausgesetzt war und daß die Morphologie der Landformen (Hügel, Berge, Rücken, etc.) primär das Ergebnis dieses Prozesses ist.

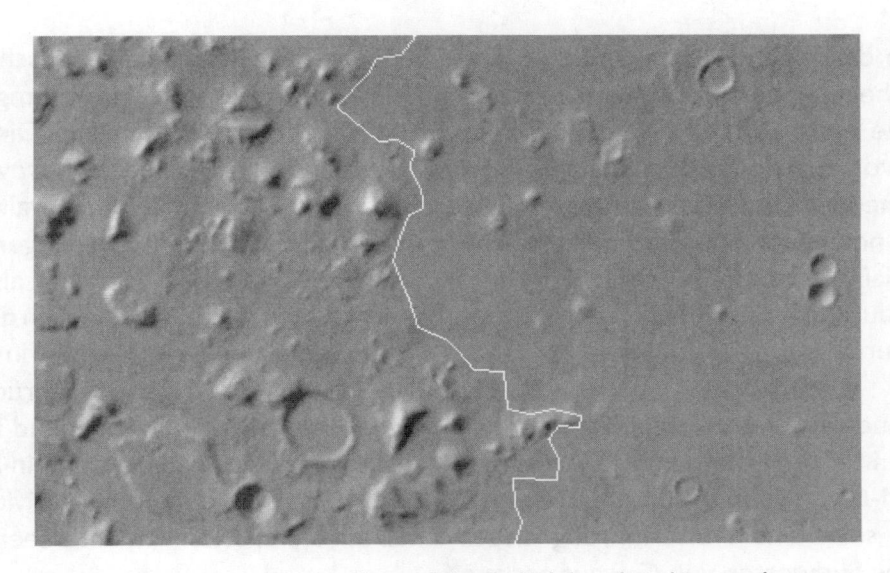

Grenze zwischen höherem hügeligem Gelände (links) und niedrigem gekratertem Gelände (rechts).

VORZEITSEE CYDONIA

Überlegen Sie sich die folgende Interpretation. Die Oberflächenerscheinung der Kratergruppierungen der Ebene und die Kraterzählung in diesem Gebiet könnte die Vermutung von Erosions- und Ablagerungseffekten eines großen stehenden Gewässers nahelegen. Die Ausrichtung der Kraterfundamente und die Steilabbrüche deuten stark darauf hin, daß bestimmte Krater in der Uferzone präsent waren und durch Wellenaktivität und Küstenströmungen verändert wurden.

Ein Steilabbruch und eine Serie von Kraterfundamenten, die von H-9 aus in einer krummlinigen Art ungefähr nordwestlich nach M-6 verlaufen, könnte der Beweis einer Vorzeit-Küstenlinie sein. Eine Weiterführung dieses Eindrucks kann in Richtung Südwesten von G-9 aus entlang eines gekrümmten Steilabbruchs entworfen werden. Ein zweiter krummliniger Verlauf definiert durch Kraterfundamente und erodierte Einschlagkrater sowie auch Sokkeln, die die Basis der Hügel umgeben, deutet eine andere hinterbliebene Küstenlinie an. Diese zweite Signatur (Von I-10 aus in beide Richtungen nordwest als auch süd-südwest verlaufend) liegt ungefähr parallel dem Trend des ersten Ausdrucks. Weiterhin gibt es genügend Beweise, um eine Interpretation dieser Verläufe als eine alte Küstenlinie zu unterstützen, vor allem anderen der deutliche Höhenanstieg hin zu dem hügeligen Terrain im Westen, der durch eine Serie von krummlinigen Höhenrücken abgegrenzt wird. Von dieser Interpretation ausgehend folgt das, daß Wasser dieses Vorzeit-Sees nach Osten hin an Tiefe zunahm. In tieferem Wasser würden Wellenaktivitäten einen minimalen Einfluß auf die Erosion von unterseeischen Landformen haben.

Es ist nicht überraschend, daß die Aufzeichnung der Krater dies reflektiert, wenn man sich ostwärts in die Ebene bewegt. Nicht nur gibt es dort eine merklich Abnahme von kleinen Kratersockeln sondern auch eine generelle Zunahme von kleinen nicht erodierten Kratern.

Umgekehrterweise, da sich das Terrain nach Osten zu senken scheint, erhebt es sich nach Westen hin (dem hügeligen Gebiet). Wenn dies zutrifft, war das hügelige Gebiet vielleicht weiterhin atmosphärischen Einflüssen ausgesetzt zu der Zeit, als der See existierte, und wäre folglich das Objekt größerer Modifikationen durch zeit- und flußbedingte Prozesse sowie eiszeitlicher Prozesse, wie auch von Erdrutschen und von Massenverschiebungen. Obwohl die Interpretation der Geologie dieses Gebiets immer noch unvollendet ist wegen der Schwierigkeit, verläßliche Stratigraphische Beziehungen zu erstellen, welche sich aus den Begrenzungen der Bildauflösung ergeben, ist es aber trotzdem ein plausibleres Szenario. Weiterhin erklärt es adäquater als es unterschiedliche Erosion könnte die Unterschiede, die in dem hügeligen Gelände und der gekraterten Ebene beweisbar sind. Beweise, die unterstützen würden, daß das hügelige Gelände die Grenze am Rand eines großen Sees wäre, würden mögliche Ablagerungen der Uferzone (E-7, E-8, E-9) beinhalten und eine Anzahl von Erdrutschen, die bereits im Gebiet von E-6 und E-7 zu erkennen sind. Diese Erdrutsche könnten sich durch die Tätigkeit von Wellen ergeben haben, die in die Hügel einschnitten, verbunden mit einem andauernden Unterhöhlen der Schichtungen und einem Sedimentabfluß in Richtung Süden und in den See. Das zerfressene Gebiet im Süden (geteilt durch eine Linie von F-0 nach B-4) könnte durch übergreifende Auflagerung des Sees in Kombination mit Küstenerosion, Massenverschiebungen und Erdrutschen geformt sein, wie von Parker und anderen vorgeschlagen.[14]

DIFFERENTIALEROSION

Der Sichtweise der NASA[1] folgend müßte man akzeptieren, daß Differentialerosion beinahe selektiv alle Beweise von kleinen Kratern auf dem hügeligen Gelände eliminiert hat, während die gekraterte Ebene davon nahezu unberührt blieb. Eine wesentlich wahrscheinlichere Antwort ist (wie in dem vorstehenden Beweis vorgeschlagen), daß die Entwicklung der Landformen das Ergebnis einer untereinander verbundenen Reihe von geologischen Prozessen von sowohl konstruierender als auch destruktiver Natur ist, die den jetzigen Charakter der Oberfläche Cydonias hervorbrachten.

Zur Unterstützung dieser mehr dynamischen geologischen Vergangenheit werden im folgenden einige der rätselhaften Landformen in Cydonia in einem geologisch/geomorphologischem Rahmen diskutiert. Die Namensgebung wird sich an die für diese Landformen gebräuchliche halten (aus Gründen der Klarheit) mit dem Zusatz von einigen beschreibenden Namen die während des Kartierungsprozesses darauf „gemünzt" wurden, um spezifische Landformen zu identifizieren. Diese Diskussion will keinen Versuch unternehmen, die rätselhaften Landformen Cydonias in einem außerirdischen Kontext zu erklären. Ihr Ziel ist es Schwachstellen in der NASA-Argumentation aufzuzeigen, die dazu benutzt wurden, um die Hypothese, daß bestimmte Objekte in Cydonia künstlich sind, zu diskreditieren, indem sie zeigt, daß die geologische Interpretation der NASA selbst dazu zu inadäquat ist, um die definitiv „natürlichen Merkmale" zu erklären, und das trotz des Versuchs der NASA, die fraglichen Landformen in Cydonia ihren anomalen Charakter beibehalten haben.

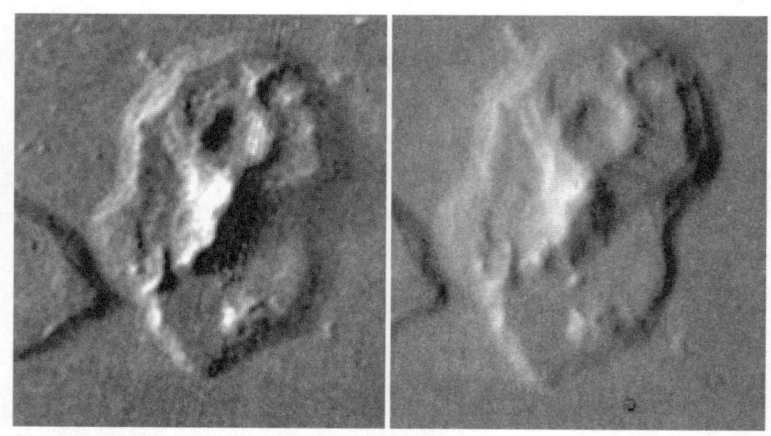

Mesa in 35A72 (links) und in 70A13 (rechts)

DAS GESICHT – ABBILD ODER ILLUSION?

Das Gesicht (M-8) wurde von Malin und Mr. Q als nicht mehr als eine optische Illusion oder ein Trick aus Licht und Schatten dargestellt.[1] Diese Argumente scheinen mehr auf Vermutung als auf tatsächlichen geomorphologischen oder geologischen Beweisen zu basieren. Da, wie von McDaniel erwähnt, die beiden Aufnahmen, die das Gesicht enthalten, mit einem Unterschied von 17° Grad im Beleuchtungswinkel durch die Sonne gemacht wurden (Vikingaufnahme 70A13 – Sonnenwinkel 27 Grad; und 35A72 – Sonnenwinkel 10 Grad) schließt der Fortbestand der internen Merkmale des Gesichts die letztgenannte Möglichkeit aus. Doch die Fragen, die bleiben, sind die nach der Authentizität der Morphologie des Gesichts und ihr möglicher Ursprung.

Nach eingehender Überprüfung des Gesichts und anderer Landformen in Cydonia kann der Schluß gezogen werden, daß die Morphologie des Gesichts nicht das Resultat einer optischen Illusion ist. Im Gegenteil, die Merkmale des Gesichts verändern sich kaum unter der Variation der Beleuchtungswinkel in den Aufnahmen 70A13 und 35A72. Dies zeigt an, daß der Ursprung der „Augen", des „Mundes" und anderer Merkmale eher das Resultat der Variationen in der Oberflächenmorphologie sind als der Schattenwurf von unbestimmt hervortretenden Oberflächen. Ein Vergleich des Gesichts in den Aufnahmen 70A13 und 35A72 mit einigen sich in der Nähe befindlichen ebenfalls in den Aufnahmen abgebildeten Mesas bekräftigt die Stichhaltigkeit der Morphologie des Gesichts. Als Beispiel eine Mesa gebrauchend,[11] die ungefähr 13km östlich des Gesichts liegt, wird das Argument der NASA, daß die Morphologie des Gesichts eine Illusion ist, weiter widerlegt.

Diese Mesa hat einen steilwandigen Rückenzug, der längs durch ihr Zentrum verläuft, und scheint die Reste eines Einschlagkraters (1km Durchmesser) in ihrer nördlichen Hälfte zu enthalten. Aufgrund des niedrigen Sonnenwinkels in 35A72 sind die Schatten so dicht, daß sie einige der zentralen Merkmale auf dem östlichen Abhang der Landform undeutlich machen. In 70A13 erlaubt der größere Sonnenwinkel mehr der schattigen östlichen Seite in 35A72 wahrzunehmen. Obwohl es so erscheint, als ob die beiden Aufnahmen dieser Mesa leicht unterschiedlich sind, aufgrund von Schatteneffekten, bleiben die generellen Trends innerhalb der Mesa erhalten. Nicht nur scheint sich die Deutlichkeit der sonnenbeschienenen Seite der Mesa nur wenig zwischen den Aufnahmen 35A72 und 70A132 zu verändern, die Deutlichkeit des Rückens wird schärfer ausgeprägt, dabei die Rauhigkeit des östlichen Abhangs zeigend.

Es ist offensichtlich, wenn man sich die Aufnahmen dieser Mesa betrachtet, daß ihre generelle Morphologie authentisch ist trotz leichter Veränderungen im Ausdruck zwischen den Aufnahmen. Ähnliche Beobachtungen der Veränderung des Ausdrucks des Gesichtes zwischen diesen Aufnahmen zeigt an, daß die gleiche Logik auch hier angewendet werden kann. Wenn man also schließt, nach der Betrachtung der Bilder, daß die Morphologie der Mesa authentisch ist (und es ist schwierig dies zu bezweifeln) folgt daraus, daß die Morphologie des Gesichts auch authentisch sein muß. Tatsächlich ist es so, daß es weniger sichtbare Veränderungen in der Morphologie des Gesichts zwischen den Aufnahmen 35A72 und 70A13 gibt als bei der Mesa wahrgenommen wurden. Die NASA-Argumente von Licht und Schatten oder einer optischen Illusion zu benutzen, macht jemand im voraus geneigt, zu schließen, daß die Erscheinung der Mesa verdächtiger als die des Gesichts ist.

Eine Analyse von anderen Landformen in dieser Gegend unterstützt die obige Schlußfolgerung, aber könnte die Morphologie des Gesichts das Ergebnis einer zufälligen Serie von geologischen Ereignissen sein? Unzweifelhaft ist dies eine Möglichkeit, aber die offensichtlich menschenähnlichen Charakteristiken und die sozialen Implikationen der Landform, in Kombination mit anderen rätselhaften Landformen in Cydonia, verlangen, daß eine umfassendere geologische Untersuchung von Cydonia durchgeführt wird, um eine Lösung dieses Problems zu erlangen.

DAS KLIFF

Das Kliff (N,M-12) ist eine langgestreckte Mesa 18km nordöstlich des Gesichts, scheinbar die Auswurfdecke eines 3km großen Einschlagkraters überlagernd (M-13). Das Kliff enthält einen dünnen, fast geraden zentralen Rücken, der über die ganze Länge läuft. Die NASA weist auf die Beziehung des Kliffs zu dem nahegelegenen Einschlagkrater hin (M-13) als einem Versuch, den Ursprung zu erklären. Mr. Q hat ausgesagt, daß der angrenzende Einschlagkrater ein Tuffring oder eine ähnliche vulkanische Erscheinung ist.[1] Diese Aussage ist selbst auf der grundsätzlichsten Ebene falsch. Oberflächliche Beobachtung dieses Kraters zeigen unmittelbar an, daß diese Formation von einem Einschlag stammt. Der Einschlag ist umgeben von wallartigen Auswürfen ('Yuty-Typ') und zeigt alle Erscheinungen eines Wallkraters, einschließlich der charakteristischen sich überlagernden Auswurfschichten mit gelappten Rändern und höheren Rändern entlang den äußeren Kanten der Auswürfe und die Ausdehnung der Auswürfe ca. zwei Kraterdurchmesser vom Einschlag entfernt. Obwohl zur Zeit in dieser Analyse von Cydonia herausgefunden wurde, daß es mehr geomorphe Beweise gibt, die vulkanische Aktivität (zumindest isoliert) vorschlagen als in vorherigen Studien festgestellt, ist der Ursprung dieses Kraters unzweifelhaft ein Einschlag.

Malin[1] deutet an, daß das Kliff das Produkt von stratigrapischer Überlagerung und differenzierter Erosion ist. In dieser laufenden Studie unterstützt die detaillierte Analyse der Anzahl der geomorphischen Merkmale in Cydonia nicht ein primäres Vertrauen auf differenzierte Erosion als ein Mittel der Entstehung der Landformen. Beweise für differenzierte Erosion sind vorhanden in Cydonia, aber nicht in dem Maß, wie Malin sie vorschlägt. Zusätzlich, wenn das Kliff eine übriggebliebene Mesa ist, herstammend von einer ausgedehnten früher existierende Oberfläche, so gibt es keine unterstützenden Beweise dafür, weder in dem Krater noch in seinem Auswurf.

Weiterhin sind keine Beweise gefunden worden von Überbleibseln dieser ehemaligen Oberfläche im Zusammenhang mit irgendeiner anderen Auswurfdecke von signifikanten Einschlagkratern (> 1km) in dieser Gegend. Zur Zeit scheint das Kliff ein isoliertes Ereignis zu sein. Ein anderes Argument könnte sein, daß nur dieser Einschlag (M-13) irgend etwas der vormaligen Oberfläche aufgelagert hat, aber ohne Sedimentablagerungen in dem Einschlagkrater selbst. Ist solch eine einschränkende Lösung geologisch plausibel oder beweisbar? Und welche Fragen würde dies aufwerfen für die Möglichkeit des Ablagerungsprozesses?

Eine dritte Möglichkeit wäre, daß das Kliff vor dem Einschlag existierte, aber es gibt keine Beweise, daß der Auswurf das Kliff überlagert hat, obwohl sich der Auswurfstrom mindestens einen Kilometer über das Kliff hinaus erstreckt. Weiterhin gibt es keine Beweise dafür anzunehmen, daß das Kliff mit dem Einschlagereignis selbst in Verbindung steht. Wenn das Kliff vor dem Einschlag datiert, würde es logisch erscheinen, daß etwas den Auswurf des Einschlags das Kliff überlagert hätte oder zumindest um die Basis des Kliffs geflossen wäre, wie es bekannt ist, daß es bei anderen Landform-Einschlag-Beziehungen in Cydonia aufgetreten ist; aber auch hierfür gibt es keinerlei Beweise.

Da der Auswurf scheinbar Erosion widersteht, wie bei der Vielzahl von Kratersockeln auf dem Mars gezeigt, wenn Auswurf auf das Kliff geworfen worden wäre, wäre zu erwarten, daß Spuren dieses Ereignisses zu finden sind. Wiederum nichts von dem. Wegen des generellen Fehlens für eine definitive Erklärung des Ursprungs des Kliffs und seiner zeitlichen Beziehung zu dem angrenzenden Einschlag bleiben das Kliff und das damit in Verbindung stehende Kraterereigniss rätselhaft.

Andere Beweise, die den Ursprung des Kliffs als ein Produkt von differenzierter Erosion untergraben, sind die Trends innerhalb der verschiedenen Gruppen von kleinen Kratersockeln (<1km) die die gekraterte Ebene überziehen. Diese Gruppierungen legen nahe, daß dieses Gebiet nicht bis zu dem Grad, den Malin vorschlägt, mit weichem Sediment überzogen waren. Die Ausrichtung und die Gruppierung der Kratersockel ergeben weitere Beweise einer vormals existierenden topographischen Oberfläche, die viel dünner war als die von Malin vorgeschlagene. Weiterhin deuten die Ausrichtung und die Höhe der Kratersockel in Verbindung mit erodierten Abhängen rund um einige der anderen Landformen an, daß zumindest zwei unterschiedliche Oberflächen in der Vergangenheit vorhanden waren oder daß es zwei oder mehr signifikante Perioden von Erosionen gegeben hat. Wie schon zuvor erwähnt, legen Merkmale, die scheinbar das Ergebnis eines küstenbildenden Prozesses in der gekraterten Ebene sind, nahe, daß dieses Gebiet vielleicht die Aktivitäten eines großen, möglicherweise wiederkehrenden Wasserkörpers gesehen hat, zu einer Zeit, in der Mars Vergangenheit ähnlich zu Vorzeit-Seen deren Auftreten auf der Erde bekannt ist. Beweise, die ein solches Szenario unterstützen, werden von Parker und anderen geliefert,[14] der aufgrund von geomorphischen Beweisen vorschlägt, daß ein See oder Ozean zumindest periodisch in den nördlichen Flachland-Ebenen während der frühen Geschichte vom Mars vorhanden war.

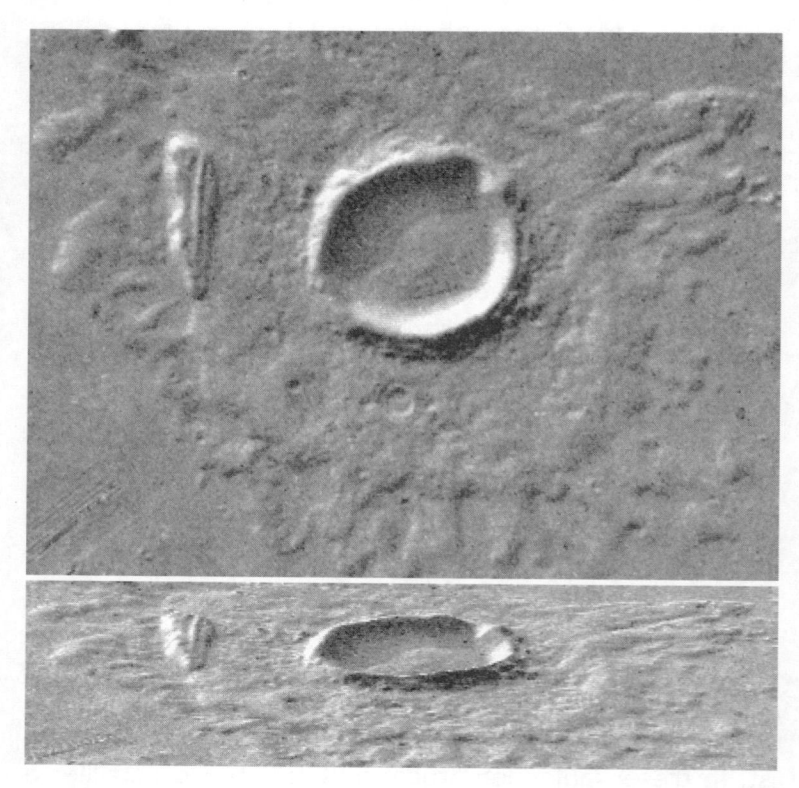

Aufsicht des Kliff und angrenzender Einschlagkrater aus 35A74 (oben). Perspektivische Ansicht (unten) gewonnen durch Projektion der Aufsicht auf Oberflächenhöhen durch Shape-from-shading und Sicht von unten bei einem Zenithwinkel von 60 Grad.

MEHR ARGUMENTE GEGEN DIFFERENTIALEROSION

Zwei große nahbeieinander gelegene, 2km durchmessende Krater (J,1-15) ungefähr 30 Kilometer östlich des Gesichts ergeben weitere Beweise gegen die Existenz der ausgedehnten Winderosionskapazität, die nötig wäre für die Entfernung von einem Kilometer oder mehr überlagerndem Sediment. (Als Referenzrahmen wird der nördlichste Krater des Pärchens als Krater N bezeichnet und der südlichste als Krater S.)

Detaillierte Betrachtung dieser Krater in den Aufnahmen 70A15 und 35A74 zeigt, daß es einen beträchtlichen Schutteinbruch in Krater N gibt, der etwa zwei-drittel des Kraterbodens füllt. Dieses Sediment scheint von der erhöhten Kruste zwischen den beiden Kratern heruntergeflossen zu sein. Es gibt einen ähnlichen Einbruch von Schutt in Krater S, aber er ist nicht so intensiv wie in Krater N und füllt ungefähr maximal ein-fünftel des Kraterbodens. Der Sedimentfluß in Krater S scheint eher von einer steilen Kraterböschung, die am nördlichen Rand von Krater S vorhanden ist, herzustammen als von der erhöhten Oberfläche zwischen den beiden Kratern. Es gibt keinen Beweis für eine ähnliche Böschung in Krater N.

Zwei andere primäre Merkmale geben Hinweise auf die zeitliche Abfolge dieser beiden Einschläge. Erstens: die interne Morphologie von Kratzer N zeigt Wände und einen Boden, der sanfter und gerundeter ist als die von Krater S. Dies weißt auf eine größere Verwitterung bei Krater N hin in bezug auf Krater S. Zweitens: die Auswurfdecke von Krater S überlagert eindeutig die Auswurfdecke von Krater N, wie durch eine Böschung im Auswurf bewiesen wird, und zusätzlich besitzt der Auswurf von Krater S beides sowohl ein höheres und auch rauheres Relief als der von Krater N.

Von diesen Beweisen aus ist es nicht schwierig zu schließen, daß Krater N vor Krater S datiert und daß es eine zeitlich unbestimmte (aber wahrscheinlich lange) Lücke zwischen den beiden Einschlägen gibt, wie durch die Verwitterung des Auswurfs von Krater N angezeigt und durch seine internen Merkmale im Vergleich zu denen von Krater S.

Die Fähigkeit, zwischen der Reihenfolge von Einschlagereignissen wie denen von Krater N und S zu unterscheiden zeigt, daß generalisierte differenzierte Erosion von Cydonia kein Mittel zur Entwicklung von Landformen ist. Da es möglich ist, die relative Abfolge von geologischen Ereignissen (zumindest lokal) in dieser Gegend zu bestimmen durch die Analyse von Landformen, Merkmalen und ihrer geomorpischen Beziehungen, ist es eher übertrieben, vereinfacht zu glauben, daß die Cydonia Landformen bis zu dem Grad begraben waren, den Malin vorschlägt. Könnten sie zu ihrer heutigen Anordnung ausgegraben worden sein mit der Entfernung fast aller Beweise der vormaligen Oberfläche, aber trotzdem intakte, unverfälschte Zeichen von Überlagerung und zeitlicher Abfolge hinterlassen, die keine Beziehung zu dem abtragenden Ereignis haben? Noch weitergehend wird ein Problem mit der Reihenfolge von Ereignissen evident, da angenommen wird, daß die größten Einschläge in der frühen Geschichte vom Mars eingetreten sind. Wenn umfassende Eingrabung oder Ablagerung aufgetreten und dann erodiert wäre, sollte man annehmen, daß zumindest einige der Einschlagkrater Zeichen von Sedimentabdeckung oder Überreste von Sediment auf ihren Auswurfdecken zeigen, besonders auf windabgewendeten Hängen. Andererseits, das Fehlen einer herausragenden grundsätzlichen Natur für diese Einschläge gewährt wenig Unterstützung für ihr Auftreten vor der vorgeschlagenen umfassenden Erosion.

Ein großer Krater in Cydonia zeigt heute Beweise für Sedimentfüllung, der vielleicht Malins Beobachtungen Glauben schenkt, aber nach genauer Überprüfung wird ein anderer Ursprung für das Sediment offensichtlich. Dieser Krater liegt ungefähr 45 Kilometer südlich des Gesichts am Rand einer schmalen Mesa mit niederigem Relief (D-4). Der Krater ist ungefähr ein Kilometer im Durchmesser und ist teilweise mit Sediment gefüllt, das scheinbar das Ergebnis eines Materialflusses (Auswurf?) ist, der seinen Ursprung eventuell in einem 5 km großen Einschlagkrater nördlich hat, der Big-3 in diesem Bericht genannt wird (G-5). Relieflinien auf dem nach Osten gewandten Rand der Mesa sind unter dem Fluß nachweisbar und die Materialverschiebung des Flusses nach Norden in das Oberflächenmaterial hinein. Es gibt Materialflüsse ausgehend von Big-3 und Med-3 (ein 3-km-Einschlag südwestlich von Big-3; E,F-3,4), die einige kleinere Landformen verschlungen haben und um größere Mesas gelenkt wurden. Wegen dieser Tatsache ist es nicht unvorstellbar, daß ein Lappen von südlich fließendem Material mit genügend Moment „hoch gewaschen" wurde auf die niedrige Mesa (D-4) und unter einem Drittel Gravitation darüber verteilt wurde und in den Krater hinein.

Die Abflachung der westlichen Wand von Big-3 gegen einen rauhen Hügel legt auch nahe, daß der Hügel vorhanden war zur Zeit des Einschlags von Big-3. Der flache Boden von Big-3 und Sprenkelung mit kleinen Einschlägen innerhalb seines Kraters legen auch nahe, daß dieser Einschlag wahrscheinlich vor fast allen anderen großen Einschlägen in diesem Gebiet datiert. Weiterhin zeigt der Materialfluß, der sich südlich von Med-3 erstreckt, daß sein Fluß zwischen einigen der umgebenden Mesas kanalisiert wurde, aber stark genug war, um einen flachen, älteren 2-km-Einschlagkrater, Little-3 (E,D-2,3), zu durchbrechen, vielleicht seinen Kraterrand modifizierend.

Ein anderes Beispiel, das einen durch Einschlag ausgelösten Materialfluß der Kraterung/Landform-Entstehung beschreibt, erscheint etwa 20 km westlich des Gesichts (O,N-4), wo der Auswurffluß eines 2-km-Einschlags eine vorherige Landform überlagert und begraben hat, deren Umrisse immer noch unter dem Auswurf beobachtbar sind. Dieses Ereignis, zusammen mit Big-3 und Med-3, schlägt vor, daß einige der großen Einschläge nach wenigstens einigen (wenn nicht vielen) der Landformen in dieser Gegend datieren und daß es nicht plausibel ist, weitausgedehnte differenzierte Erosion als eine Methode zur Erklärung der heutigen Landform/Krater-Beziehungen zu benutzen.

Pärchen – Krater N (oben) und Krater S (unten). Hintergrundpunkte sind übrig gebliebene Registrationspunkte der Kamera.

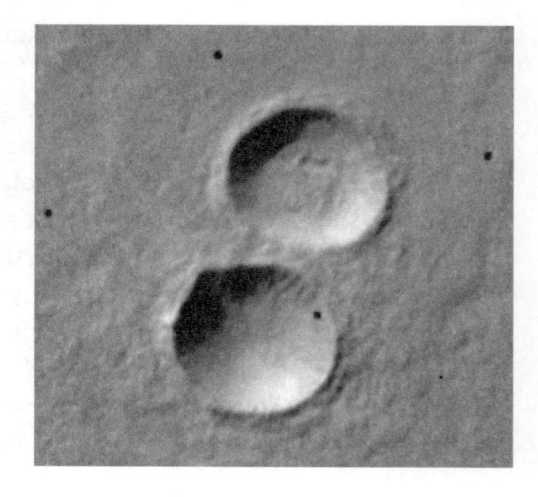

ANDERE CYDONIA RÄTSEL

In Kürze werden einige andere rätselhafte Cydonia Landformen beschrieben in einem Versuch, die Notwendigkeit für weitere detaillierte geologische Analysen in diesem Areal zu zeigen. Der Tholus (der Name sollte nicht mit anderen „Tholus"-Namen verwechselt werden, die vulkanische Öffnungen auf Mars bezeichnen) ist eine isolierte, fast kreisförmige, erdhügelartige Landform, die in der gekraterten Ebene liegt (J,K-12). Der Erdhügel besitzt eine relativ flaches Relief in Relation zu dem hügeligen Gebiet im Westen. Der Tholus scheint eine dünne Einbuchtung oder Rille zu enthalten, die die Landform an ihrer Basis umrundet und spiralförmig im Uhrzeigersinn aufsteigt bis zur Spitze der Landform und dabei den Erdhügel durchschneidet.

Ein ähnlicher Erdhügel, Tholus A (G-10), liegt 20 km südlich des Tholus und ist etwa ein Drittel so groß wie der Tholus. Er besitzt ebenfalls eine Rille, die von der Basis zur Spitze spiralisiert, aber entgegen dem Uhrzeigersinn. Die sanfte Abstufung in der Höhe, die im Tholus vorhanden, ist im Tholus A weniger ausgeprägt. Die Spirale erscheint fast so, als ob sie das Ergebnis eines niedrigen Schanzwerks ist, die sich das Gebilde hinaufwindet.

Ein dritter elliptischer Hügel (I-13) liegt ungefähr 8 km weg vom Tholus und sitzt auf dem Rand einer scheinbar meandrierenden Böschungslinie, die von Südwest nach Nordost verläuft. Obwohl die generelle Form der vom Tholus und von Tholus A gleicht, besitzt diese Landform einen steileren Neigungswinkel. Ein vierter flacher Erdhügel (G-14) befindet sich 25 km südöstlich vom Tholus in einer Linie mit der vorher erwähnten Landform. Dieser Erdhügel ist scheinbar der erodierte Überrest einer größeren Landform und zeigt nichts von der Symmetrie des Tholus.

Diese Gebilde sind von einer Anzahl von kleinen Einschlagkratern in unterschiedlichen Abtragungsstufen umgeben. Einige sind frisch, andere zu Kratersockeln erodiert und wieder andere zu Überresten ihrer ursprünglichen Form erodiert. Der Tholus, und weniger ausgeprägt Tholus A, stehen in starkem Kontrast zu den sie umgebenden Landformen. Sie zeigen keine Spuren von Vulkanismus, sie sind nicht mit Einschlägen verbunden und sind schwierig als Überreste von größeren unbestimmten Landformen zu erklären wegen ihrer symmetrischen Form und den sanften gleichförmigen Neigungswinkeln. Das Fehlen von Rauhigkeit oder eine Mesa-ähnliche Erscheinung macht beide Landformen rätselhaft und problematisch zu anderen Landformen in dieser Gegend.

Die vierseitige Pyramide (M-13) ist ein winkeliger Hügel am Rand der erhöhten Kante des Einschlagkraters (M-13) nahe des Kliffs. Beweise, daß die vierseitige Pyramide sich über die Kante des Kraters erhebt, werden durch den eindeutigen Schatten, den sie nach Osten wirft, gegeben und den abrupten Abriß des internen Schattens des Kraters an dem Punkt, wo die vierseitige Pyramide sich über den Krater erhebt. Die Länge des Schattens der Pyramide zeigt an, daß sich dieses Gebilde etwa ein-Drittel so hoch über den Kraterrand erhebt wie der Krater von der Spitze seiner Kante tief ist. Der Ursprung dieses Hügels bleibt im Licht der schon verstandenen marsianischen geologischen Prozesse rätselhaft.

Die D&M-Pyramide (K-6,7) bleibt auch weiterhin rätselhaft, nachdem bekannte geologische Prozesse in Betracht gezogen wurden als ein Versuch, um ihren Ursprung zu erklären, wie von Torun[15] gezeigt wurde. Torun gebrauchte Argumente für Flüssigkeits- und Winderosion, Gravitation, Vulkanismus und Kristallwachstum und wies nach, daß jedem Prozeß die Fähigkeit fehlt, eine Landform mit den Symmetrien und der Natur der Winkel der D&M-Pyramide entstehen zu lassen. Weiterhin scheint eine Überprüfung von irdischen glazialen Prozessen eine unzureichende Erklärung für glaziale Aktivität als ein Mechanismus zur Erhaltung der offensichtlichen Symmetrie innerhalb der D&M-Landform zu liefern. Obwohl Artes Cols und andere winkelige Landformen auf der Erde beobachtet werden und aus glazialer Aktivität resultieren, kann definitiv keine dieser Formen benutzt werden, um die Erscheinung der D&M zu erklären.

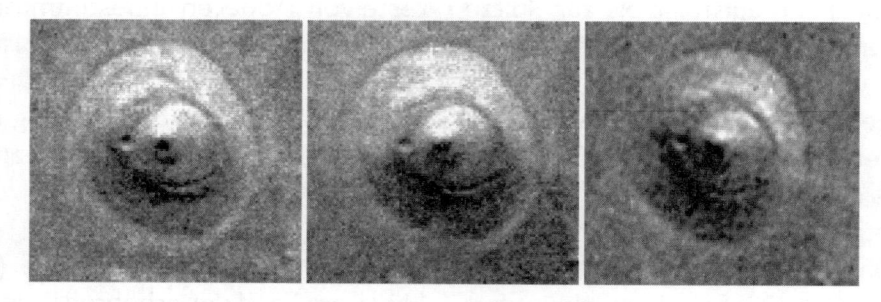

Drei Ansichten des Tholus aus 70A13 (links), 70A15 (mitte) und 35A74 (rechts)

SCHLUSSFOLGERUNG

Die vorher diskutierten Cydonia-Landformen sind nur einige der problematischen Landformen in diesem Gebiet. Ihre mögliche Signifikanz abzuschwächen als erodierte Überreste einer vormals existierenden Oberfläche, ohne unterstützende Beweise, ist sicherlich kein streng wissenschaftlicher Ansatz. Im Gegenteil, was wirklich notwendig ist, sind mehr genaue geologische Auswertungen, um den Ursprung dieser kontroversen Landformen zu bestimmen.

Diese Überprüfung hat Unzulänglichkeiten in bestehenden geologischen Argumenten gezeigt und, dies zumindest angezeigt, daß geologische Generalisierungen keine akzeptable Methode ist, um Oberflächengebilde in Cydonia zu erklären, rätselhaft oder nicht. Solche auf Schätzungen beruhenden Lösungen tragen wenig zum Verständnis der sich im Studium befindlichen Landformen bei.

Es mag sich letztendlich zeigen, daß die Cydonia Landformen nicht mehr sind als eine seltsame Anordnung von rätselhaften natürlichen Gebilden, geformt durch zufällige geologische Prozesse, aber es könnte sich genau so gut zeigen, daß sie signifikante Bedeutung für die Menschheit haben. Ein unvoreingenommener Ansatz vermutet keines von beiden, sondern strebt nach der Wahrheit.

Referenzen für Teil V.

1. McDaniel, S.V., 1993, *The McDaniel Report*, Berkley CA, North Atlantic Books.

2. Cattermole, P., 1992, *The Story of the Red Planet*, London, England, Chapman & Hall.

3. Guest, J.E. und Butterworth, P.S., 1977, "Geological Observations in the Cydonia Region of Mars from Viking," *Journal of Geophysical Research*, Vol.82, No.28, ff 4111-4120.

4. Henbest, N., 1992, *The Planets*, London, Penguin Group Ltd., S. 207.

5. McGill, G.E., 1989, „The Martian Crustal Dichotomy", *Lunar and Planetary Institute Technial Report 89-04*, SS 59-61.

6. Maxwell, T.E., 1989, „Structural Mapping Along the Cratered Terrain Boundary, Eastern Hemisphere of Mars", MEVTV Workshop on Early Structural and Volcanic Evolution of Mars", ebd. SS. 54-55.

7. McGill.G.E., 1987, *Proc. 18th Lunar Planetary Science Conference*, S. 620-621.s, R.J., 1988, „The Geophysical Signal of Martian Global Dichotomy", *Transactions American Geophysical Union*, Vol.69, S. 389.

8. Frey, H., Semeniuk, A.M., Semeniuk, J.A., und Torkarcik, S., 1988, *Proceedings Lunar Planetary Sciencs Conference*, 18, S. 679-699.

9. Wilhelms, D.E., und Baldwin, R.B., 1989, „The Relevance of Knobby Terrain to the Martian Dichotomy", edb. 5. und 6.

10. Smith, D., und Zuber, M., 1996, *Shape Up, Mars !*, Kalmbach Publishing Co., Waukesha, WI, July 1996, S. 28.

11. Carr, M.H., 1981, *The Surface of Mars*, New Haven, Yale University Press.

12. Tanaka, K.L., 1986, „The Stratigraphy of Mars", Proc. 17th Lunar Planetary Science Conference, *Journal of Geophysical Research*, Vol.91, S. E139-158.

13. Parker, J.P., Gorsline, D.S., Saunders, R.S., Pieri, D.C. und Schneeberger, D.M., 1993, „Coastal Geomorphologies of the Martian Northern Plains", *Journal of Geophysical Research*, Vol. 98, E6, SS. 11061-11078.

14. Torun, E.O., 1989, „The Geomorphology and Geometry of the D&M Pyramid", unveröffentlichtes Manuskript, *Compuserve ISSUES Forum*, Sektion 10, filename: PYRAMI.RSH.

TEIL VI.

ANDERE FASZINIERENDE OBJEKTE AUF DEM MARS

ANDERE FASZINIERENDE OBJEKTE AUF DEM MARS

„...Ich glaube, daß andere Beispiele von interessanten Landformen auf dem Mars gesammelt und studiert werden sollten vor der Formulierung von Theorien über ihren möglichen Ursprung. Je mehr Beweise gesammelt sind, um so besser ist der Fall. Wenn die Formulierung von Erklärungen verzögert wird, ist man normalerweise wahrscheinlich weniger voreingenommen gegenüber einer speziellen Theorie, die die Gegebenheiten und ihre dazugehörigen intelligenten Lebensformen erklärt..."
Lambert Dolphin, 1984.

Die wissenschaftliche Methodik beruht auf zwei Arten von Gedankengängen: Deduktive Beweisführung, welches der Prozeß der Generalisierung von einer großen Anzahl von Fakten ist, und induktive Beweisführung, welche sich von einer begrenzten Anzahl von Fakten zu Verallgemeinerungen bewegt. Hoagland argumentierte induktiv, daß, wenn das Gesicht ein künstliches Objekt ist irgend jemand es gebaut haben muß und daß die Erbauer wahrscheinlich in der Nähe lebten. Die Stadt stellte eine Berechtigung für das Gesicht dar. Daß die Stadt und das Gesicht künstlich sind wurde, weiter durch eine Ausrichtung unterstützt – eine, die scheinbar nahelegt, daß diese Objekte zu einer Zeit gebaut wurden als Mars bewohnbarer war als heute.

Das obige Zitat von Lambert Dolphin, einem Mitglied des „Unabhängigen Mars-Untersuchungsteams", hebt die Notwendigkeit der Balance hervor – zwischen induktiver und deduktiver Beweisführung. Um es einfach zu sagen, Dolphin hatte das Gefühl, daß Hoaglands Hypothese verfrüht war. Er glaubte, daß mehr Fakten notwendig seien, bevor irgendeine definitive Hypothese über diese Strukturen entwickelt werden könnte. Als ein Ergebnis erweiterte die Gruppe ihre Suche nach anderen ungewöhnlichen Landformen über das Gesicht und die Stadt hinaus, sowohl in der unmittelbaren Umgebung als auch auf andere Teile vom Mars. Der Ausgangspunkt war zu versuchen, mehr Anomalien zu finden, um stärkere Argumente für Künstlichkeit zu erlangen.

Die Verlängerung einer Linie von der Stadt durch das Gesicht führte Hoagland zu einem ungewöhnlichen Objekt, bekannt als das Kliff, neben einem Einschlagkrater gelegen. Er vermutete, daß dieses Kliff als eine Kulisse bei der Betrachtung des Gesichts von der Stadt aus gedient haben könnte. Obwohl diese Idee später wieder fallengelassen wurde, blieb das Kliff eine Anomalie aufgrund seiner Lage neben einem offensichtlichen Einschlagkrater und dem Fehlen von jeglichem Trümmerfluß über das Kliff oder rundherum – die Möglichkeit nahelegend, daß die Bildung oder Konstruktion des Kliffs nach dem Einschlag datiert. Hoagland und Brandenburg nahmen noch andere ungewöhnliche Gegebenheiten in der Nähe wahr, unter anderem eine Gegebenheit mit flachem Relief, später der „Tholus" genannt.

Hoagland beobachtet, daß die Stadt und das Gesicht nahe der „0-km- Grundlinie" liegen – was tatsächlich, besäße der Mars Wasser, Seehöhe bedeuten würde. Er schlug deswegen vor, daß die Suche nach anderen Objekten entlang dieser hypothetischen Küstenlinie fortgesetzt werden sollte. Einige andere ungewöhnliche Objekte wurden daraufhin im Südwesten gefunden, eine große pyramidale Landform in Aufnahme 219S16 beinhaltend, die fast genau nord – süd ausgerichtet ist, und einige sehr kleine Objekte („Gate Pyramide" und „Pentagon") in 72A14. Da sie isolierte Strukturen sind und nicht besonders ungewöhnlich im Vergleich mit der Stadt oder dem Gesicht, erfuhren sie wenig Aufmerksamkeit.

DIE KRATER PYRAMIDE

Sich in Richtung Nordosten bewegend fand das Forschungsteam ein ungewöhnliches pyramidales Objekt, das auf der Auswurfdecke eines großen Einschlagkraters in der Deuteronilus Region (Viking Aufnahmen 43A01-04) liegt. Die „Krater Pyramide",[2] 45 Grad relativ zu den Kompaßrichtungen geneigt, liegt fast auf der Mitte der Strecke zwischen Äquator und Nordpol auf 46.3° N, 353° W. Sie ist auch der höchste Punkt für mehr als 100 km in alle Richtungen. Was faszinierend ist an diesem Objekt, ist, daß es an den Wall des Einschlagkraters angrenzt und doch die zu erwartende Zerstörung durch den Einschlag oder der umgebende Trümmerfluß fehlt, was impliziert, daß ihre Entstehung nach der des Kraters datiert.

Erstaunlicherweise hat der Viking Orbiter eine einmalige Serie von vier Aufnahmen dieser Struktur aus verschiedenen Winkel gemacht. Da die Entfernung zwischen Mars und Erde (und damit der Funkübertragungs- Verzug) Echtzeit-Kontrolle ausschließt, muß die NASA vorher Wissen über die präzisen planetaren Koordinaten diese Objekts gehabt haben, um die Ausrichtung der Viking-Kameras erfolgreich vorprogrammieren zu können. Was das Interesse der Agentur an diesem Objekt stimulierte und wie die notwendigen Ziel Informationen erlangt wurden, bleibt ein Rätsel.

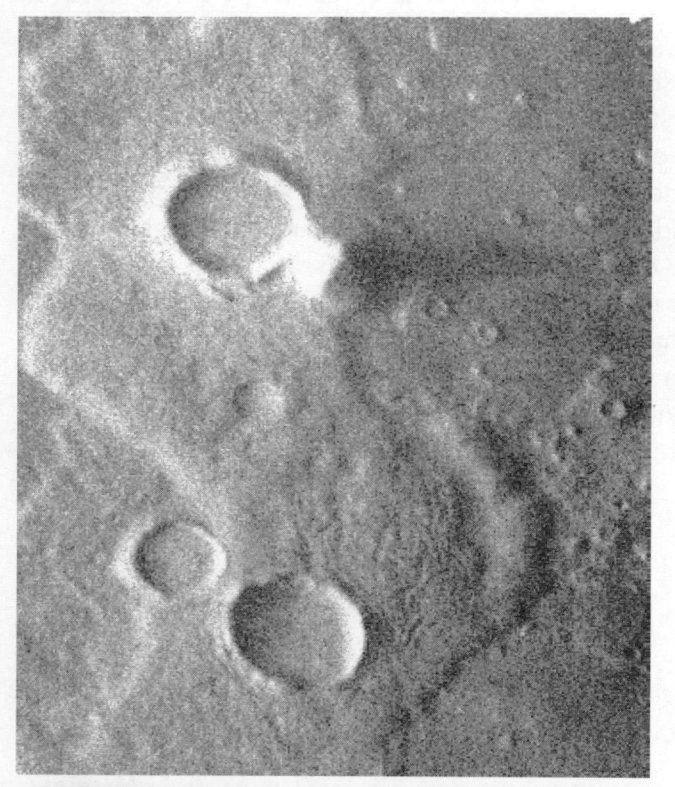

Die Krater-Pyramide aus einem Ausschnitt von 43A01 über Deuteronilius Mensae aufgenommen. Dieses Gebiet ist etwa 800 km nordöstlich von Cydonia entlang dem südlichen Rand von Acidalia Planitia. Beachten Sie, daß die Auswurfdecke nahe dem großen Krater am unteren Rand der Aufnahme ein einmaliges Arrangement von Furchen zeigt. Anders als natürliche Erosionskanäle verzweigen diese nicht in einer fraktalen Art, sondern stammen scheinbar von einer geraden Linie, die tangential auf die Kraterschüssel zuläuft, anstatt radial davon weg. Befürworter der Intelligenz-Hypothese haben spekuliert, daß diese Merkmale vielleicht eine Art von Minenoperation darstellen, ein Feld von zusammengebrochenen Tunneln oder eine Zusammenstellung von großen Lagerungsstrukturen. Keine konventionelle geomorphologische Erklärung ist vorgeschlagen worden, die ihren Ursprung erklärt.

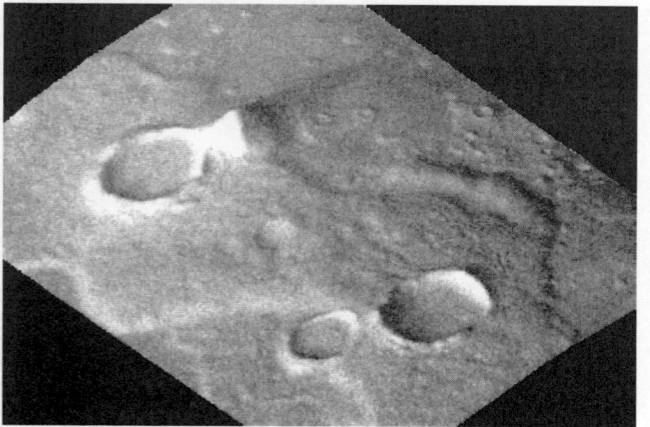

Computergenerierte perspektivische Ansicht der Krater Pyramide und des umgebenden Gebiets.

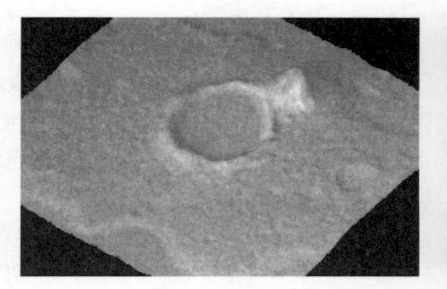

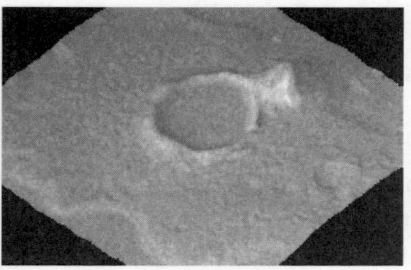

Künstliche Stereoaufnahme der Krater-Pyramide in Deuteronilius. Die Pyramide ist etwa 600 Meter hoch und das höchste Objekt für mindestens 100 km in alle Richtungen.

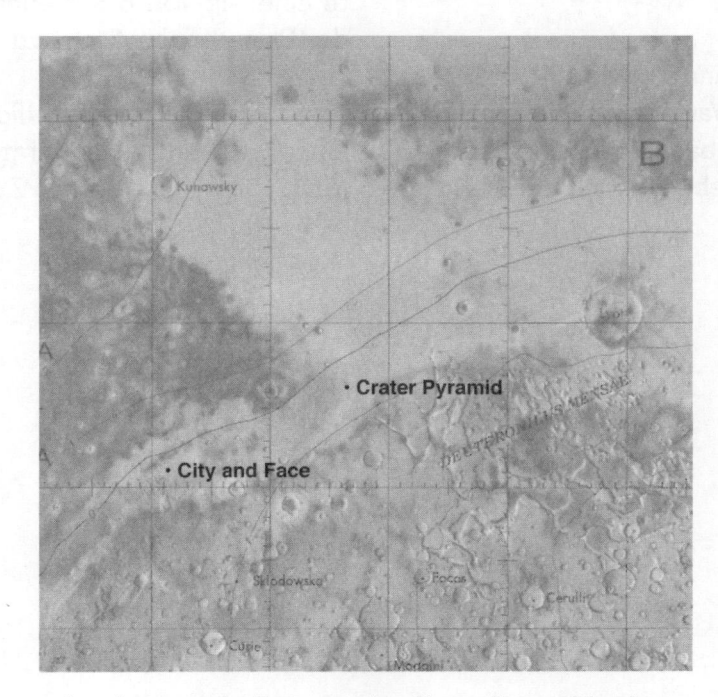

Ausschnitt aus der Topograpischen Karte, die ungefähre Lage der Krater Pyramide in Deuteronilius zeigend.

DIE LANDEBAHN

Die vielleicht interessanteste Gegebenheit abseits von Cydonia wurde auf der anderen Seite des Planeten gefunden, 3-4 km über der normalen Höhe, auf den Abhängen von Hecates Tholus (Aufnahme 86A08). Die sogenannte „Landebahn" besteht aus einer Serie von Erhöhungen, jede etwa 300 Meter hoch, 300 Meter voneinander entfernt, in einer Linie etwa 4 km lang. Ein Mitglied des „Unabhänigen-Mars-Untersuchungsteams", der Geologe Bill Beatty, interpretierte es als eine natürliche Erscheinung. Der Physiker Lambert Dolphin offerierte eine andere Erklärung:

„Diese Erscheinung sieht sehr aus wie eine Ost-West-Landebahn mit nahegelegener Wartebahn. Die regelmäßigen „Knubbel" entlang der Landebahn legen eine Beschleunigunsstruktur nahe und die Erhebungen auf der Mesa lassen große Gebäude vermuten. So sehe ich das „Landebahn"-Gebiet, annehmend, daß es nicht natürlich ist. Ich finde eine natürliche Erklärung für dieses Artefakt noch schwieriger."[3]

Hoagland vermaß, daß die Ausrichtung der Landebahn exakt ost-west ist (innerhalb der Richtigkeit der vorhandenen Daten). Dies ließ ihn spekulieren:

„Eine Aufgabe für eine solch speziell ausgerichtete Struktur, mit regelmäßigen „Knubbeln" auf ihrer Länge, könnte eine Art von Beschleuniger sein – um Raumschiffe von der Planetenoberfläche zu starten..."[4]

Worauf Hoagland hier hinweist ist ähnlich den „Rail Guns", die unter der Strategischen Verteidigungs-Initative (SDI) „Star Wars" seiner Zeit entwickelt wurden.

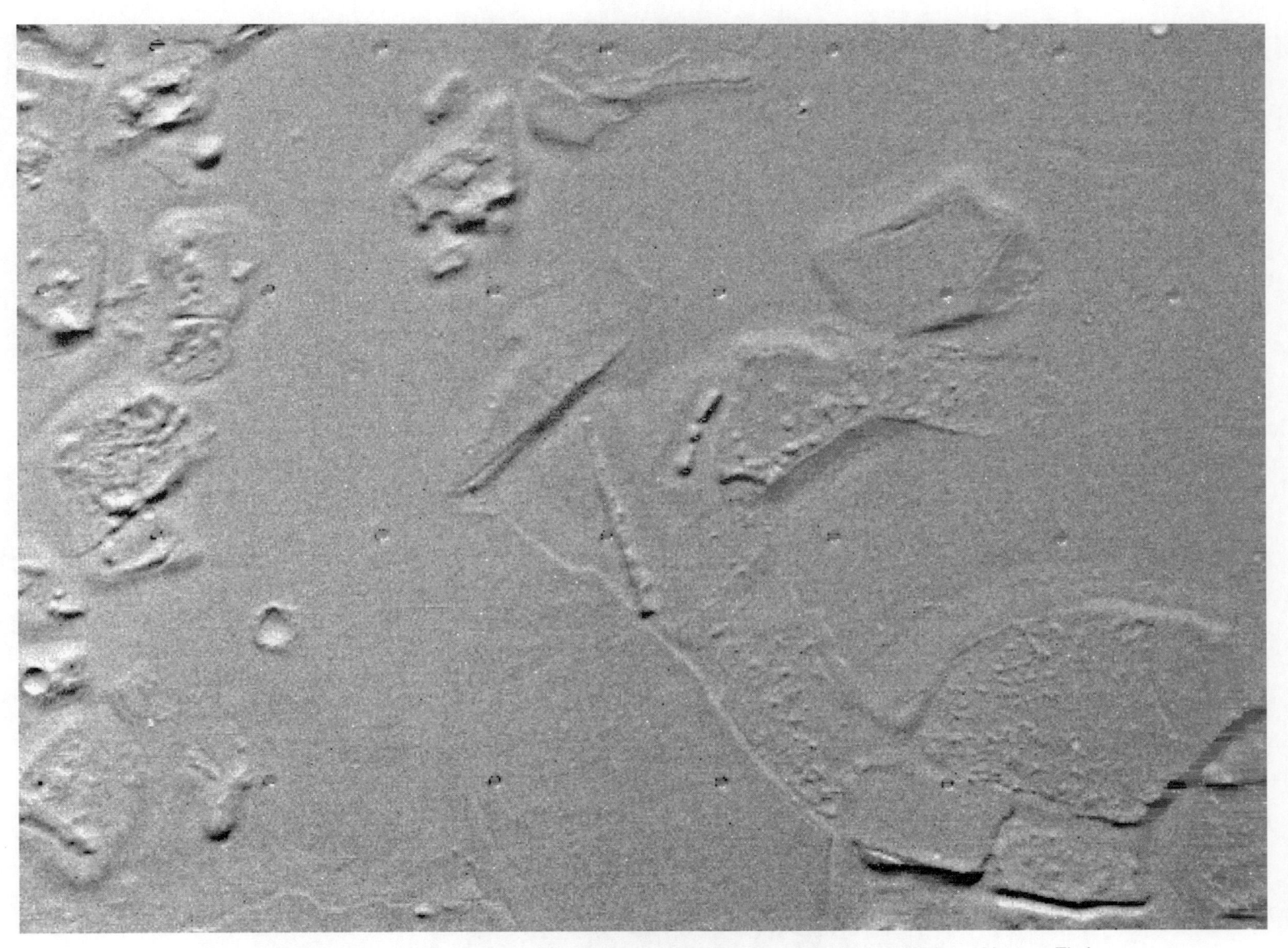

Ausschnitt aus 86A08 der Utopia Region vom Mars mit den nordwestlichen Abhängen des Vulkans Hecates Tholus.
Die Landebahn erscheint direkt links der Mitte.

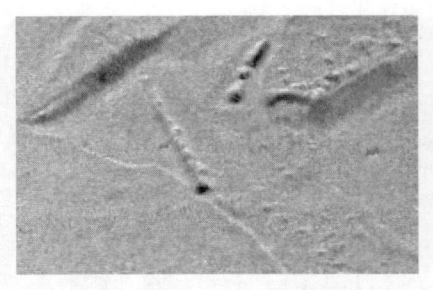

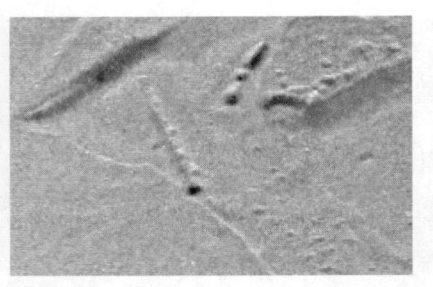

Linkes und Rechtes künstliches Stereopaar der Landebahn in der Utopia- Region. Die Landebahn ist die lineare Struktur nahe der Mitte der Aufnahme, bestehend aus einer 4 km langen Reihe von konischen oder pyramidischen Formen, die sich an einem Ende vom Grund zu erheben scheinen und liegen in einer schmalen basinartigen Depression. Eine ähnliche aber besser definierte Depression umgibt eine Ansammlung von drei Erdhügeln, die etwa bogenförmig sind. Die Landebahn selbst 3-4 km über der Durchschnittshöhe und orientiert sich ost – west. Einige Forscher haben diese Struktur mit einem Linear-Teilchenbeschleuniger in Verbindung gebracht oder mit einem „Massen-Treiber" (ein vorgeschlagenes Mittel, um Objekte in einen Orbit zu bringen), teilweise aufgrund der Ostausrichtung ihres mehr offenliegenden Endes. Die Unklarheiten nahe der Mitte der Landebahn sind Überreste von Kameraregistraturpunkten und gehören nicht zum Objekt selbst.

Vergrößerte Ansicht der Landebahn und ihrer Umgebung.

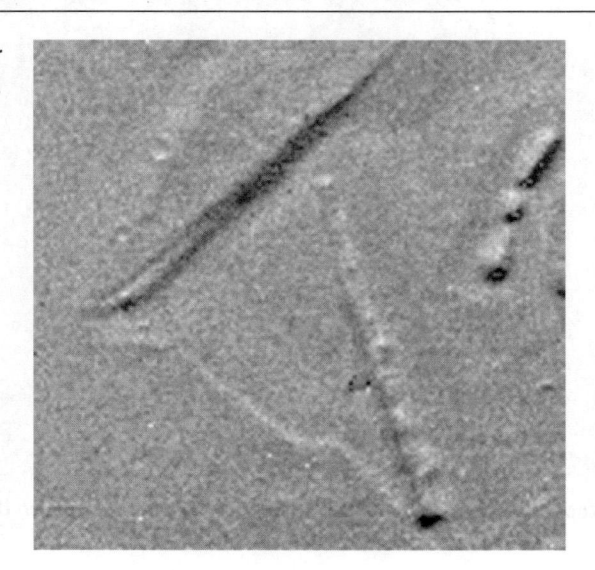

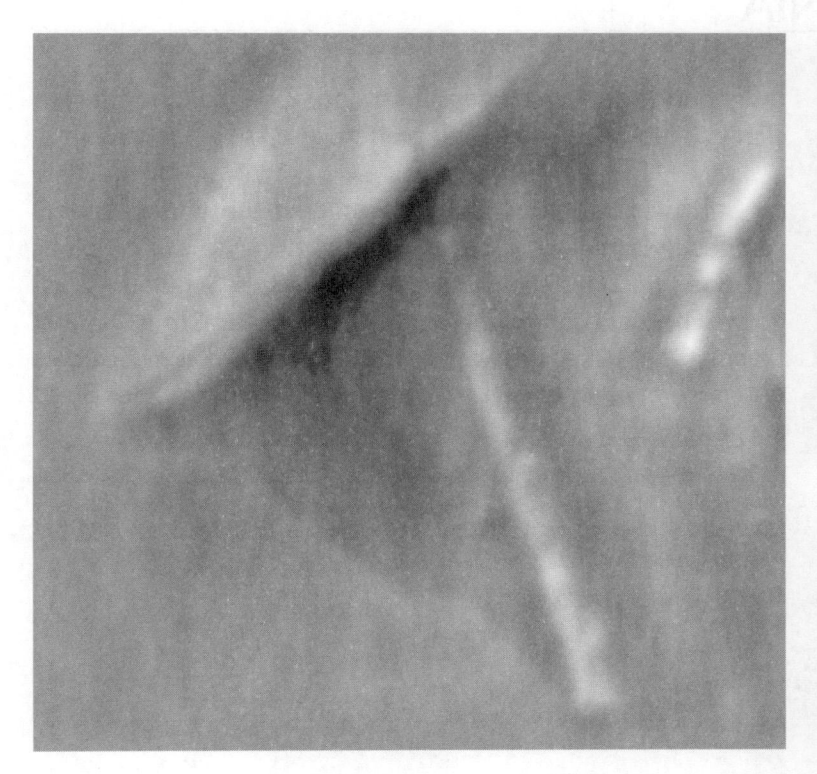

(oben) Höhenkarte der Region um die Landebahn erhalten durch einen einfachen Shape-from-shading Algorithmus.

(oben-rechts) Computergenerierte perspektivische Ansicht der Landebahn von der Seite. Die Struktur scheint sich aus einer leicht vertieften Gegend direkt vor der Vertiefung rechts zu erheben.

(rechts) Ausschnitt aus der Topograpischen Karte, die ungefähre Lage der Landebahn nahe Hecates Tholus zeigend.

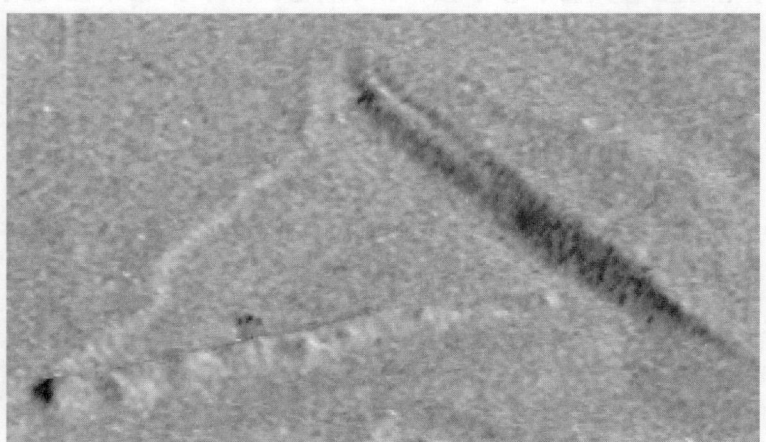

ANDERE ANOMALIEN IN CYDONIA

Als ein Ergebnis der Analyse von zusätzlichen Vikingaufnahmen, die Fraktaltechnik benutzend, wurde eine ungewöhnliche Formation bekannt als die „Schüssel" in Aufnahme 70A10 entdeckt. Diese Gegebenheit ungefähr 110 km süd-südwestlich des Gesichts liegt neben einem vier-seitigen pyramidischen Objekt (B-Pyramide). Diese Pyramide, wie die D&M Pyramide, scheint ihre südliche Seite, innerhalb der meßbaren Genauigkeit, exakt nach Süden ausgerichtet zu haben. Zusätzlich gibt es dort eine Anzahl von klar linearen Merkmalen, die in das umgebende Terrain eingegraben sind. Zwei davon scheinen sich in einem 45° Winkel zu treffen.

Etwas näher an dem Gesicht ist ein anderes vierseitiges pyramidales Objekt. Entdeckt wurde es von einer Gruppe von Schülern der North Kelvinside Schule in Glasgow, Schottland, angeführt von dem Forscher Chris O'Kane; dieses Objekt liegt etwa 50 km südwestlich des Gesichts und ist in etwa in einer Linie mit dem Gesicht und der Stadt ausgerichtet.

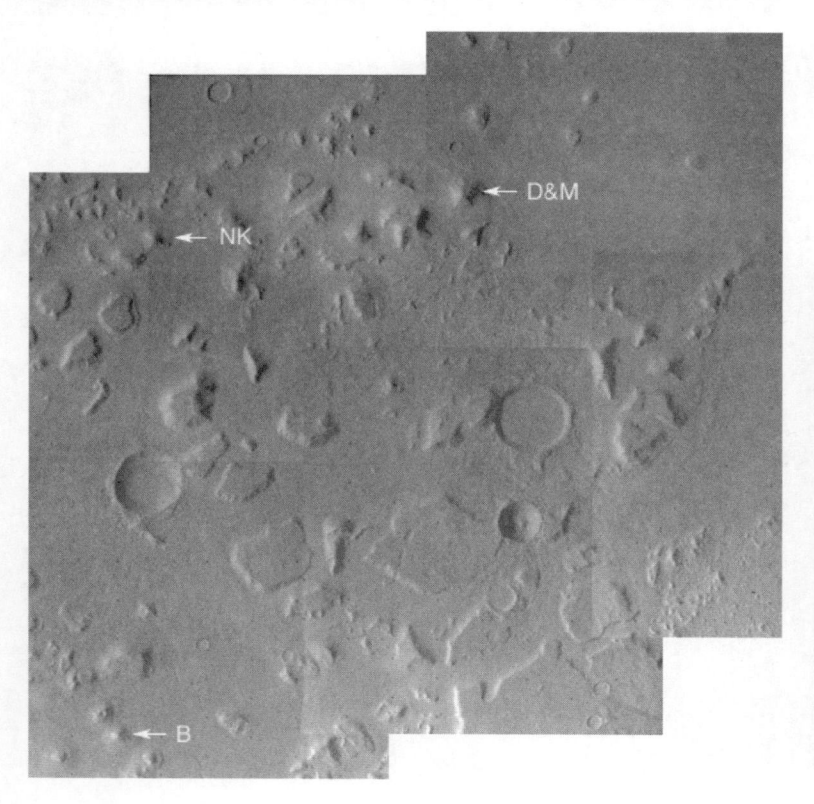

Übersicht der Region südwestlich des Gesichts, die Lage der B und NK Pyramide zeigend relativ zur Lage der D&M.

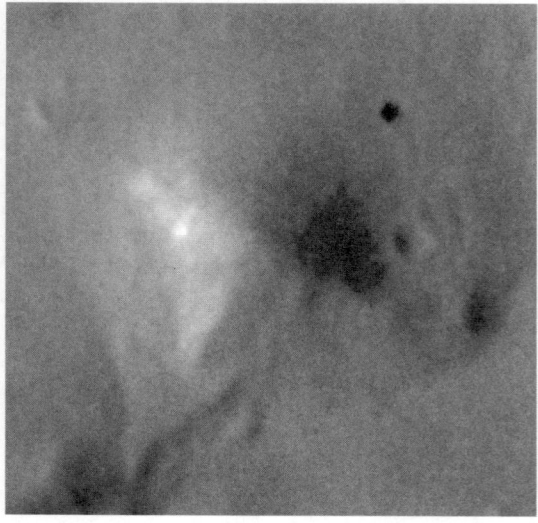

NK Pyramide ungefähr 50 südwestlich des Gesichts liegend.

FORT AETHERIUS UND DIE KÖNIGS-PYRAMIDE

Nirgendwo sonst auf dem Mars findet man die außergewöhnliche Ansammlung von Objekten wie die Cydonia beobachtbaren. Wie dem auch sei, als Teil einer jüngeren systematischen Suche nach anderen Anomalien auf der Marsoberfläche hat der Britische Forscher Ananda Sirisena mehrere zusätzliche interessante Objekte entdeckt.[5] Zwei davon sieht man in der Viking-Aufnahme 70A01 (ungefähre Lage 40° N, 14.4° W). Eine sieht aus wie der Buchstabe „A" und wurde nach der Region in der nördlichen Hemisphere des Mars zwischen Utopia und Elysium Fort Aetherius benannt. Es ist eine sich erhebende, kreisförmige Formation ähnlich der Schüssel in Aufnahme 70A10. Im Süden davon liegt ein vier-seitiges pyramidales Objekt die „Königs-Pyramide" genannt, welche scheinbar mindestens zwei Stützen besitzt, ähnlich denen in der D&M Pyramide. Eine verwandte pyramidale Struktur liegt etwa südlich der Schüssel in Aufnahme 70A10. Es ist auch wahrnehmbar, daß wie die südliche Fläche der D&M, die südlichen Flächen dieser Pyramiden scheinbar exakt nach Süden ausgerichtet sind.

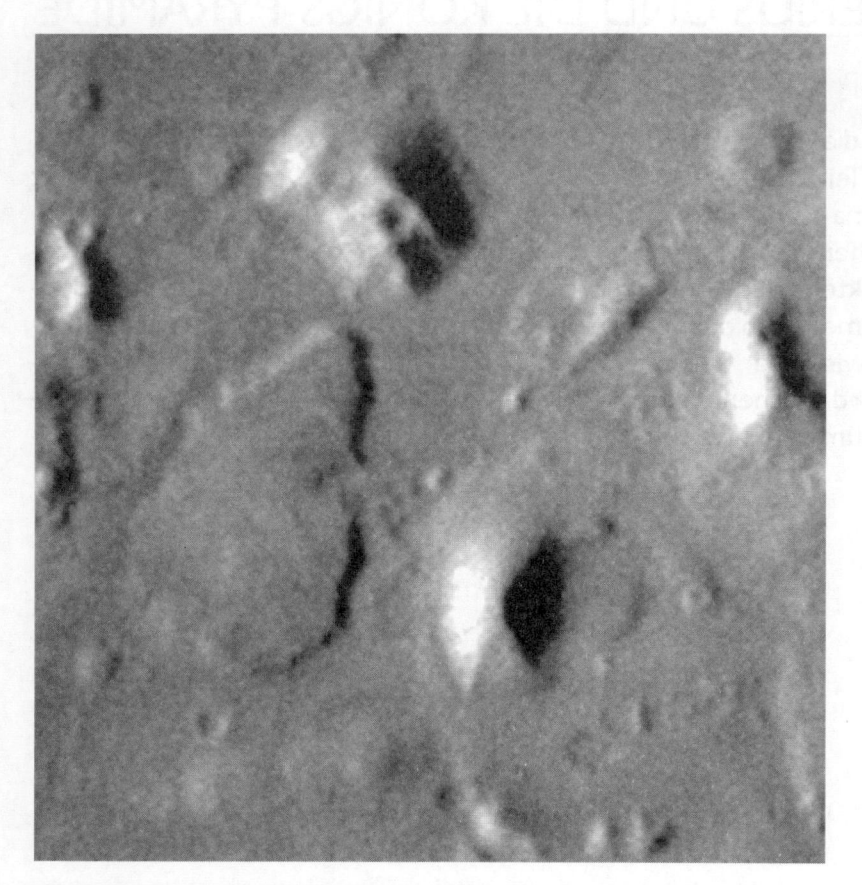

Fort Aetherius (oben Mitte) und Königs-Pyramide (direkt unterhalb und rechts des Zentrums).

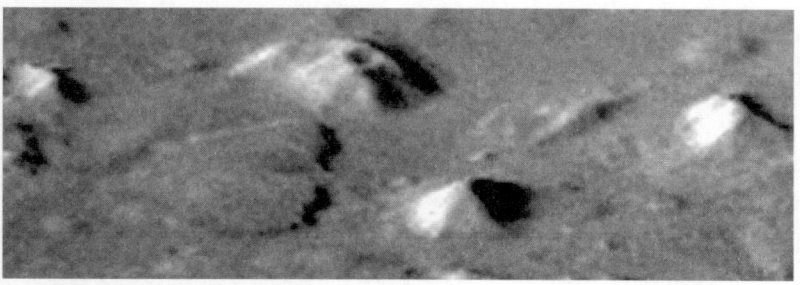

Simulierte perspektivische Ansicht von Süden bei einem Zenithwinkel von 60° Grad.

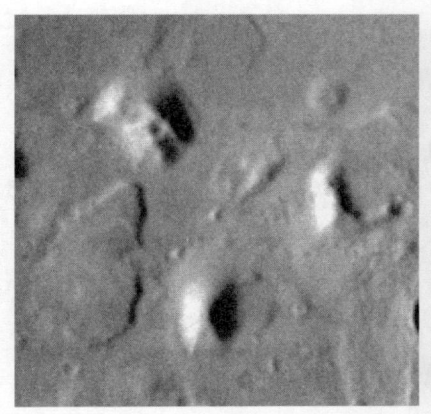

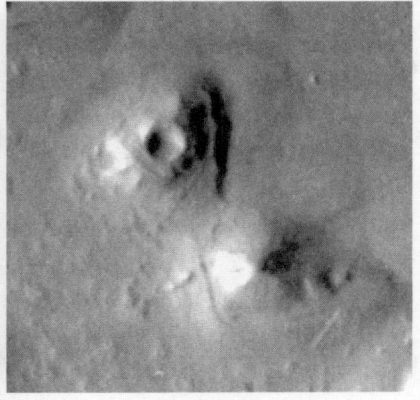

*Fort Aetherius und Königs-Pyramide in 70A01 (links) und
Schüssel und pyramidales Objekt in 70A10 (rechts).*

Referenzen für Teil VI.

1. Randolfo Pozos, *The Face on Mars: Evidence for a Lost Civilization ?*, Chigago Review Press, 1987, S.36.

2. Richard C. Hoagland, *The Monuments on Mars*, North Atlantic Books, 1987, SS. 318-320

3. ebd. S. 321.

4. ebd. S. 321.

5. Ananda Sirisena, „Cydonia: The City on Mars", *Amateur Astronomy and Earth Sciences*, Vol.1, Issue 9, 1996.

TEIL VII.

DER FALL FÜR KÜNSTLICHKEIT

DER FALL FÜR KÜNSTLICHKEIT

*„Außergewöhnliche Behauptungen
erfordern außergewöhnliche Beweise"*
Carl Sagan, 1985.

Daß gewisse Objekte auf dem Mars künstlichen Ursprungs sein können, ist sicherlich eine außergewöhnliche Behauptung. Und viele Jahre lang schien Carl Sagans Forderung nach einem außergewöhnlichen Beweis, um diese Behauptung zu stützen, unrealistisch und ein unüberwindbares Hindernis für wissenschaftliche Gesetzmäßigkeit zu sein. Wir hatten keinen „rauchenden Colt", keinen einzigen außergewöhnlichen Beweis, nur viele schwache Beweise, die alle in dieselbe generelle Richtung zu weisen schienen.

Aber dann wurde mir klar, daß eine Methode, die zur kartographischen Erfassung von Gelände und Landbedeckung durch Satellitenaufnahmen (sowie andere Verwendungen) eingesetzt wird, ebenfalls für die Studie der Marsanomalien verwendet werden könnte. Bei der kartographischen Erfassung von Landbedeckung ist jede Kartenkategorie eine Hypothese darüber, was auf dem Boden an einer bestimmten Stelle ist. Aber ein Satellit kann die Landbedeckung nicht direkt wahrnehmen. Statt dessen mißt er eine wahrnehmbare Größe wie optisches oder Mikrowellen-Reflexionsvermögen, Temperatur, etc. Von diesen Messungen entscheidet oder folgert ein Mensch oder eine Maschine, was sich wahrscheinlich am Boden befindet. Eine Methode, die als Bayessche Folgerung bekannt ist, stellt eine Möglichkeit dar, Informationen von multiplen Informationsquellen (in diesem Fall: Aufnahmen) als Beweis zusammenzufassen, um die Wahrscheinlichkeiten für jede Hypothese zu ermitteln (Landbedeckungskategorie). Nach der Zusammenfassung der Informationen kann man dann eine informierte Entscheidung treffen, z. B. der wahrscheinlichste Typ der Landbedeckung, der auf allen Beweisen basiert.

Zum Beispiel erscheinen Wasser (nebst einem Glitzern), Asphalt und Bäume in einer optischen Satellitenaufnahme dunkel im Verhältnis zu anderen Arten der Landbedeckung. Es ist schwer, nur unter Verwendung der optischen Aufnahme zwischen diesen drei Arten der Landbedeckung zu unterscheiden. In einer Radaraufnahme werden Wasser und Asphalt wieder dunkel dargestellt, da sie gegenüber der Wellenlänge des Radars eben sind. Andererseits sind Bäume rauher und reflektieren mehr Strahlung, wodurch sie heller als Wasser und Asphalt dargestellt werden. Wenn man so die optische und Radaraufnahme zusammen verwendet, kann man jetzt Bäume von Wasser und Asphalt unterscheiden. Wenn wir dazu jetzt thermische Infrarotaufnahmen nehmen, sehen wir, daß die Temperaturen von Asphalt und Wasser fast immer unterschiedlich sind. Zum Beispiel ist tagsüber Asphalt im Sommer viel wärmer als Wasser (nachts wird die Situation typisch umgekehrt). Jetzt, mit allen drei Aufnahmen und einer Methode wie die Bayessche Folgerung, mit der sie zusammengefaßt werden, können wir Wasser, Bäume und Asphalt zuverlässig unterscheiden.

Zurück zum Mars. Früher wurden vier Hypothesen entwickelt, die diese Objekte betreffen:

➠ Cydonische Hypothese[1] – Die Verhältnisse, die nötig waren, um Leben auf dem Mars zu unterstützen, existierten lange genug, damit sich eine einheimische Rasse von Marsianern entwickeln und die in Frage stehenden Objekte bauen konnte.

➠ Hypothese der früheren technologischen Zivilisation[2] – die Objekte wurden von einer früheren technologischen Zivilisation von der Erde gebaut.

➠ Hypothese der früheren Besiedelung[2,3,4] – die Objekte wurden gebaut von Besuchern außerhalb unseres Sonnensystems.

➠ Die Null-Hypothese – alle Objekte sind natürlich vorkommende geologische Formationen.

Vor kurzem hat Lammer[5] argumentiert, daß die Cydonische Hypothese mit dem übereinstimmt, was wir gegenwärtig über die geologische und klimatische Geschichte des Mars wissen. Wir glauben, daß die Informationen zur Zeit unzureichend sind, um zwischen der zweiten und dritten Hypothese zu unterscheiden. Jedoch legen Vermutungen eines außerirdischen Besuchs (ET) in unserem Sonnensystem,[3] die von einer Variation der Drake-Gleichung hergeleitet wurde, die verwendet wurde, um die Suche nach außerirdischer Intelligenz (SETI) per Radiowellen zu rechtfertigen, die Überlegung nahe, daß außeriridische Besucher unser Sonnensystem in den letzten zehn Millionen Jahren besucht haben könnten. Sollten die außerirdischen Besucher während dieser Zeit (zu welchem Zweck auch immer) große künstliche Strukturen auf dem Mars erbaut haben, so sind sie wahrscheinlich durch die Umgebung auf dem Mars gut erhalten geblieben und können durch Meßwert-Fernübertragung ausfindig gemacht werden [3,4]. Dies liefert in sich eine plausible Rechtfertigung unserer Hypothese, welche, einfach gesprochen, die ist, daß das Gesicht und andere nahegelegene Objekte in der Cydonia Region einen künstlichen Ursprung haben können. Die Null-Hypothese, daß keine der Objekte künstlich sind, repräsentiert die Meinung von vielen in der Gemeinschaft der Planetarwissenschaften.[6]

Einfach gesprochen besagt unsere Hypothese, daß das Gesicht und die andren nahegelegenen Objekte der Cydonia Region des Mars künstlich sein können (was auch immer ihr Ursprung ist). Nachdem der Beweis bis heute unter Verwendung eines Bayesschen Arguments vorgelegt wurde (Beweisstücke 1-17), werden wir ermitteln, wie stark er diese Hypothese stützt.

Mosaik verschiedener Aufnahmen von Viking Orbiter vom Orbit 35, die das Gesicht und andere Objekte von Interesse auf der Marsoberfläche zeigen. Die Aufnahme deckt ein Gebiet von ca. 70 x 40 km Größe ab. Das Gesicht, nahe der Bildmitte, befindet sich ca. 41° Nord Breite und 9,5° Ost Länge.

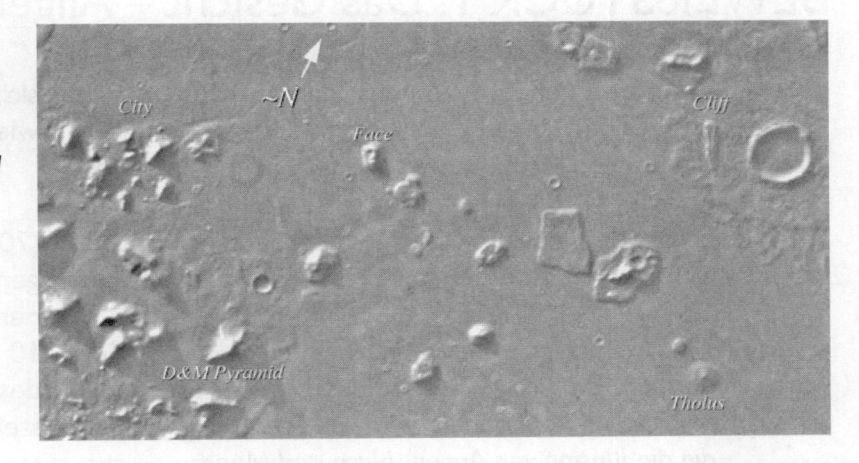

Die City ist eine Ansammlung von Formationen, die sich ca. 20 km südwestlich vom Gesicht befinden, das ursprünglich von Hoagland identifiziert wurde. Drei Objekte, die der Größe nach mit dem Gesicht zu vergleichen sind sowie eine Zahl kleinerer erdhügelähnlicher Objekte, die oben gezeigt werden (von 35A72), werden hier betrachtet.

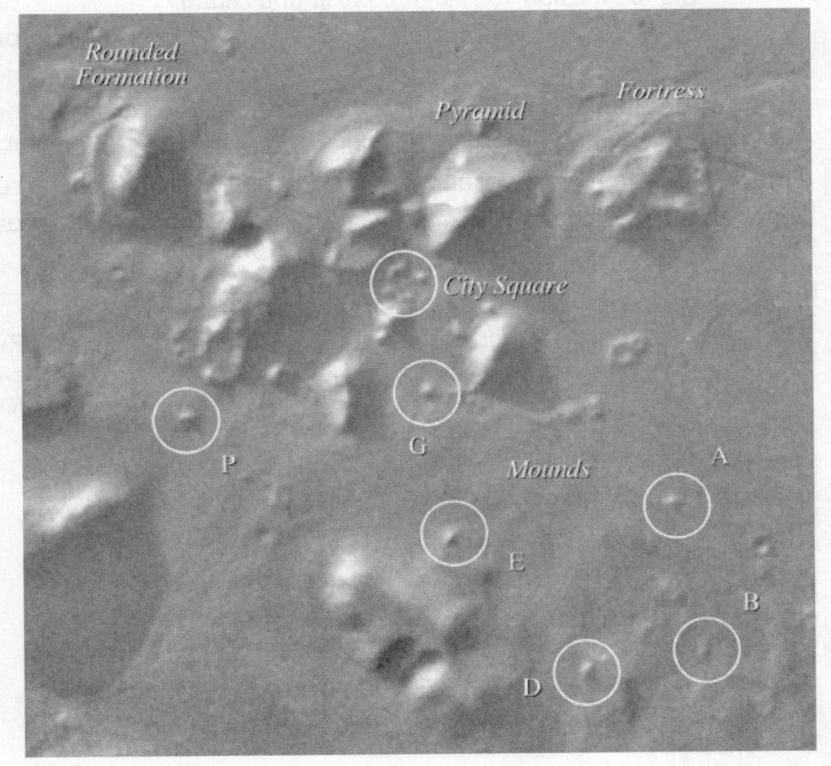

BEWEISSTÜCK 1: Das Gesicht – Allgemeine Züge

Die meisten gehen davon aus, daß ein Gesicht wie ein Gesicht aussieht. Es besitzt alle notwendigen Merkmale: Kopf, Augen, gratähnliche Nase und Mund. Sogar die NASA erkennt diese Tatsache an. Im Juli 1976, kurz nachdem es zum ersten Mal fotografiert wurde, gab JPL das folgende Statement als Presseerklärung heraus:

„*Das Bild [35A72] zeigt erodierte, flachem Hochland ähnliche Landformen. Die riesige Felsformation in der Mitte, die einem menschlichen Kopf ähnelt, wird von Schatten geformt, die die Illusion von Augen, Nase und Mund vermitteln.*"

Als sie über dieses Bild gefragt wurden, teilten sie mit, daß in einer zweiten Fotografie, die einige Stunden später über dieser Gegend gemacht worden war, die Formation nicht mehr länger als ein Gesicht zu erkennen war – Gründe, um das Gesicht auf dem Mars als Sinnestäuschung fallenzulassen. Aber, wie es sich herausstellt, gibt es keine solche Fotografie.[7]

DiPietro und Molenaar fanden eine zweite Aufnahme (70A13) des Gesichtes, das nicht einige Stunden später aufgenommen worden war, wie von der NASA mitgeteilt, sondern 35 Tage später.[8] Auf 35A72 ist der Sonnenwinkel nur 10 Grad über dem Horizont, und so ist die rechte Hälfte des Gesichtes zum größten Teil im Schatten. Aber auf 70A13 steht die Sonne 15 Grad höher und zeigt mehr von der rechten Gesichtshälfte. Anstatt einer gewöhnlichen Felsformation bestätigt diese zweite Aufnahme nicht nur die Züge eines Gesichtes, die zuerst in 35A72 gesehen wurden, sondern zeigt ebenfalls die Gesamtsymmetrie des Kopfes, die Ausmaße des Mundes und ein ergänzendes Auge auf der rechten Seite – Züge, die auf 35A72 nicht sichtbar waren, da sie im Schatten lagen.

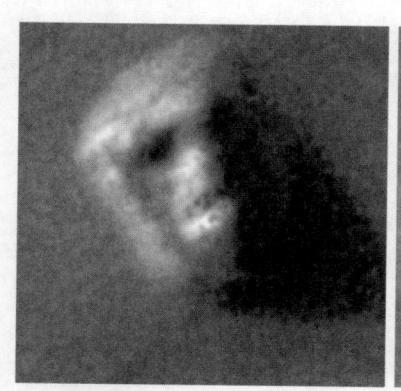

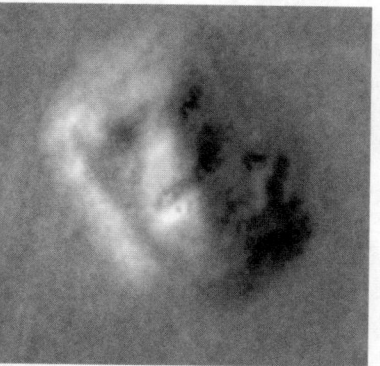

Zwei Aufnahmen des Gesichtes von 35A72 (links) und 70A13 (rechts). Die zweite Aufnahme des Gesichtes (rechts) liefert einen erhärtenden Beweis für Gesichtszüge, Gesamtsymmetrie und feine Einzelheiten.

BEWEISSTÜCKE 2 UND 3: Das Gesicht – Gesichtsproportionen und architektonische Symmetrie

Einige Jahre nach der Entdeckung von DiPietro und Molenaar wurde eine unabhängige Mars-Forschungsgruppe organisiert, um das Gesicht und die umliegenden Landformen[9] zu untersuchen. Der Künstler James Channon, ein Mitglied dieser Gruppe, schätzte das Gesicht in Bezug auf seine Proportionen, Stützstruktur und Ausdruck. Er schreibt über die Gesichtsproportionen:

„Der Künstler verwendet klassische Proportionen und Verhältnisse, wenn er das menschliche Gesicht formt... Der physische Anthropologe erkennt einen Satz klassischer Proportionen, die sich sehr stark auf Gesichtszüge beziehen. Die Züge auf diesem Gesicht auf dem Mars liegen innerhalb der Konventionen, die durch diese beiden Disziplinen erstellt werden."

Dann, einen Schritt zurückgehend, äußert er sich über den eigentlichen Kopf:

„Die Plattform, die das Gesicht stützt, hat ebenfalls ihren eigenen Satz klassischer Proportionen. Wäre das Gesicht nicht vorhanden, würden wir trotzdem vier Sätze paralleler Linien sehen, die vier abfallende Gebiete von gleicher Größe umschreiben. Diese vier gleichproportionierten Seiten sind zueinander rechteckig und bilden ein symmetrisches geometrisches Rechteck."

Zusätzlich zu der Tatsache, daß Channon von den Gesichtsproportionen und der architektonischen Symmetrie beeindruckt war, fand er, daß das Gesicht eine starke ästhetische Wirkung hat und betont, daß *„die künstlerische Aufmerksamkeit, die erforderlich ist, um den Ausdruck wie den des Erforschten [z. B. der Ausdruck des Gesichtes in 35A72] zu erzeugen, nicht trivial ist."*

Drei Ansichten des Gesichtes mit höchster Auflösung von 35A72 (links), 70A13 (Mitte) und 561A25 (rechts) mit 47, 143,3 und 162,7 Meter/Pixel. Die offenbare Symmetrie des Gesichtes ist auf 35A72 und 70A13 irgendwie verzerrt, da es von leicht über links beleuchtet wird. Ein besserer Hinweis seiner Gesamtsymmetrie ist in 561A25 zu sehen, wo die Beleuchtung fast senkrecht zu der Symmetrieachse ist.

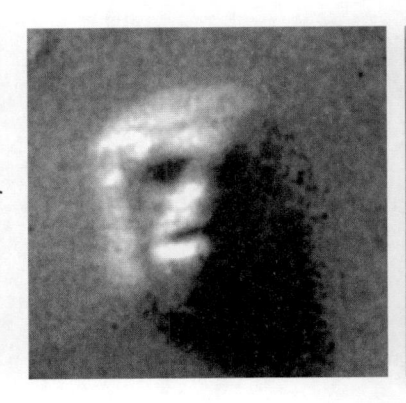

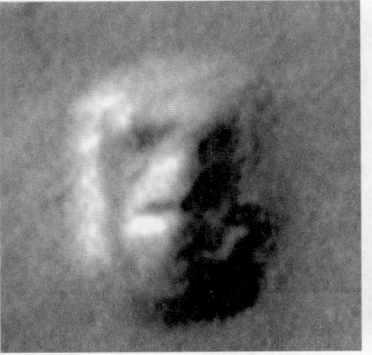

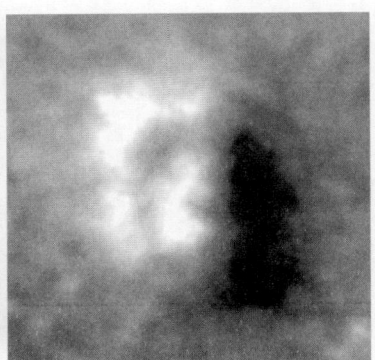

Die NASA hat jahrelang wiederholt geäußert, daß Formationen wie das Gesicht auf der Marsoberfläche weder bemerkenswert noch unüblich sind. Und um diese Haltung zu bestärken, führen sie oft zwei geologische Formationen auf dem Mars an, von der eine aussieht wie ein „Glückliches Gesicht". McDaniel setzt diese Beispiele in die richtige Perspektive wenn er schreibt[7]

„... 'das Glückliche Gesicht' der NASA ist so verzerrt, daß es einen genausowenig beeindruckt wie die Karikatur eines Cartoons. ...Die Tatsache, daß sie nur zwei absurde Übertreibungen bringen konnten, bewirkt lediglich, daß der Punkt unterstrichen wird, daß das Gesicht schließlich eine einzigartige Erscheinung auf dem Mars ist, was auch immer sein Ursprung war."

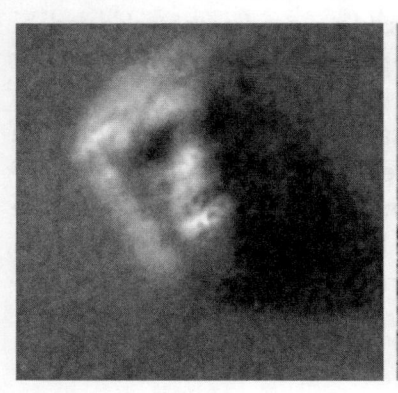

Vergleich zwischen dem „Glücklichen Gesicht" und dem Gesicht auf dem Mars. Das „Glückliche Gesicht" wird von der NASA angeführt, um die menschliche Neigung zu verdeutlichen, Gesichter in der Natur zu sehen.

BEWEISSTÜCK 4: Das Gesicht – feine Einzelheiten

Zusätzlich zu der Gesamtorganisation und Symmetrie der Formation sind ebenfalls eine Vielzahl feiner Züge oder Verschönerungen bemerkt worden. DiPietro und Molenaar bemerkten zuerst eine dunkle Höhlung in der Augenhöhle, die wie ein Augapfel aussieht. Andere frühe Forscher bemerkten breite Streifen über dem Gesicht. Später, nach der Wiederherstellung der Aufnahme, Würfel-Gitter-Interpolation und Kontrastverbesserung wurden ebenfalls dünne Linien gefunden, die sich über den Augen kreuzen sowie eine feine Struktur im Mund, die wie Zähne erscheint.[10]

Kein spezifischer geologischer Mechanismus ist genannt worden, um die feine Einzelheit im Gesicht zu erklären. Statt dessen wurde argumentiert, daß diese Züge, besonders die „Zähne" nicht mehr sind als Rauschen das durch die falsche Verwendung/Interpretation von Bildverbesserungstechniken verstärkt worden ist.[11] Malin zeigt, daß das Rauschen auf der rechten überschatteten Gesichtshälfte des Gesichtes auf 70A13 nach Verbesserung aussieht, wie Zähne und verwendet dieses Beispiel, um die Zähne und andere feine Struktur, die im Gesicht gesehen wurden, als Artefakte der Bildverarbeitung zu verwerfen. Aber wie gerade von McDaniel herausgestellt, sind Malins „Zähne" nicht die auf der linken sonnenbeleuchteten Gesichtshälfte, die untersucht werden. Diese Zähne sowie der Augapfel, die gekreuzten Linien im Stirnbereich und etwas schwächer die breiten Streifen über dem Gesicht sind in beiden Aufnahmen zu sehen. Da sie in beiden Aufnahmen sichtbar sind, ist es sehr unwahrscheinlich, daß sie durch Rauschen in der Bildherstellung entstanden oder Artefakte der Bildverarbeitung sind.

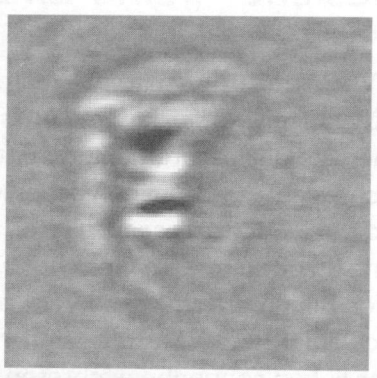

Teilstück von 35A72, verbessert, um die linearen Züge zu herauszuheben (oben). Man beachte die dunklen Streifen oder Bänder über dem Gesicht und die gekreuzten Linien über den Augen. Feine Mundstruktur (unten). Da diese Züge in zwei verschiedenen Aufnahmen zu sehen sind, ist es unwahrscheinlich, daß sie Rauschen oder Artefakte digitaler Bildverarbeitung sind.

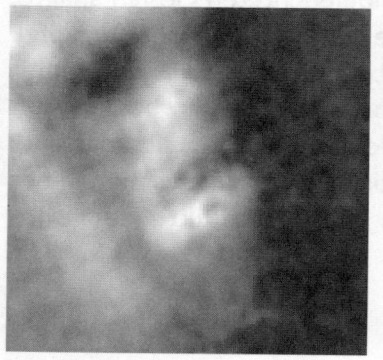

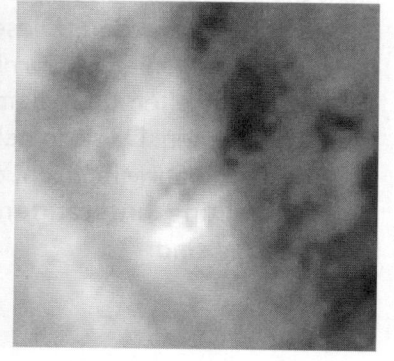

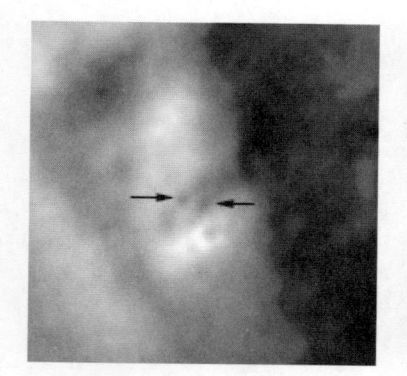

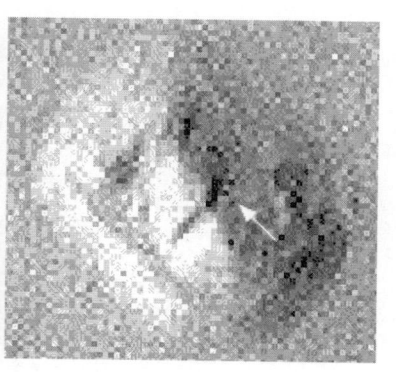

Malins „Zähne" (rechts) sind nicht die Züge, über die wir hier reden (links)

BEWEISSTÜCK 5: Das Gesicht – Beständigkeit der Gesichtszüge während sich änderndem Sonnenwinkel und Sichtwinkel

Von Anfang an hat die NASA daran festgehalten, daß das Gesicht „von Schatten geformt wird, die die Illusion von Augen, Nase und Mund vermitteln", in anderen Worten: eine Sinnestäuschung. Um diese Behauptung zu prüfen, wurde eine Bildverarbeitungstechnik, die als Shape-from-shading bekannt ist, verwendet, um die 3-D Struktur des Gesichtes von seiner Aufnahme zu ermitteln. Zwei Aufnahmen (35A72 und 70A13) wurden verwendet, um die Genauigkeit des Ergebnisses zu prüfen, wobei die Oberfläche der einen Aufnahme berechnet wurde, um vorherzusagen, wie die andere aussehen sollte und umgekehrt.[10] Es wurden dann Computergrafik-Techniken verwendet, um vorherzusagen, wie die Oberfläche unter anderen Lichtbedingungen und aus anderen Perspektiven aussehen würde. Die Ergebnisse dieser Analyse zeigten, daß der Eindruck der Gesichtszüge kein vergängliches Phänomen ist – daß Gesichtszüge, die in der Aufnahme zu sehen waren, ebenfalls in der darunterliegenden Topographie vorhanden sind und über einen weiten Bereich von Beleuchtungsbedingungen und Perspektiven den visuellen Eindruck eines Gesichtes produzieren.[12] Die Ergebnisse der Shape-from-shading sind von der bekannten Bildhauerin Kynthia erhärtet worden, die ein Model des Gesichtes in Ton gemacht hat, das allen zur Verfügung stehenden Aufnahmen unter der entsprechenden Lichtquelle/Sichtbedingungen entspricht.

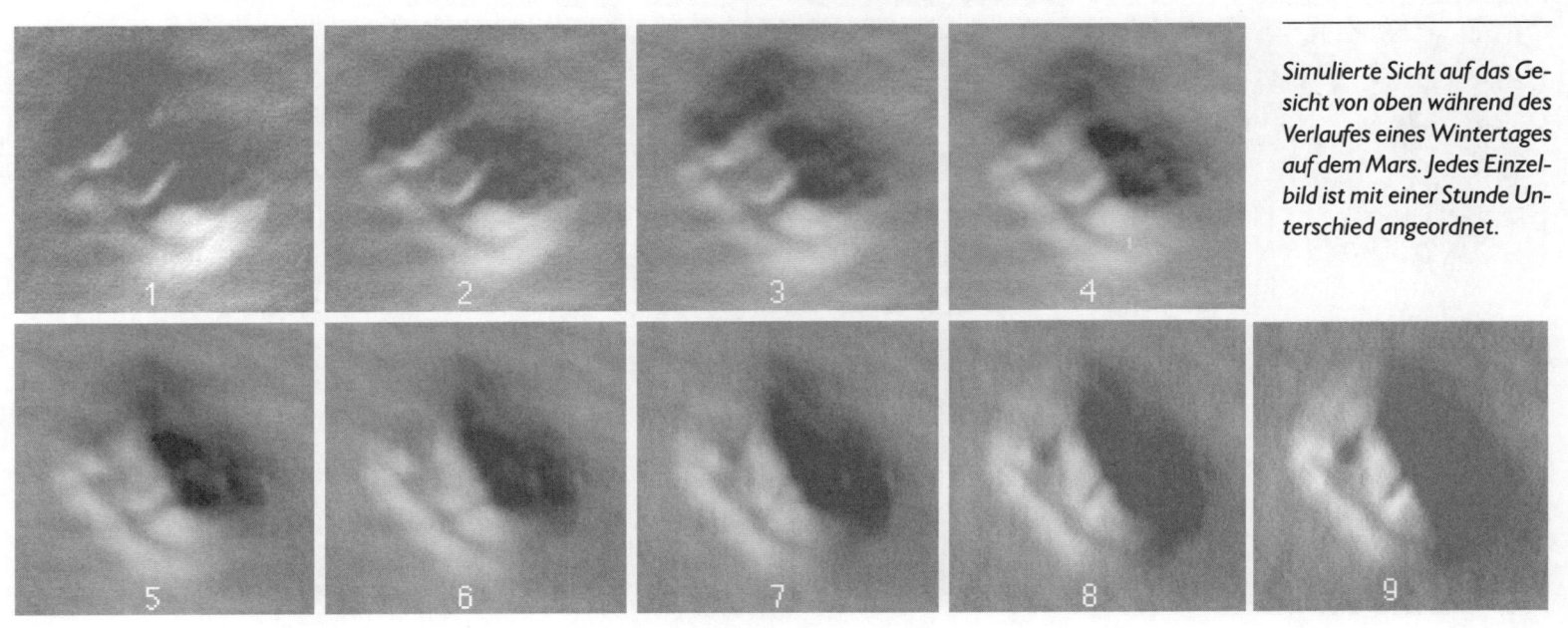

Simulierte Sicht auf das Gesicht von oben während des Verlaufes eines Wintertages auf dem Mars. Jedes Einzelbild ist mit einer Stunde Unterschied angeordnet.

129

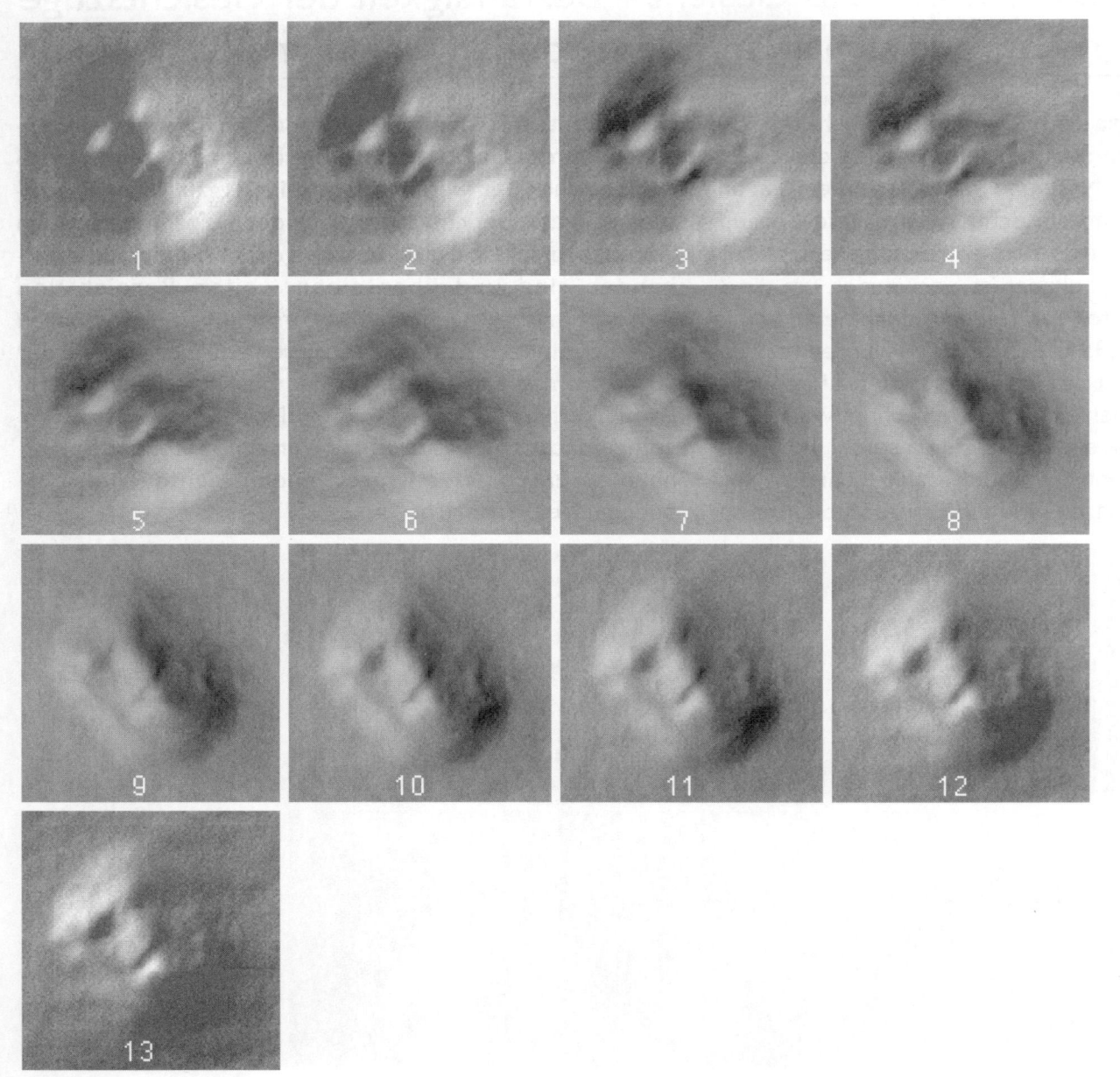

Simulierte Sicht auf das Gesicht von oben während des Verlaufes eines Frühlingstages auf dem Mars.

Simulierte Sicht auf das Gesicht von oben während des Verlaufes eines Sommertages auf dem Mars.

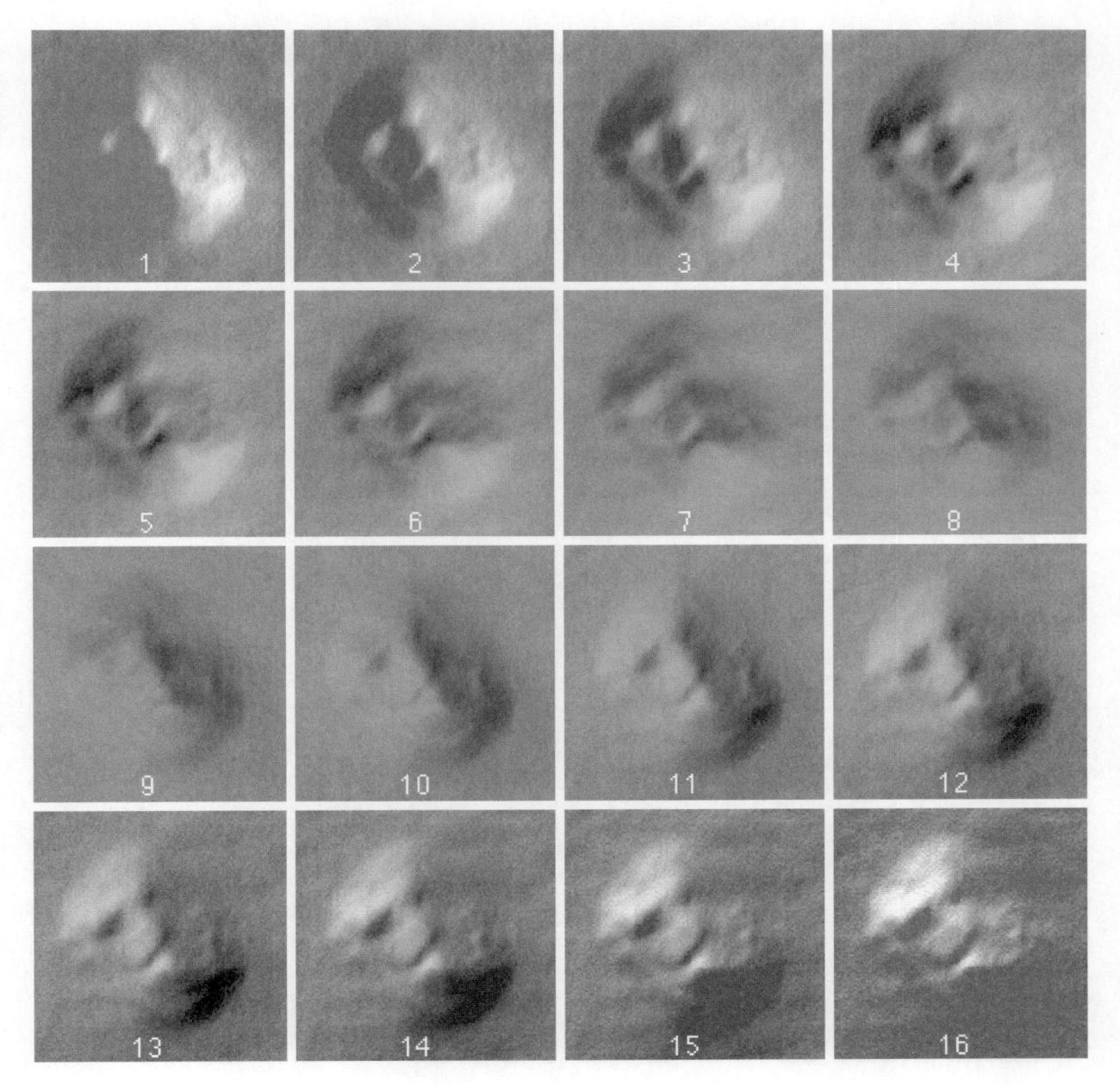

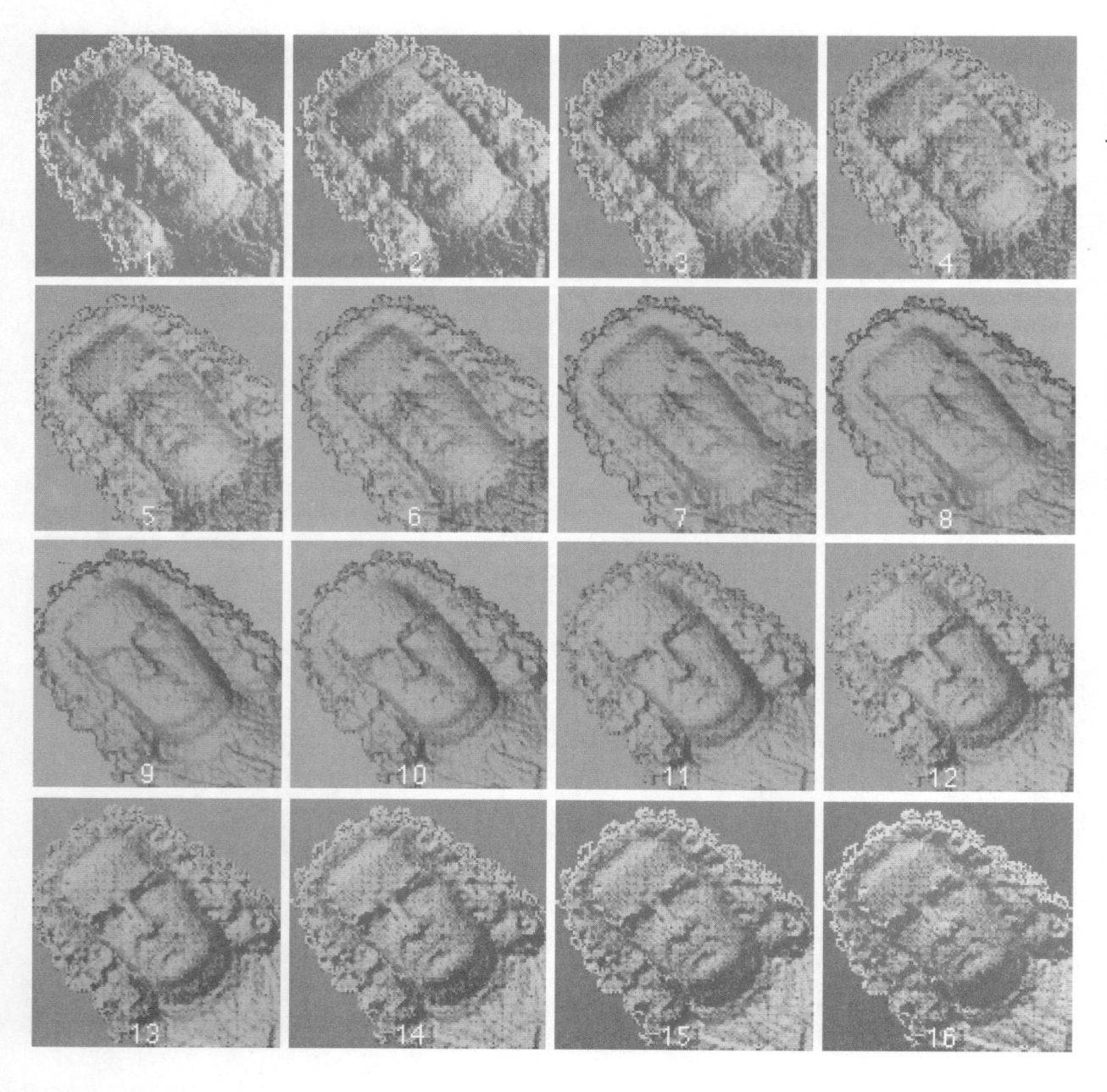

Vergleichende Analyse – Simulierte Sicht der Büste von Johann Sebastian Bach unter denselben Lichtverhältnissen und einer Lambertschen Reflexionskarte wie in der vorherigen Folge für das Gesicht auf dem Mars. Man beachte, daß Bach unter Mittagslichtbedingungen schwer zu erkennen ist, die denen ähnlich sind, wo die Züge im Gesicht weniger deutlich sind. (Datenumfang dank F. Stein, USC Institute for Robotics and Intelligent Systems.)

BEWEISSTÜCK 6: Das Gesicht – Nicht-Fraktale Struktur

Wo die vorigen fünf Beweisstücke dem Wesen nach qualitativ sind, basiert das fünfte Beweisstück, mit dem die Behauptung gestützt werden soll, daß das Gesicht ein künstliches Objekt ist, auf einer quantitativen Analyse, wobei Fraktale verwendet werden. Indem man Fraktale verwendet, um Bilder zu formen, können Gebiete, die am wenigsten natürlich sind, identifiziert werden, je nach dem wie gut sie in das Fraktalmodell passen. Dies ist die Grundlage einer Annäherung, die verwendet worden ist, um von Menschen gemachte Objekte in Overhead Aufnahmen ausfindig zu machen.[13] In einer Studie, die dazu durchgeführt wurde, um die Struktur des Gesichtes und der umliegenden Landschaft zu analysieren, wurde festgestellt, daß das Gesicht das am wenigsten fraktale Objekt in der Viking-Aufnahme 35A72 war.[4] Es war ebenfalls hoch anormal in der Aufnahme 70A13. Als die Analyse auf die vier umgebenden Viking-Aufnahmen angewendet wurde, blieb es das am wenigsten fraktale Objekt in dem gesamten Gebiet.

Ergebnisse der Fraktalanalyse für das Gesicht und das umliegende Gebiet von 35A72 (links). Helle Stellen in der Modellentsprechung zeigen an, wo die Struktur der Bildintensitäts-Oberfläche (die sich auf die Form des darunterliegenden Terrains bezieht) nicht in ein Fraktalmodell paßt und somit gemäß des Fraktalkriteriums das am wenigsten natürliche ist.

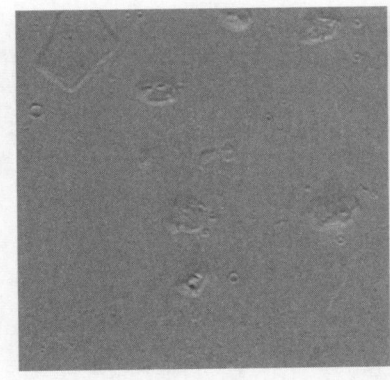

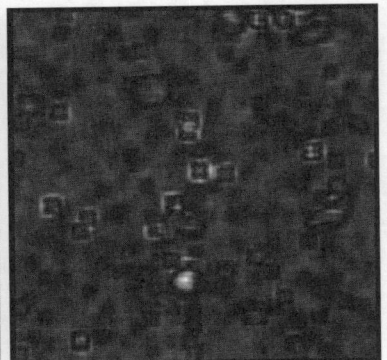

Bild über einer U.S. Militärbasis (links) und einem Bild des fraktalen Fehlers der Modellentsprechung (rechts).

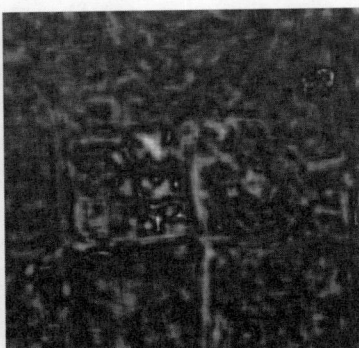

BEWEISSTÜCK 7: Ähnlichkeit zwischen dem Gesicht und der Runden Formation in City

Wie bereits früher bemerkt, hat Channon beobachtet, daß das Gesicht auf einer Art Plattform zu ruhen scheint und sagt weiter: „diese Stützstrukturen alleine legen ein Stück bewußt entworfene Architektur nahe".[9] Eine runde Formation, die sich am äußersten südwestlichen Ende der City befindet, scheint ebenfalls auf einer ähnlichen Plattform zu ruhen, die in die gleiche allgemeine Richtung weist. Wenn man das Bild dieser Formation auf das des Gesichtes legt, ist die Ähnlichkeit in der groben Morphologie dieser zwei Formationen offensichtlich. Die Ähnlichkeit kann man sehen, indem man von der runden Formation zum Gesicht blendet. Dieser Übergang von einer merkmallosen Form zu einem Gesicht legt die Möglichkeit nahe, daß das Gesicht aus solch einer Formation geschnitzt worden sein könnte. Es erinnert uns ebenfalls an das Auftauchen, oder die Befreiung der menschlichen Form aus der Gefangenschaft des Steins, wie in Michelangelos „Das Gefängnis" dargestellt.[14]

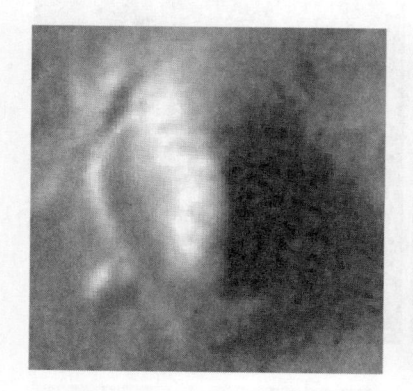

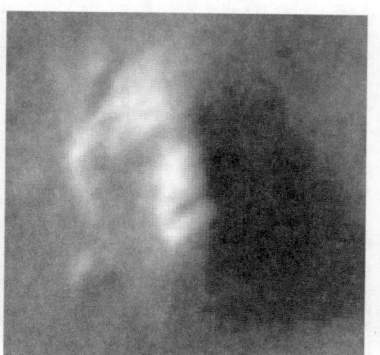

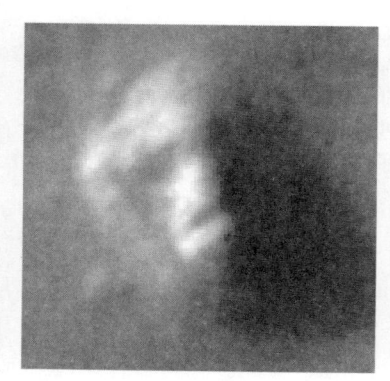

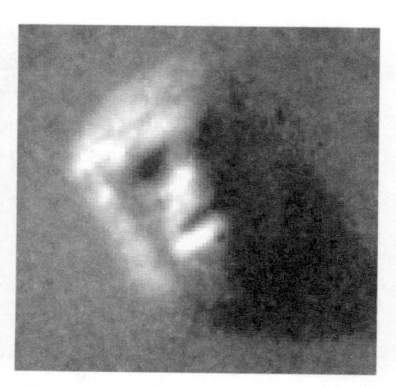

Ähnlichkeit der Struktur zwischen der runden Formation im südwestlichen Teil der City und dem Gesicht. Man beachte die ähnliche Morphologie sowie die Lage auf plattformähnlichen Strukturen. Die Abbildungen wurden weder rotiert noch maßstablich geändert.

Michelangelos Il Prigione (Das Gefängnis)

BEWEISSTÜCKE 8 und 9: Die Festung – Geometrische Form und Einzelheiten im feinen Maßstab

In starken Kontrast zur bildhauerischen Erscheinung des Gesichtes ist die Festung ein geometrisch geformtes Objekt im nordöstlichen Teil der City, das dem Gesicht am nächsten ist. Vier gerade Seiten oder Mauern sind auf den beiden zur Verfügung stehenden Aufnahmen (70A11 und 35A72) zu sehen, die dieses Objekt zeigen. Diese Mauern umfassen einen inneren Platz, z. B. ein Gebiet, das höhenmäßig tiefer ist als die umgebenden Mauern.

Wie das Gesicht enthält also auch die Festung feine Einzelheiten, die in oder leicht unter der Auflösung der Aufnahme sind. Besonders zwei der Mauern scheinen regelmäßig angebrachte Vertiefungen zu haben. Sagan bemerkt:

„Sollte es der Fall sein (was meiner Meinung höchst unwahrscheinlich ist), daß die benachbarten Strukturen tatsächlich einmal eine Stadt gewesen sind, sollte diese Tatsache bei näherer Untersuchung offensichtlich sein. Gibt es Reste von Straßen? Zinnen im Fort? Pyramidenähnliche Türme, Türme, Tempel auf Säulen, monumentale Standbilder, immense Fresken? Oder nur Felsen?" [6]

Die Vertiefungen (Sagans Zinnen) sind auf beiden Aufnahmen zu sehen und müssen daher echte Oberflächenerscheinungen sein. Aber nur mit Aufnahmen einer höheren Auflösung werden wir feststellen können, ob sie Runzeln oder Falten sind, die durch natürliche geologische Prozesse verursacht wurden, oder Einzelheiten einer künstlichen Struktur im feinen Maßstab sind.

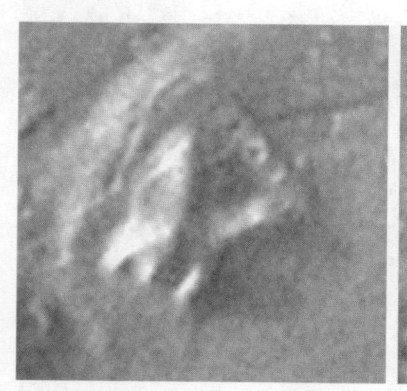

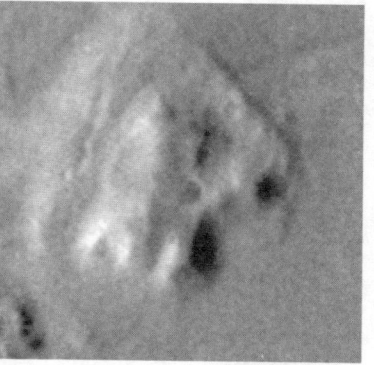

Zwei Aufnahmen der Festung von 35A72 (links) und 70A11 (rechts). Wie bei dem Gesicht sind auf beiden Aufnahmen feine Einzelheiten zu sehen.

BEWEISSTÜCK 10: Ähnlichkeit zwischen der Festung und dem angrenzenden pyramidalen Objekt

Ein anderes Objekt von Interesse innerhalb der City ist ein pyramidales Objekt neben der Festung. Dieses Objekt scheint mit der Festung in einer Linie zu sein und ähnelt der Festung in Größe und Form. Es wurde bereits angenommen, daß die Festung eine umschlossene Struktur gewesen sein kann, die nach innen eingestürzt ist. Um diese Behauptung zu prüfen, wurden einige Punkte identifiziert, die beiden Strukturen gemein zu sein scheinen und verwendet, um Unteraufnahmen von 70A11 auszurichten. (Es wird bemerkt, daß diese Aufnahmen lediglich im Verhältnis zueinander übersetzt wurden und weder maßstablich verändert noch rotiert.) Wenn man von einem Objekt zum anderen blendet, dann ist es möglich, sich die Ähnlichkeit zwischen beiden Objekten vorzustellen. Der Eindruck eines Einsturzes ist besonders auffallend in der Perspektive, wo die Spitze der Pyramide in den inneren Raum der Festung zu fallen scheint. Sollte die Festung eine pyramidale Struktur umschlossen haben, die nach innen eingestürzt ist, so ist die Folgerung, daß die angrenzende Pyramide hohl sein kann.

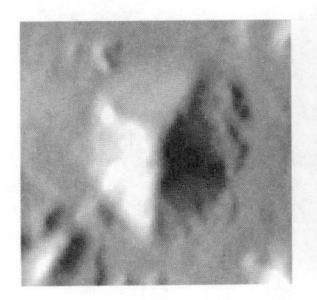

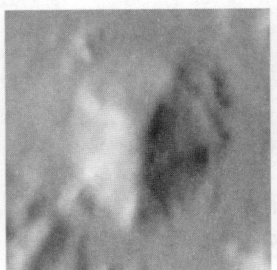

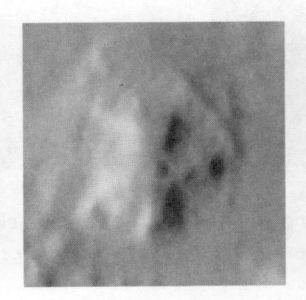

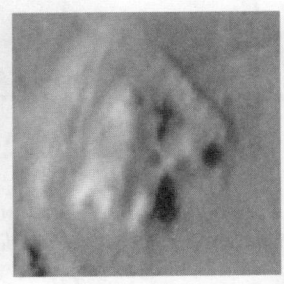

Ähnlichkeit der Struktur zwischen Festung und angrenzender Pyramide von Aufnahme 71A11. Sequenz, die von mitregistrierten Aufnahmen stammt und Überblendung von Pyramide (links) zur Festung (rechts).

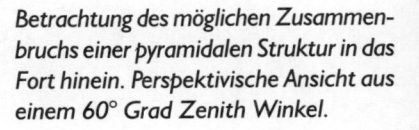

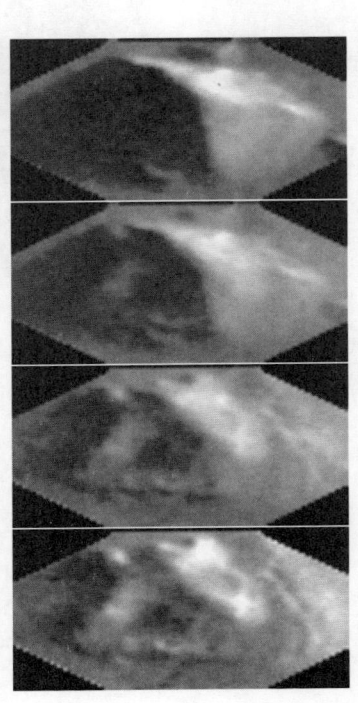

Betrachtung des möglichen Zusammenbruchs einer pyramidalen Struktur in das Fort hinein. Perspektivische Ansicht aus einem 60° Grad Zenith Winkel.

BEWEISSTÜCK 11: Ähnliche Größe und Ausrichtung des Gesichts und größeren Objekten in City

Drasin[15] hat bemerkt, daß viele Objekte von Interesse in Cydonia ungefähr dieselbe Größe haben. Der Vergleich zwischen Gesicht, runder Formation, Fort und angrenzender Pyramide zeigen, daß sie zusätzlich zu ihrer Ähnlichkeit in der Größe, auch alle in dieselbe Richtung ausgerichtet zu sein scheinen. Dies ist besonders interessant, da diese Objekte nicht alle aneinander angrenzen und nicht dieselbe Morphologie haben.

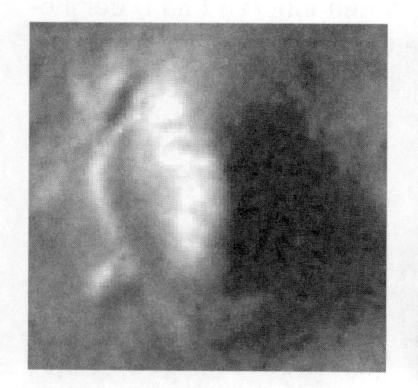

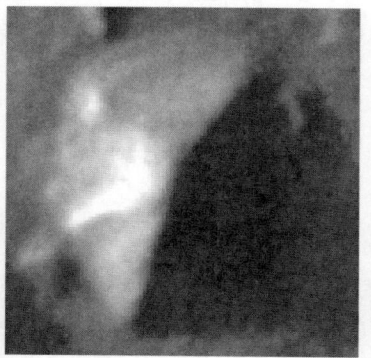

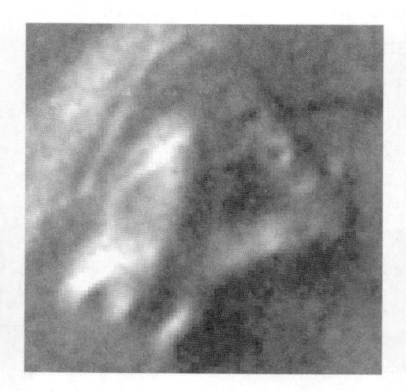

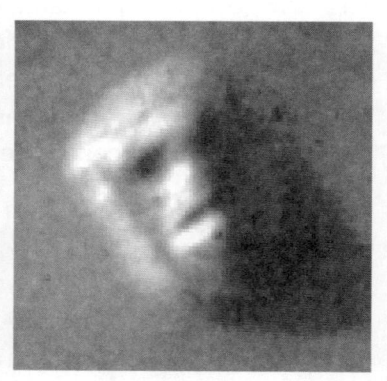

Ähnlichkeit in Ausrichtung und Maßstab der vier Objekte (von 35A72).
Wie bei anderen Figuren wurden diese Aufnahmen weder rotiert noch maßstablich verändert.

BEWEISSTÜCK 12: Erdhügel – Gittermuster

Eine wichtige Idee, die am Anfang der Untersuchung vorgestellt wurde, war, daß wenn die Objekte in Cydonia künstlich sind, sie dann in einem breiteren Kontext miteinander zusammenhängen müssen. Hoagland bemerkte zuerst, daß gewisse Winkel wiederholt zwischen Linien, die das Gesicht verbinden, der D&M Pyramide und anderen Objekten in diesem Gebiet auftreten. Später fand Torun Ähnlichkeiten zwischen diesen Winkeln und denen, die innen in einer fünfseitigen Rekonstruktion der Geometrie der D&M Pyramide sind.[16] Es wurde vermutet, daß diese Winkel mit der tetrahedralen Geometrie zusammenhängen. Ein Kritikpunkt an den Hoagland-Torun Entdeckungen ist, daß sie die Auswahl von Punkten auf bestimmten Objekten einbeziehen, die in manchen Fällen ein wenig willkürlich zu sein scheinen.

Hoagland bemerkte ebenfalls eine Anzahl kleinerer, erdhügelähnlichen Erscheinungen in der City. Er mutmaßte, daß eine Gruppe von vier, in einem Quadrat angeordnet, so positioniert ist, daß man die über dem Gesicht aufgehende Sonne am ersten Tag des Sommers sehen kann. Eine andere Gruppe unterhalb schien an den Schnittpunkten eines gleichschenkligen Dreiecks zu liegen.

Vor kurzem führten Crater und McDaniel[17] eine Analyse dieser späteren Erdhügelgruppe durch. Da die Erdhügel relativ kleine, gut definierte Erscheinungen waren, besteht kein methodologisches Problem, um die Punkte für die Analyse auszuwählen. Sie entdeckten u. a.:

Alle 30 Winkel zwischen den fünf Erdhügeln ABCDE können ausgedrückt werden als $n(p/4) \pm m(t/2)$, wobei n und m die ganzen Zahlen 0, 1, 2 und 3 sind, und t = Arkussinus (1/3) » 19,5° ist die Tetraederbreite (die Breite, wo ein Tetraeder, der mit der Spitze nach unten ausgerichtet ist und in einer Kugel enthalten ist, die Kugel berührt).

Alle Abstände zwischen den fünf Erdhügeln können als Vielfache von Ö2 und Ö3 mal dem Abstand zwischen den Erdhügeln B und D ausgedrückt werden.

Die Erdhügel scheinen sich mit einem geradlinigen Gittermuster mit einem lange/kurze Seite Intervallverhältnis von Ö2 zu decken.

Auf Grund der hohen Paßgenauigkeit schätzen sie die Wahrscheinlichkeit, daß diese Erdhügel durch natürliche geologische Prozesse entstanden sind, auf etwa 1 zu 2 Millionen.

Die neben aufgeführte Tabelle zeigt die Ausrichtungen der Linien zwischen den Erdhügeln auf, die auf dem Crater-McDaniel Gitter liegen. Messungen auf kartographischen Aufnahmen von Viking wurden durchgeführt. Jeder gemessene Wert in der Tabelle ist der Durchschnittswert von 3 getrennten Messungen. Die Winkel werden entgegen dem Uhrzeigersinn von der horizontalen Achse (genau nach Osten) gemessen. Der Durchschnitt (Standard-abweichung) der ersten drei Messungen beträgt 34,53 (0,91) und von der vierten und fünften Messung 124,35 (1,15). Der Unterschied ist nahe an 90°, was das Vorhandensein eines darunterliegenden geradlinigen Gittermusters bestätigen würde.

Ausrichtung der Linien zwischen den Erdhügeln in der City

Messung	Ausrichtung
Linie von Erdhügel P zu G	32,7
Linie von Erdhügel E zu A	35,9
Linie von Erdhügel D zu B	35,0
Linie von Erdhügel E zu G	123,2
Linie von Erdhügel B zu A	125,5

BEWEISSTÜCK 13: Ausrichtung von größeren Objekten in der City und Gesicht mit Gittermuster

Gesicht, Festung, Pyramide links von der Festung und runde Formation scheinen ebenfalls in derselben allgemeinen Richtung ausgerichtet zu sein wie die Gittermuster, die von der Anordnung der Erdhügel vorgeschlagen werden. Die Ausrichtungen der best definierten Ecke auf jedem dieser Objekte sind in der Tabelle unten aufgelistet. Der Durchschnitt (Standard-abweichung) der letzten vier Messungen beträgt 121,8 (1,6). Die Ähnlichkeit in der Ausrichtung zwischen diesen sechs Erdhügeln, drei größeren Objekten in der City und dem Gesicht legt eine zugrundeliegende Regelmäßigkeit oder Organisationsmuster in der Sammlung dieser Objekte nahe – eine Regelmäßigkeit, die durch zufällige geologische Prozesse nur schwer zu erklären ist.

Ausrichtung des Gesichtes und größerer Objekte in der City	
Messung	**Ausrichtung**
Linke Ecke des Gesichtes	120,9
Rechte Ecke der Festung	124,5
Linke Ecke der Pyramide in der City	120,8
Linke Ecke der runden Formation in der City	120,8

BEWEISSTÜCK 14: Anormale Geomorphologie

Während ihrer Anfangsuntersuchung der Marsanomalien, entdeckten DiPietro und Molenaar eine große pyramidenähnliche Landform (D&M Pyramide) südlich des Gesichtes. Torun zog alle möglichen geologischen Mechanismen für die Formation der D&M Pyramide in Betracht, einschließlich Flußsedimentierung/-erosion, äolische Sedimentierung/Erosion, Massenverschiebung, Vulkanismus und Kristallwachstum. Er kam zu dem Schluß, daß nichts diese Formation erklären konnte. Nach Torun:[16]

> „Die fünfseitige Form und die bilaterale Symmetrie dieses Objektes ähnelt keiner Landform, die bis heute in diesem Sonnensystem gesehen wurde, und sogar Phänomene kleineren Maßstabs wie Kristallwachstum können seine Morphologie nicht erklären."

Es ist vermutet worden, daß sich die D&M Pyramide in einem Einsturzzustand befindet, wobei an vielen ihrer Seiten große Absackmengen augenscheinlich sind. Die Südseite ist am besten definiert mit einer geraden Basis, symmetrischen Seiten und einer gut definierten Spitze. Sie scheint ebenfalls ziemlich genau nach Süden zu zeigen.

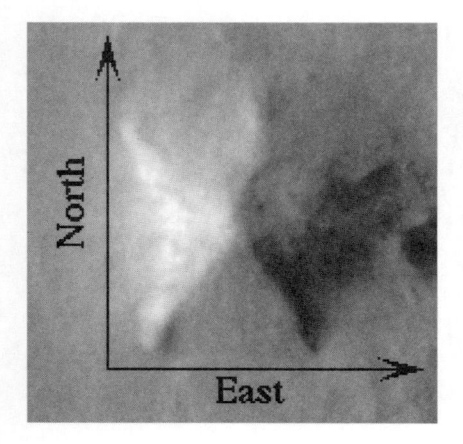

(links) D&M Pyramide in der Aufnahme 70A13 zu einer Merkatorprojektion verdreht.

(rechts) Überkopf-Sicht von Tholus von 35A74 zusammen mit zwei Perspektivensichten, erzeugt von der Overhead-Aufnahme unter Verwendung von Shape-from-shading und Bildperspektiventransformation.

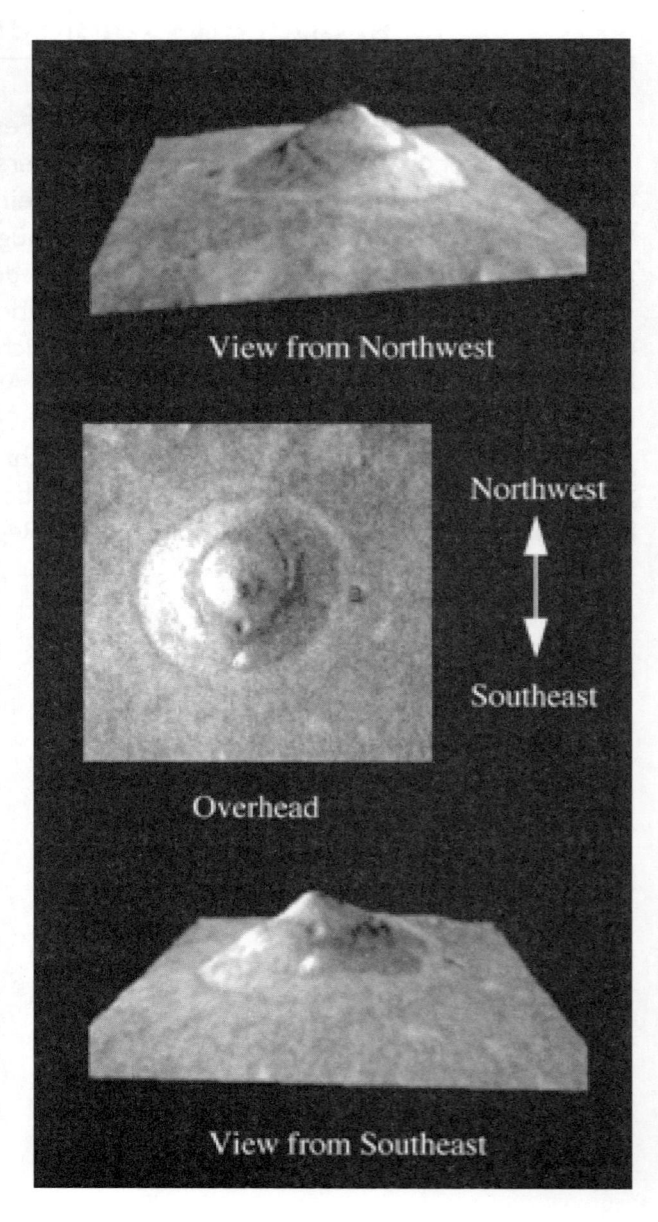

View from Northwest

Overhead

Northwest ↕ Southeast

View from Southeast

BEWEISSTÜCKE 15 und 16: Tholus – Anormale Geomorphologie und Einzelheiten im feinen Maßstab

Der Tholus ist eine große, erdhügelähnliche Erscheinung, die sich ca. 30 km südöstlich des Gesichtes befindet. Der Tholus wurde ursprünglich von Hoagland entdeckt, der zusätzliche Objekte suchte, von denen man räumliche und Winkelbeziehungen ableiten kann. Gemäß Erjavec und Nicks:

„Sie [der Tholus und verschiedene andere Erscheinungen mit ähnlichen Morphologien] haben keine Nachweise von Vulkanismus, hängen nicht mit einem Einschlag zusammen und sind auf Grund ihrer symmetrischen Formen und ihrer einheitlich niedrigen Neigungswinkel schwer als Reste großer, nicht deutlicher Landformen zu erklären."

Wie das Gesicht und die Festung enthält der Tholus ebenfalls Einzelheiten im feinen Maßstab – Einzelheiten, die nicht da sein dürften, wenn es ein natürliches Objekt ist. Zwei enge Rillen schlängeln die Formation hoch, im Uhrzeigersinn und gegen den Uhrzeigersinn, von Nordwesten nach Südosten. Auf der Südostseite des Objektes ist eine kreisförmige Vertiefung, die deutlich in die drei zur Verfügung stehenden Aufnahmen des Tholus zerlegt werden kann. Die 3-D Analyse zeigt, daß ein Satz Rillen zu dieser Vertiefung (einer Öffnung?) führt, welche auf halber Höhe auf der Seite des Objektes liegt.

BEWEISSTÜCK 17: Das Kliff – Anormale Geomorphologie

Das Kliff ist eine verlängertes flaches Hochland mit einer spitzen, bergrückenähnlichen Erscheinung darauf, welche ihr der Länge nach herunterläuft. Hoagland entdeckte das Kliff und fand, daß sie grob in einer Linie mit dem Platz in der City und dem Gesicht läuft. Vielleicht ist ihre Lage neben einem ziemlich großen Krater noch rätselhafter als ihre ungewöhnliche Geomorphologie. Erjavec und Nicks stellen fest:

„Bei oberflächlicher Betrachtung dieses Kraters wird seine Formation durch Einen Einschlag nahegelegt. Der Einschlag ist umgeben von wallartigen Auswürfen ('Yuty-Typ') und zeigt alle Erscheinungen eines Wallkraters, einschließlich der charakteristischen sich überlagernden Auswurfschichten mit gelappten Rändern und höheren Rändern entlang den äußeren Kanten der Auswürfe und die Ausdehnung der Auswürfe ca. zwei Kraterdurchmesser vom Einschlag entfernt."

Falls also der angrenzende Krater durch einen Meteoriteneinschlag verursacht wurde und das Kliff eine natürlich vorkommende Formation ist, die vor dem Einschlag existiert hat, warum gibt es dann um das Kliff herum keine Anzeichen von Beschädigung oder Trümmern als Folge des Einschlags? Es scheint die Meinung der meisten Planetarwissenschaftler zu sein, daß differentielle Erosion wahrscheinlich für die Formation von vielen, wenn nicht gar allen Landformen verantwortlich ist, die momentan in diesem Teil des Mars erforscht werden. Jedoch haben Erjavec und Nicks nicht genug Beweismaterial gefunden, um diese Behauptung zu stützen, besonders was das Kliff betrifft.

Kliff und angrenzender Einschlagkrater

AUSSERGEWÖHNLICHE BEHAUPTUNGEN ERFORDERN AUSSERGEWÖHNLICHE BEWEISE

Kein einziges Beweisstück beweist schlüssig, daß diese Objekte auf der Marsoberfläche entweder natürlich oder künstlich sind. Die architektonische Gestaltung, Gesichtsproportionen und der künstlerische Gesamteindruck legten am Anfang die Möglichkeit nahe, daß das Gesicht ein künstliches Objekt sein könnte. Folgetests dieser Hypothese zur Verbesserung der feinen Gesichtsdetails, Form durch Schattierung/ synthetische Bildgeneration, um festzustellen, ob das Gesicht eine Sinnestäuschung ist, und Fraktalanalyse, um seine Form quantitativ festzustellen, haben alle gegenbestätigende Beweise geliefert, die die Originalhypothese unterstützen. Andere ungewöhnliche Objekte sind ebenfalls in der Nähe gefunden worden, die zusammenzuhängen scheinen.

Die neben aufgeführte Tabelle faßt das Beweismaterial zusammen, das in den vorhergehenden Abschnitten geprüft und diskutiert worden ist. Hierin sind weder die Sommersonnenwenden- noch die Winkelbeziehungen in Bezug auf die Tetraedergeometrie, die von Hoagland entdeckt wurde, einbezogen, da sie momentan schwierig zu bewerten sind. Das Beweismaterial in der Tabelle ist von der Art, die in der Praxis verwendet werden könnte, um auf der Erde mit Hilfe von Luft- oder Satellitenaufnahmen eine neue archäologische Fundstätte zu entdecken. Die Frage, die verbleibt, ist, inwieweit kann das Beweismaterial kollektiv und quantitativ bewertet werden?

Objekt(e)	Beweis
	Beweise, die die Hypothese stützen, daß die Objekte in Cydonia künstlichen Ursprungs sind.
Gesicht	Allgemeine Züge
Gesicht	Gesichtsproportionen
Gesicht	Architektonische Symmetrie
Gesicht	Feine Einzelheiten
Gesicht	Beständigkeit der Gesichtszüge über Variationen von Sonnenwinkel und Blickgeometrie
Gesicht	Nicht-fraktale Struktur
Gesicht und runde Formation in der City	Ähnliche grobe Morphologie
Festung	Geometrische Form
Festung	Einzelheiten im feinen Maßstab
Festung und Pyramide	Ähnliche Größe und Morphologie in der City
Festung, Gesicht, runde Formationen und Pyramide in der City	Ähnliche Größe und Ausrichtung
Erdhügel	Wiederholte räumliche und Winkelbeziehungen, Gittermuster
Erdhügel, Gesicht und größere Objekte in der City	Ausrichtung von größeren Objekten in der City und Gesicht mit Gittermuster
D&M Pyramide	Anormale Geomorphologie
Tholus	Anormale Geomorphologie
Tholus	Einzelheiten in kleinem Maßstab
Kliff	Anormale Geomorphologie

Wie früher erwähnt, stellt die Bayessche Folgerung eine Methode dar, mit der man eine Hypothese gegen ein Beweisstück auswerten kann. Die Wahrscheinlichkeit, daß eine bestimmte Hypothese in Anbetracht eines Beweisstücks wahr ist, geteilt durch die Wahrscheinlichkeit, daß eine bestimmte Hypothese in Anbetracht desselben Beweisstücks falsch ist, nennt man Wahrscheinlichkeitsquotient. Wenn man nur die frühere Überzeugung berücksichtigt, d. h. ohne irgendeinen Beweise überhaupt zu untersuchen, so zählt man die Wahrscheinlichkeit, daß eine Hypothese wahr ist, geteilt durch die Wahrscheinlichkeit, daß die Hypothese falsch ist, zu den früheren Sonderbarkeiten. Eine außergewöhnliche Behauptung, d. h. ein „Schuß auf ein weites Ziel" könnte den Sonderbarkeiten von sagen wir eins in einer Million entsprechen.

Unser angestrebtes Ziel ist die Wahrscheinlichkeit zu ermitteln, daß eine Sammlung von Erscheinungen in Anbetracht eines Satzes Messungen künstlich ist. Zuerst müssen wir die Wahrscheinlichkeit ermitteln, daß eine bestimmte Erscheinung in Anbetracht einer einzigen Messung künstlich ist. Leider sind die meisten Beweisstücke oben in der Tabelle qualitativer Natur. Es ist schwierig, die Wahrscheinlichkeit mengenmäßig bestimmen zu wollen, daß das Gesicht künstlich ist, in Anbetracht seiner Symmetrie, Gesichtsproportionen, Einzelheiten im feinen Maßstab, etc. Andererseits ist die fraktale Modellentsprechung eine Maßnahme, die im Prinzip verwendet werden kann, um die Wahrscheinlichkeit, daß das Gesicht künstlich ist, zu berechnen.

Bei terrestrischer Bildherstellung ergibt die Fraktalanalyse von, von Menschen gemachten Objekten einen größeren Fraktalmodell-Passungsfehler als die von natürlichen Objekten. In anderen Worten, ist die Wahrscheinlichkeit, einen hohen Wert der fraktalen Modellpassung zu beobachten, für von Menschen gemachte Objekte größer als für natürliche Objekte. Die Voranalyse von terrestrischen Daten ergibt einen Wahrscheinlichkeitsquotienten zwischen 3 bis 5.[18]

Schließlich wollen wir den Wahrscheinlichkeitsquotienten ermitteln, daß eine Sammlung von Objekten in Anbetracht eines Satzes Messungen künstlich ist. Um eine grobe Schätzung zum Zwecke der gegenwärtigen Diskussion zu erhalten, nehmen wir an, daß:

⇒ die Beweisquellen unabhängig sind,
⇒ der Wahrscheinlichkeitswert, der für die Fraktalanalyse für terrestrische Forschungsgebiete erhalten wird, auf den Mars angewandt werden kann,
⇒ dieser Wert für die Wahrscheinlichkeitswerte anderer Quellen repräsentativ ist.

Die erste Annahme ist nicht schlecht, da verschiedene Methoden verwendet worden sind, um verschiedene Aspekte in dieser Sammlung von Erscheinungen zu untersuchen. Wenn wir annehmen, daß das Gesicht künstlich ist, stellt es sich heraus, daß das Funktionieren der Fraktaltechnik, zwischen dem Gesicht und dem es umgebenden Hintergrund auf dem Mars zu unterscheiden, mit seinem Funktionieren auf der Erde zu vergleichen ist, zwischen von Menschen gemachten Objekten und natürlichem Terrain zu unterscheiden. Die dritte Annahme wird anstelle von einer besonderen Kenntnis gemacht, was die Wahrscheinlichkeit von anderen momentanen Beweisquellen betrifft.

Die erste Annahme erlaubt es uns, die individuellen Wahrscheinlichkeiten zu multiplizieren, um die späten Sonderbarkeiten, d. h. den Wahrscheinlichkeitsquotienten für die zwei Hypothesen zu erhalten, nachdem alle Beweise berücksichtigt worden sind. Nehmen wir vereinfachend an, daß die Wahrscheinlichkeiten dieselben sind, dann steigen die späten Sonderbarkeiten mit steigender Anzahl von Quellen exponentiell an. Die Folgerung hieraus ist, daß für eine große Zahl von Quellen das Gewicht jedes individuellen Beweisstücks nicht sehr groß sein muß, damit der Gesamtbeweis groß ist. Auch wenn man mit den früheren Sonderbarkeiten von eins in einer Million ausgeht, sind die späten Sonderbarkeiten bedeutend größer als eins in Anbetracht der Anzahl der Beweisquellen und ihrer angenommenen Wahrscheinlichkeitswerte.

(rechts) Späte Sonderbarkeiten steigen dynamisch wie die Anzahl der Quellen für Wahrscheinlichkeitswerte größer als eins steigen.

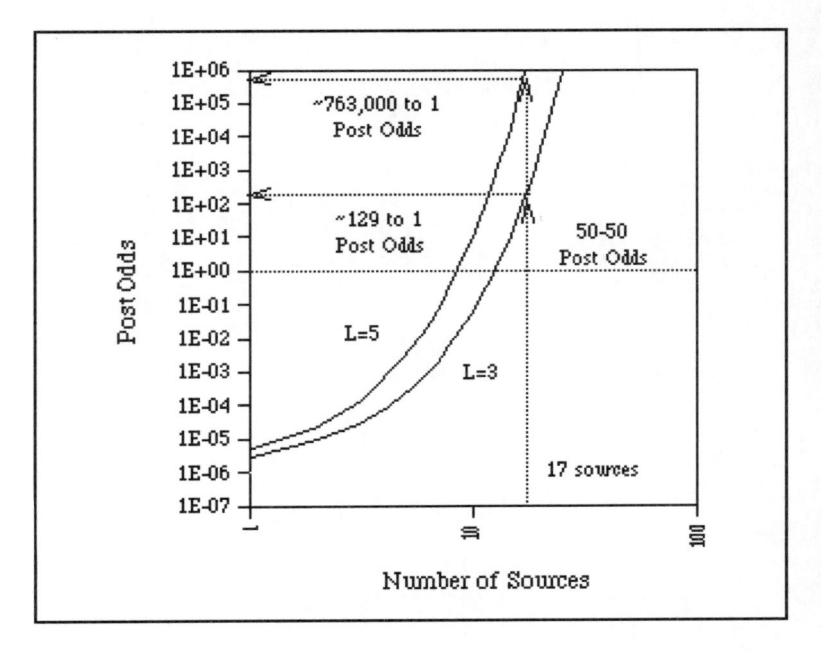

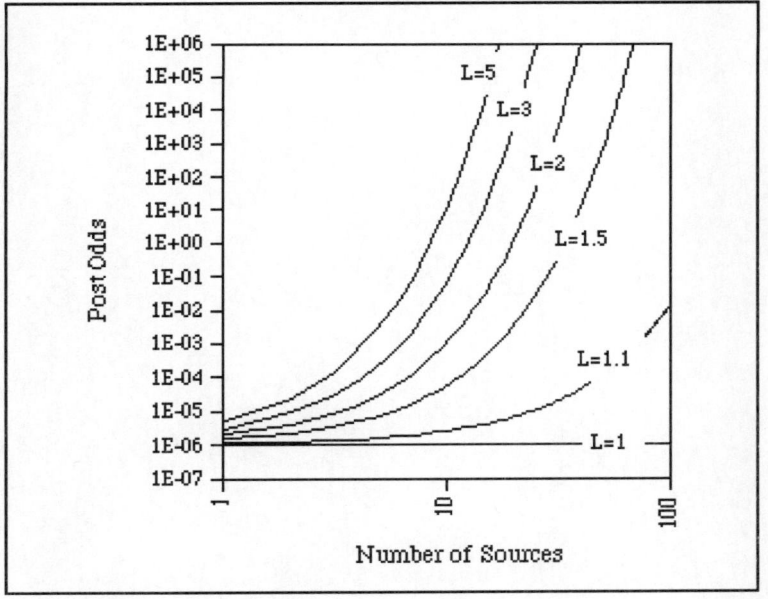

(links) Für N=17 Quellen und Wahrscheinlichkeitswerte zwischen 3 und 5, die individuelle Quellen annehmen, liegen die späten Sonderbarkeiten zwischen 129 zu 1 und 763.000 zu 1 zu Gunsten unserer Hypothese.

Außergewöhnliche Behauptungen verlangen in der Tat einen außergewöhnlichen Beweis. Aber er muß nicht aus einer einzigen Quelle kommen. Schwache Beweise aus multiplen Quellen sind genauso gut. Wie hier demonstriert wurde, ist es die Quantität und Verschiedenartigkeit aller Beweismittel statt eines einzelnen Teils, der den Beweis, der unsere Hypothese stützt, so stark macht. Die Alternativhypothese ist natürlich die, daß das Gesicht und die anderen benachbarten Objekte einfach natürlich vorkommende geologische Formationen sind. Jedoch sind bis heute keine überzeugenden geologischen Mechanismen genannt worden, die die Verschiedenartigkeit der Formen, die Organisationsmuster und die Feinheit in der Gestaltung erklären können, die von diesen Objekten gezeigt werden.

EIN WISSENSCHAFTLICHER DOPPELSTANDARD

Trotz der Beweise, die in dieser Präsentation zusammengefaßt worden sind und nahelegen, daß gewisse Erscheinungen auf der Marsoberfläche nicht natürlich sein können, hat es die Gemeinschaft der Planetarwissenschaften abgelehnt, diese Frage in einer verantwortlichen wissenschaftlichen Art und Weise in Erwägung zu ziehen.[7] Der größte Stolperstein scheint der zu sein, daß sich eine einheimische Intelligenz diese Objekte nicht geschaffen haben kann, da die gegenwärtigen Theorien besagen, daß es nur eine viel zu kurze Zeit flüssiges Wasser auf dem Mars gegeben hat, als daß sich einheimisches Leben hätte entwickeln können. Die Möglichkeit, daß eine Besucherintelligenz sie geschaffen haben könnte, wird als zu spekulativ angesehen. Aber eine solche Haltung ist unvereinbar mit fortgeführten SETI-Projekten (Suche nach außerirdischer Intelligenz), was voraussetzt, daß es eine ausreichende Anzahl von außerirdischen Besuchen in der Galaxis gibt, um eine solche Suche überhaupt zu rechtfertigen. Bis heute war SETI fast ausschließlich ein Radiowellen-Suchprogramm und hat noch keine überzeugende Beweise für außerirdische Besuche gebracht. Alternative SETI-Vorschläge sind vorgebracht worden, welche mit der Suche nach Artefakten außerirdischer Besucher auf Planetenoberflächen in unserem Sonnensystem verbunden sind [3,4]. Obwohl dieselben Argumente, die die Radiowellensuche rechtfertigen, auch die Suche nach Artefakten außerirdischer Besucher rechtfertigen, haben diese SETI-Vorschläge noch keine große Unterstützung gefunden. Der Widerwille, SETI-Strategien in der Nähe der Erde zu akzeptieren (sowie die Möglichkeit von UFOs), basiert auf der weitverbreiteten Meinung in der Gemeinschaft der Planetarwissenschaften, daß wenige, wenn überhaupt, außerirdische Intelligenzen in der Lage sind, große Entfernungen zwischen Sternen zurückzulegen. Dieses Vorurteil ist so stark, daß ein sehr starker Beweis vonnöten scheint, um diese Frage überhaupt auch nur in Erwägung zu ziehen.[19]

Dieses Vorurteil scheint ebenfalls mit der Erwartung einherzugehen, daß Artefakte von außerirdischen Besuchern auf Planetenoberflächen klar erkennbar sind. Zum Beispiel kamen Sagan und Wallace in einer Studie vor dem Start der Mariner 9 zu dem Schluß, daß eine Auflösung von 50 Metern/Pixel oder besser nötig sind, um Spuren von intelligenten Aktivitäten (Straßen, Dämme, Vorstadtgebiete) zu entdecken. Da Viking Orbiter die Marsoberfläche mit einer Auflösung von über 50 Metern/Pixel aufgenommen hat, müßte es in der Lage gewesen sein, ähnliche Aktivitätsmuster auf dem Mars zu entdecken. Aber die erwarteten Anzeichen von Aktivität, die in Sagans Aufzeichnung erwähnt wurden, waren die einer aktiven Planetenzivilisation (unserer eigenen) und treffen somit heute nicht mehr auf den Mars zu. Die Studie hat nicht den Zusammenbruch und die Verschlechterung der Strukturen begründet, die vielleicht vor langer Zeit auf dem Mars errichtet worden sind. Eine Schätzung sieht einen Besuch von Außerirdischen in unserem Sonnensystem alle 10 Millionen Jahre vor.[3] Wenn große Strukturen vor 10 Millionen Jahren errichtet worden sind, sind sie wahrscheinlich von der Umgebung auf dem Mars erheblich verschlechtert worden.

Die Objekte, die erforscht worden sind, wurden mit Auflösungen leicht unter 50 Meter/Pixel aufgenommen. Sie ähneln zeitgenössischen Strukturen nicht, aber scheinen in Gestaltung und Anordnung hochentwickelt zu sein. Ist es möglich, daß sie in Wirklichkeit ziemlich alt sind und sich im Laufe der Zeit verschlechtert haben? Vielleicht kann das trainierte Auge und die Erfahrung eines Archäologen genauso wichtig sein, wenn nicht in dieser Hinsicht gar noch wichtiger als die eines Planetarwissenschaftlers. Jedoch ist die spezifische Frage, die den Ursprung dieser Objekte auf dem Mars betrifft, eine, die durch eine engagierte Bemühung, beantwortet werden kann und muß, dieses Objekte in der Zukunft wieder aufzunehmen.

Referenzen für Teil VII.

1. Brandenburg, J.E., Di Pietro, V., and Molenaar, G., „The Cydonian hypothesis",
   Journal of Scientific Exploration, Band 5, Nr. 1, 1991.

2. Hoagland, R., *The Monuments of Mars: A City on the Edge of Forever,*
   North Atlantic Books, Berkeley CA, Zweite Ausgabe, 1992.

3. Foster, G. V., „Non-human artifacts in the solar system", *Spaceflight,* Band 14, Seiten 447-453, Dez. 1972.

4. Carlotto, M.J. and Stein, M.C., „A method for searching for artificial objects on planetary surfaces",
   Journal of the British Interplanetary Society, Band 43, Seiten 209-216, 1990.

5. Lammer, H., „Atmospheric mass loss on Mars and the consequences for the Cydonian
   Hypothesis and early Martian life forms", *Journal of Scientific Exploration,* Band 10, Nr. 3, 1996.

6. Sagan, C., *Demon-Haunted-World – Science as a Candle in the Dark,* Random House, 1996.

7. McDaniel, S.V., *The McDaniel Report,* North Atlantic Books, Berkeley CA, 1994.

8. DiPietro V. and Molenaar, G., *Unusual Martian Surface Features,*
   Mars Research, Glenn Dale, MD, Vierte Ausgabe, 1988.

9. Pozos, R., *The Face on Mars: Evidence for a Lost Civilazation?,* Chicago Review Press, 1987.

10. Carlotto, M.J., „Digital imagery analysis of unusual Martian surface features",
    Applied Optics, Band 27, Seiten 1926-1933, 1988.

11. Malin, M.C., „The face on Mars", (unveröffentlicht). Die On-Line Version kann abgerufen werden unter
    http://barsoom.msss.com/education/facepage/face.html, 1996.

12. O'Leary, B., „Analysis of images of the Face on Mars and possible intelligent origin",
    Journal of the British Interplanetary Society, Band 43, Seiten 203-208, 1990.

13. Stein, M.C., „Fractal image models and object detection",
    Society of Photo-optical Instrumentation Engineers, Band 845, Seiten 293-300, 1987.

14. Crater, H., Private Kommunikation.

15. Drasin, D., Private Kommunikation.

16. E. O. Torun, „Geomorphology and geometrys of the D&M Pyramid", (nicht veröffentlicht).
    Die On-Line Version kann abgerufen werden unter http://www.well.com/user/etorun/pyramid.html, 1996.

17. Crater, H.W. and McDaniel, S.V., „Mound configurations on the Martian Cydonia plain:
    A geometric and probabilistic analysis", dem *Journal of Scientific Exploration* eingereicht, 1996.

18. Carlotto, M.J., „Evidence in SuSeitenort of the Hypothesis that Certain Objects
    on Mars are Artificial in Origin", Journal of Scientific Exploration (im Druck).

19. Sagan, C., „The man in the moon", *Parade Magazine,* 2. Juni 1985.

20. Sagan C. and Wallace, D., „A search for life on earth at 100 meter resolution",
    Icarus, Band 15, Seiten 515-554, 1971.

TEIL VIII.

VERWIRKLICHUNG

VERWIRKLICHUNG

„Ich kann nicht dafür, aber ich glaube, daß es etwas sehr Aufregendes bei dieser Mission zu finden gibt. Ich weiß nicht genug um zu sagen was es ist, aber es ist da. Es ist da."
Aussage des NASA Wissenschaftlers Glenn Cunningham kurz vor dem Start der Mars Global Surveyor, 1997.

Es sind mehr als zwanzig Jahre vergangen, seit die Original-Viking- Aufnahmen in diesem Buch gemacht wurden. Im Jahre 1988 sandte die ehemalige UdSSR ein Pärchen von Sonden zum Mars und einem seiner kleinen Monde Phobos. Unglücklicherweise scheiterten beide Sonden schon früh während ihrer Mission und stellten keine neuen brauchbaren Photographien des Roten Planeten zur Verfügung. Die nächste Mission, Mars Observer, wurde am 25. September 1992 vom Kennedy Raumfahrtzentrum an Bord einer Titan-III-Rakete gestartet. Entsprechend der NASA ging das Raumfahrzeug am 21. August 1993 in der Nähe vom Mars nach einer Explosion der Treibstoff- und Sauerstoff-Elemente verloren, als die Raumfähre begann, ihre Manöver zum Eintritt in den Mars Orbit durchzuführen.

Ähnlich wie die erste Ausgabe dieses Buches, die veröffentlicht wurde, als Mars-Observer auf dem Weg zum Mars war, folgte die Erscheinung der zweiten Auflage dem Start von zwei U.S. Raumschiffen zum Roten Planten. Ein drittes Raumfahrzeug, der Russische Mars-96-Orbiter, erreichte nicht die Erdumlaufbahn und ging verloren. Auf den folgenden Seiten werden die beiden amerikanischen Raumfahrzeuge, Mars Global Surveyor (MGS) und Pathfinder, kurz beschrieben mit besonderer Aufmerksamkeit auf die orbitalen Aufnahmeinstrumente des MGS – Instrumente von denen wir hoffen können, daß sie neues Licht auf die Mars Rätsel werfen. Sollte eine dieser Sonden Beweise für Leben auf dem Mars finden, mikrobiologisch oder sonstwie, ist anzunehmen, daß das öffentliche und politische Interesse an einer bemannten Mission steigen wird. Wir schließen dieses Kapitel mit einer kurzen Zusammenfassung eines neuartigen Konzepts, bekannt als Mars Direct, das Menschen innerhalb von zehn Jahren zu Kosten von 20% des existierenden NASA-Budgets zum Mars bringen will.

DAS RAUMFAHRZEUG „MARS GLOBAL SURVEYOR"

Der MGS wird ein Raumfahrzeug sein, das konstruiert wurde um globale Karten der Oberflächen-Topographie, der Mineralien-Verteilungen und globale Wetterdaten zur Verfügung zu stellen. Es ist der Erste von einer Serie von Orbitern und Landern, die alle 26 Monate gestartet werden, wenn Mars sich in Übereinstimmung zur Erde bewegt. Die Nutzlast beinhaltet die Mars-Orbital-Kamera, einen Wärme-Emissionsspektrometer, einen ultrastabilen Oszillator, einen Laserhöhenmesser, einen Magnetometer, ein Elektronenreflektometer und das Mars-Relais-System.

Gestartet im November 1996 mit einem Delta-II-Trägerfahrzeug von Cap Canaveral, Florida, aus, wird das Raumfahrzeug 10 Monte lang bis zum Mars reisen, wo es anfangs in einen elliptischen stabilisierenden Orbit eingeführt wird. Während der nächsten vier Monate werden Schubtriebwerks-Zündungen und „Aerobraking"-Techniken benutzt, um den fast kreisförmigen Kartierungsorbit über die Mars Polkappen hinweg zu erreichen. Aerobraking ist eine Technik welche die Kräfte des atmosphärischen Strömungswiederstand ausnutzt, um das Raumschiff in seinen endgültigen Kartierungsorbit abzubremsen, und stellt damit ein Mittel dar, die Menge an Treibstoff die benötigt wird, um den tiefen Marsorbit zu erreichen, zu minimieren. Man rechnet damit, daß die Kartierungsoperationen im späten Januar 1998 beginnen.

Das Raumschiff wird einen Teil der Mars-Observer-Instrumentennutzlast tragen und wird diese Instrumente für ein ganzes Mars Jahr, dem Äquivalent von etwa zwei Erden-Jahren benutzen, um Daten über den Mars zu erlangen. Dann wird das Raumschiff als eine Datenrelais-Station für Signale von U.S. und internationalen Landern und tiefreichenden Sonden für weitere drei Jahre benutzt.

Der MGS wird einmal in zwei Stunden den Planeten umrunden, wobei ein „Sonnensynchroner" Orbit erhalten bleibt. In einem solchen Orbit steht die Sonne bei jeder Aufnahme im gleichen Winkel über dem Horizont. Dies wird dem Licht am Nachmittag erlauben, Schatten in solch einer Art zu werfen, daß die Oberflächen-Gegebenheiten deut-

---

Mars-Observer-Kameracharakteristik:

Optiken
Weitwinkelkamera	140 Grad Sichtfeld
Telekamera	0.4 Grad Sichtfeld

Auflösung bei 400 km Höhe
Weitwinkelkamera	280 meter/pixel
Telekamera	1.4 meter/pixel

Detektoren
Weitwinkelkamera	3456 Ladungsgekoppelte Elemente
Telekamera	2048 Ladungsgekoppelte Elemente

Spektralvermögen
Weitwinkelkamera	0.58 - 0.62 Mikron (rot) und
	0,4 - 0.45 Mikron (blau)
Telekamera	0.5 - 0.9 Mikron (panchromatisch)
Elektronik	32 bit, 10 Mhz, 1 MIPS Mikroprozessor
	12 Mbyte DRAM Buffer
	Datenraten bis zu 29260 bits/sek (real time)

lich hervorstehen. Unglücklicherweise wird solch ein Orbit es nicht erlauben, daß das Gesicht und andere Merkmale unter den Variationen von Beleuchtungskonditionen aufgenommen werden, die vielleicht nötig sind, um ihre Künstlichkeit zu bestätigen.

Bei den Viking Aufnahmen wurden alle Objekte von Interesse am Nachmittag aufgenommen. Es wird empfohlen, daß der MGS hochauflösende Aufsichtfotographien am frühen Morgen macht, und, wenn möglich auch am späten Nachmittag. Dies würde den gesamten sichtbaren Kontrast optimieren und gleichzeitig den Verlust von kritischen Informationen in den sehr schattigen Bereichen minimieren. Der Mars-Observer sollte versuchen es zu vermeiden, die exakten Sonnenwinkel von Viking zu wiederholen, um die maximale Anzahl von Gegenkontrollen für Shape-from-shading und andere Arten der Analyse, die bisher durchgeführt wurden, zur Verfügung zu stellen.

Ausreichende Langlebigkeit des MGS Raumschiffs annehmend, sollten echte stereoskopische Aufnahmen als nächste Priorität vorgenommen werden. Beide Aufnahmen eines Stereopaars sollten zeitlich so eng nacheinander gemacht werden wie möglich, um Beleuchtungsunterschiede so klein wie möglich zu halten; z.B. während des gleichen Überfluges oder bei verschieden Überflügen zur möglichst gleichen Zeit des Tages. Für optimale Stereoansicht sollte der Konvergenzwinkel etwa 11.3° betragen, was einem Basis-zu-Höhen-Verhältnis von etwa 1:5 entspricht (wenn der Orbiter eine Höhe von 500 km hat, sollten die Aufnahmen 100 km auseinander liegen). Wenn die Weitwinkel Stereoaufnahmen erfolgreich sind und die notwendige Zielpräzision erreichbar ist, dann sollten hochauflösende stereoskopische Aufnahmen versucht werden.

Mars Global Surveyor in seiner Kartierungskonfiguration (NASA)

Es wird empfohlen, daß die besten zur Zeit erhältlichen Koordinaten benutzt werden als Ausgangspunkt für einleitende Weitwinkelaufnahmen, um die Basis für eine akkurate Zielausrichtung der MGS-Kamera zur Verfügung zu stellen. Die Koordinaten in dieser Tabelle wurden dem wissenschaftlichen Datensatz der „U.S. Geologischen Landvermessung",[2] Topographische Karten des Mars Maßstab 1:1.000.000 und einem Koordinatengitter von Merton Davies von 1982 entnommen.

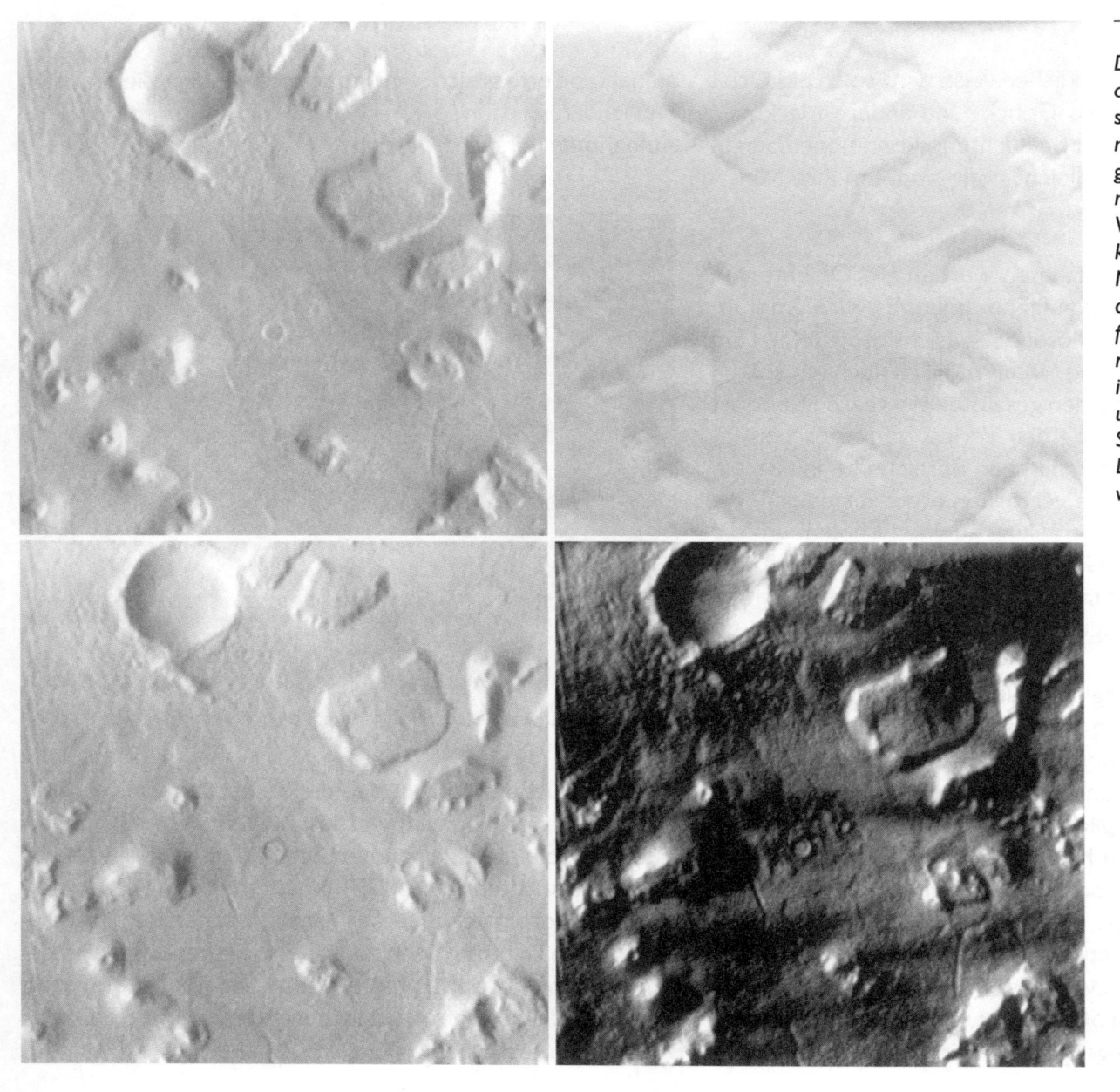

Diese Computersimulationen demonstrieren, wie drastisch sich der Ausdruck einer Szene verändern kann, abhängend von der Position der Sonne, und wie kritisch daher die Wahl der Sonnenwinkel sein kann für die erfolgreichen Neuaufnahmen diese Anomalien. Oben links ist am frühen Vormittag, oben rechts ist Mittags, unten links ist am frühen Nachmittag und unten rechts ist kurz vor Sonnenuntergang dergleichen Landschaft, eines Ausschnitts von 70A10.

DER MARS „PATHFINDER"

Das technische Ziel der Mars Pathfinder Mission ist es, die Durchführbarkeit von kostengünstigen Landungen auf dem Mars und die Erkundung der Marsoberfläche zu demonstrieren. Das wissenschaftliche Ziel ist es, die Marsoberfläche für weitere Erkundungen besser zu charakterisieren. Fahrplanmäßig soll die Raumfähre in die Marsatmosphäre eintreten, ohne in einen Orbit um den Planeten zu gehen und dann auf dem Mars mit Hilfe von Fallschirmen, Raketen und Airbags landen, während sie atmosphärische Messungen auf dem Weg nach unten durchführt. Vor der Landung wird die Raumfähre von drei dreieckigen Solarpanels umhüllt sein, welche sich nach der Landung entfalten werden.[3]

Die Raumfähre umfaßt einen stationären Lander und ein Oberflächen- Geländefahrzeug „Sojourner" genannt. Der Lander wird zuerst technische und wissenschaftliche Daten übertragen, die während des Eintritts und der Landung gesammelt wurden. Ein Aufnahmesystem auf einem aufklappbaren Mast wird dann einen Panoramablick der Landezone aufnehmen und zur Erde übertragen. Als Letztes wird das Geländefahrzeug entladen. Der Großteil der Aufgabe des Landers wird es sein, das Geländefahrzeug zu unterstützen, indem er Operationen des Fahrzeugs aufnimmt und Daten des Fahrzeugs zur Erde übermittelt. Der Sojourner ist ein sechsräderiges Fahrzeug, welches von einem erdgestützen Operator bedient wird, welcher Aufnahmen benutzt, die sowohl vom Fahrzeug als auch vom Lander erlangt wurden. Die primären Ziele sind für die ersten sieben Tage angesetzt, alle im Umkreis von 10 m um den Lander. Die erweiterten Missionen werden längere Fahrten vom Lander weg für ungefähr 30 Tage umfassen.

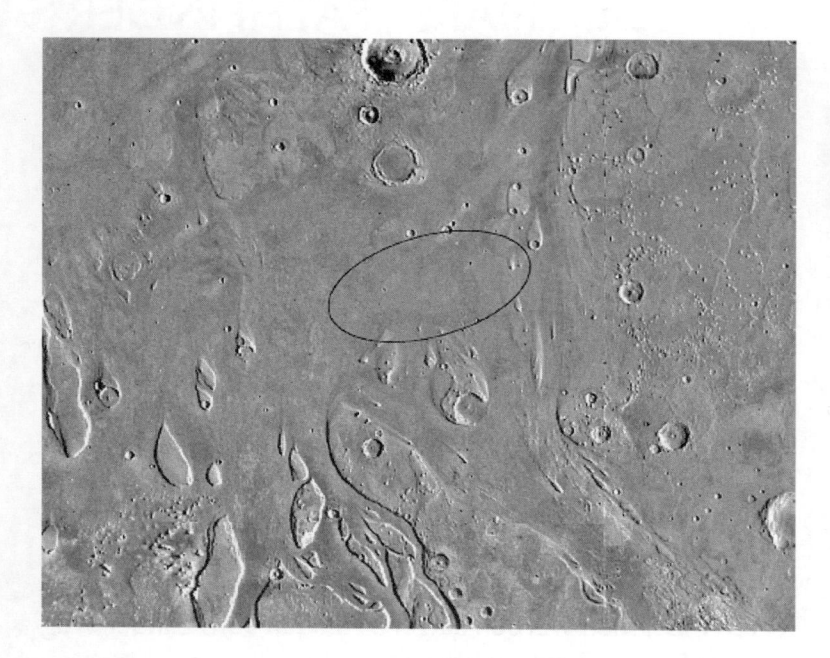

Das Landungsgebiet das Mars-Pathfinders wird in der Ares Vallis Region des Mars liegen, einer großen ausgewaschenen Ebene nahe Chryse Planitia. Diese Region ist einer der größten Ausflußkanäle auf dem Mars, das Ergebnis einer großen Flut, die in einer kurzen Zeitperiode in das nördliche Flachland des Mars geflossen ist.

Das Geländefahrzeug „Sojourner" ist ein sechsräderiges Fahrzeug, welches von einem erdgestützten Operator bedient wird, welcher Aufnahmen von sowohl dem Fahrzeug selbst als auch vom Lander benutzen wird.

MARS DIREKT

Während Mars Observer auf dem Weg zum Mars war, erhob Präsident Bush die Raum-Erkundungs-Initative (SEI) zum Gesetz.

„Ich habe zugestimmt, daß die nächsten in einer Serie von Schritten unternommen werden von der Nationalen Luft- und Raumfahrt-Behörde (NASA), dem Verteidigungsministerium (DOD), dem Energieministerium (DOE) und anderen staatlichen Behörden betreffend der Planung und Durchführung der „Nationalen-Raum-Erkundungs-Initative" (SEI) welche beides Mond- und Mars-Elemente enthält, bemannte und robotergestütze Missionen und unterstützende Technologie....Die Ziele der SEI, die sich auf vorher erreichten aufbauen, genauso wie auf existierenden Programmen, beinhalten eine Rückkehr zum Mond, diesmal um zu bleiben, und menschliche Expeditionen zum Mars."

Zur Zeit sind die Finanzierungen für bemannte Missionen angehalten. Aber es ist sehr wahrscheinlich, daß die Planung von bemannten Missionen sich beschleunigen wird, wenn eine der vorher erwähnten Missionen Beweise für Leben auf dem Mars findet. Einer der kreativsten und entgegenkommensten Vorschläge um Menschen auf den Mond und den Mars zu landen wurde von Robert Zubrin entwickelt. Laut Zubrin:

„Zur Zeit besteht die Notwendigkeit für einen zusammenhängenden Aufbau der Raum-Erkundungs-Initative (SEI). Was ein zusammenhängender Aufbau meint, ist ein klarer und intelligenter Satz von Zielen und ein einfacher, robuster und kosteneffektiver Plan, um diese zu erreichen. Die gewählten Ziele sollten einen maximalen Nutzen bieten, und ihre Vollendung sollte unsere Fähigkeit, noch weitreichendere Zeile in der Zukunft zu erreichen, unterstützen. Der Plan sollte, um einfach, robust und kostengünstig zu sein, keine voneinander abhängigen Missionen (z.B. Mond, Mars, Erdmissionen) enthalten, die nicht eine echte Notwendigkeit besitzen, um auf einander angewiesen zu sein. Der Plan sollte aber, wie auch immer, Technologie einsetzen, die vielseitig genug ist, um eine sinnvolle Rolle für eine weitreichende Anzahl von Zielen zu spielen, wie auch Kosten durch Verallgemeinerung der Hardware zu reduzieren. Schließlich, und am wichtigsten, müssen Technologien gewählt werden, die die Effektivität der Mission am planetaren Zielort maximieren. Es ist nicht genug, zum Mars zu kommen; es ist nötig, etwas Sinnvolles tun zu können, wenn man dort angekommen ist..."

Mars Direct verwendet ein neues wiederverwendbares Startfahrzeug, das als Ares bekannt ist, welches auf den durch die Space Shuttle gewonnenen Technologien beruht. Der erste Schritt zum Mars verwendet Ares, um eine 40-Tonnen-Nutzlast zum Mars zu schicken, die aus einem aufsteigbaren unbetankten zweistufigen Methan/Sauerstoff betriebenen Erdrückkerfahrzeug (ERV), 6 Tonnen flüssiger Wasserstoffladung, einem auf einem leichten Methan/Sauerstoff angetriebenen Lastwagen montierten 100 kw Kernreaktor, einem kleinen Satz von Kompressoren und chemischen Prozeßeinheiten, und einigen kleinen wissenschaftlichen Fahrzeugen besteht. Diese Nutzlast wird mittels Aerobraking in einen Orbit um den Mars gebracht und landet mit Hilfe von Fallschirmen. Nach der Landung wird der Lastwagen ferngesteuert einige Hundert Meter vom Lander weggefahren und der Reaktor wird in Betrieb genommen, um Strom für die Kompressoren und die chemischen Prozesseinheiten zur Verfügung zu stellen. Die chemischen Prozesseinheiten reagieren den von der Erde mitgebrachten Wasserstoff mit CO_2 vom Mars, um Methan und Wasser zu produzieren. Das Methan wird verflüssigt und gelagert und das Wasser elektrolysiert um Sauerstoff, welcher gelagert wird, und Wasserstoff, der recycelt wird, zu produzieren. Die chemische Prozeßeinheit produziert 24 Tonnen Methan und 84 Tonnen Sauerstoff. Der gesamte produzierte Bitreibstoff beträgt 108 Tonnen oder ein Verhältnis von 18:1 verglichen mit dem von der Erde mitgebrachten Wasserstoff, der nötig war, um den Treibstoff zu produzieren. 96 Tonnen des Bitreibstoffs werden benutzt, um das ERV zu betanken, während 12 Tonnen zur Verfügung stehen, um die Verwendung von hocheffizienten chemisch betriebenen weitreichenden Bodenfahrzeugen zu unterstützen.

Nachdem die Treibstoffproduktion erfolgreich abgeschlossen ist, werden zwei weitere Ares während des nächsten Startfensters zum Mars geschickt. Eines ist eine unbemannte ERV-Treibstoffproduktions-Einheit, genau wie die zuerst gestartete, das andere ist ein Wohnmodul, das eine Crew von 4 Personen enthält, Versorgungsgüter für 3 Jahre, ein durch komprimierten Methan/Sauerstoff angetriebenes Bodenfahrzeug und einen Aerobraking/Landungstriebwerk-Bausatz. Künstliche Gravitation wird der Crew auf dem Weg zum Mars durch Anbinden der ausgebrannten oberen Stufe des Ares mit einer Rotation von 1 Umdrehung pro Minute zur Verfügung gestellt. Das bemannte Fahrzeug landet an dem vorher vorbereiteten Landungsplatz, der ein voll betanktes ERV enthält. Dieser Oberflächen-Rendezvous-Plan hat mehrere Hilfsebenen, um einen Missionserfolg zu gewährleisten. Wie auch immer, annehmend, daß das Rendezvous auf der Oberfläche erfolgreich ist und das ERV einsatzbereit ist, wird das zweite ERV einige Hundert Meilen entfernt gelandet, um mit der Produktion des Treibstoffs für die nächste Mission zu beginnen.

Anstatt Treibstoff zu tanken und andere Verbrauchsgüter mitzunehmen, synthetisiert Mars Direct diese aus der Mars-Umwelt. Die verschiedenen Stufen der Mission hinterlassen eine Kette von voll ausgestatteten Basen auf dem Mars. So wird durch Mars Direct, außer daß Menschen und Ausrüstung kostengünstig und sicher zum Mars gebracht werden, die notwendige Infrastruktur geschaffen, um eine permanente Präsenz auf dem Roten Planeten zu errichten.

Das Mars Direct-Missionskonzept. (R. Zubrin, R. Murray)

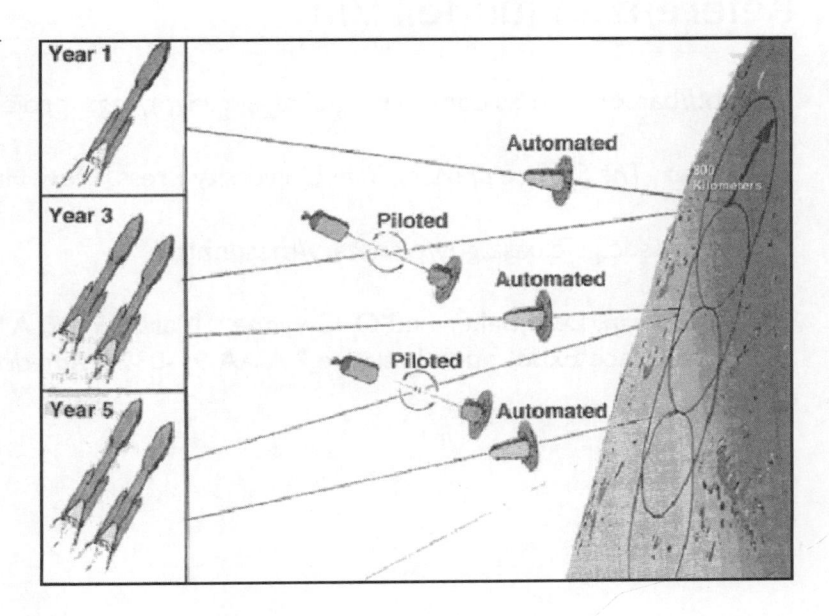

Mars-Basis bestehend aus montiertem ERV, Wohnmodul, Bodenfahrzeug und chemischer Prozesseinheit. (R. Zubrin, R. Murray)

Referenzen für Teil VIII.

1. http://barsoom.msss.com/mars/global_surveyor/mgs_project_releases/mgs_fact_sheet.html

2. M. Carr, *The Surface of Mars*, Yale University Press, New Haven, CT, 1981

3. http://nssdc.gsfc.nasa.gov/planetary/mesur.html

4. R.M. Zubrin, D.A. Baker und O. Gwynne, „Mars Direct: A Simple, Robust, and Cost Effective Architecture for the Space Expolration Initiative," AIAA-91-0328, *American Institute of Aeronautics and Astronautics*, 1991.

TEIL IX.

FREMDE LANDSCHAFTEN

FREMDE LANDSCHAFTEN

„Sie hatten ein Haus aus einer kristallenen Säule auf dem Planten Mars, am Rand eines leeren Sees und jeden Morgen konnte man Mrs. K die goldenen Früchte essen sehen, die aus den kristallenen Wänden wuchsen... Am Nachmittag, wenn das fossile Meer warm und bewegungslos war,... konnte man Mr. K selbst in seinem Raum sehen, ein metallenes Buch mit erhobenen Hieroglyphen lesend, über das er mit seiner Hand strich, so wie andere eine Harfe spielen. Und aus diesem Buch, während sich seine Finger bewegten, sang eine Stimme, eine sanfte alte Stimme, welche Geschichten erzählte aus der Zeit als das Meer rote Gischt an der Küste war und die alten Männer Wolken aus metallen Insekten und elektrischen Spinnen in die Schlacht führten."
Ray Bradbury, The Martian Chronicles, 1946

Bis zu diesem Punkt haben wir unsere Aufmerksamkeit auf isolierte Objekte wie das Gesicht, Objekte in der Stadt und andere ungewöhnliche Merkmale konzentriert. Es ist an der Zeit, einen Schritt zurückzutreten und größere Ausschnitte der marsianischen Landschaft mit Hilfe von Computergraphiken zu betrachten, um diese Objekte innerhalb des Kontext des sie umgebenden Terrains wahrzunehmen.

Computer generierte perspektivische Ansicht der Stadt und des Gesichts. Laut Erjavec und Nick's Geologischer Analyse dieses Gebiets gibt es einige Beweise einer vorzeitlichen Küstenlinie – in diesem Bild verläuft sie von links nach rechts zwischen der Stadt und dem Gesicht. Auf dieser Seite der hypothetischen Küstenlinie erhebt sich das Terrain graduell mit der Stadt (links unten), der D&M Pyramide (rechts unten), und dem restlichen Terrain über den Meeresspiegel. Abhängig von der tatsächlich vorhandenen Menge an Wasser könnte es sein, daß das Gesicht und die zwei Mesas zu seiner rechten von Wasser umgeben waren, und so effektiv als Inseln einige Kilometer von der Küste entfernt erschienen.

PERSPEKTIVISCHE BILD-TRANSFORMATION

Perspektivische Bild-Transformation erlaubt es, Bilder, die aus einer Perspektive gemacht wurden, aus einer anderen zu betrachten. Es ist ein wichtiges Instrument innerhalb der Computer-Graphik und wird in vielen Anwendungen gebraucht; zum Beispiel beim Militär zur Planung von Missionen und zur Aufklärung, von Landschaftsarchitekten bei der Bestimmung von Landnutzung und von den Medien um computergenerierte Vorbeiflüge an der Erde und Planeten zu kreieren.

Die Aufnahme, die umgewandelt werden soll, normalerweise direkt von oben nach unten schauend aufgenommen (eine sogenannte „Nadir"-Ansicht), wird zuerst einem Computermodell einer Höhenkarte eingeschrieben (oder übereinandergelegt) um ein 3-D-Modell der Szene zu produzieren. Ein 2-D- Bild von jedem Standpunkt kann jetzt hergeleitet werden durch Errechnen der 2-D-Positionen von Punkten in der 3-D-Modellszene die, von diesem Standpunkt aus gesehen werden können.

Die Transformation von Koordinaten der 3-D-Szene zu 2-D-Bild-Koordinaten hängt auch davon ab, wie weit der Betrachter von der Szene entfernt ist, der Brennweite des simulierten 2-D-Aufnahmesystems und der Größe des Gesichtsfelds. Um Aufnahmen, gewonnen von Satelliten durch eine Telelinse zu simulieren, wird eine Parallel-Projektion verwendet, bei der Lichtstrahlen in parallelen Linien reisen und zurücktretende Oberflächen nicht zu konvergieren scheinen. Für Aufnahmen, die so erscheinen, als ob sie sehr nahe gemacht worden wären, erscheinen Oberflächen im Hintergrund bis zu einem Punkt des Verschwindens zu konvergieren; daher erscheinen Teile einer Szene, die näher am Betrachter liegen, größer als solche, die weiter weg sind. (Die Mathematik von Computer Graphiken und Bildprojektionen werden in den Büchern von Foley, VanDam[1] und von Horn[2] behandelt.)

Der vielleicht verblüffendste Effekt, der von perspektivischer Bildtransformation produziert wird, sind die des Reliefs und der Verdunkelung, die in Aufnahmen, die direkt von oben gemacht wurden, nicht vorhanden sind. Wenn die Szene nicht von Nadir (nicht von direkt oben) betrachtet wird, verschieben sich die Gegebenheiten in einem Grad, der von ihrer Höhe und der Position des Betrachters abhängt. (Dies ist exakt der Effekt, der in Stereoaufnahmen beobachtet wird.) Weiterhin, wenn sich der Betrachter vom Zenith zum Horizont hin bewegt, werden Teile der Szene durch höhere Objekte im Vordergrund verdunkelt.

Objekt aus der Ferne mit Teleobjektiv

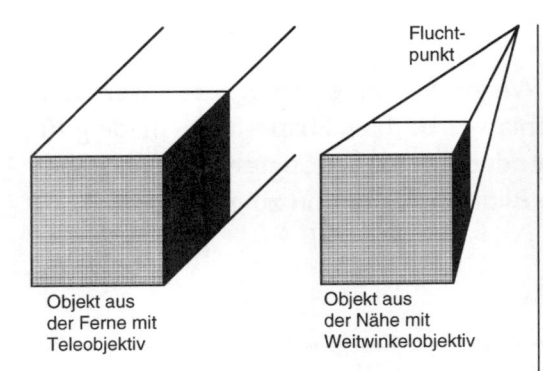

Objekt aus der Nähe mit Weitwinkelobjektiv

Fluchtpunkt

Perspektivische Bildtransformation eines Würfels, so, als ob er von weit weg durch eine Telelinse betrachtet würde, und als Nahaufnahme durch ein Weitwinkelobjektiv.

Aufnahme von San Luis Obispo, Kalifornien, gemacht von dem französischen Satelliten SPOT. Die Aufnahme wurde fast von direkt von oben gemacht mit einer Auflösung von 10 Meter pro Pixel.
(1991 CNES, zur Verfügung gestellt von SPOT Image Coop.)

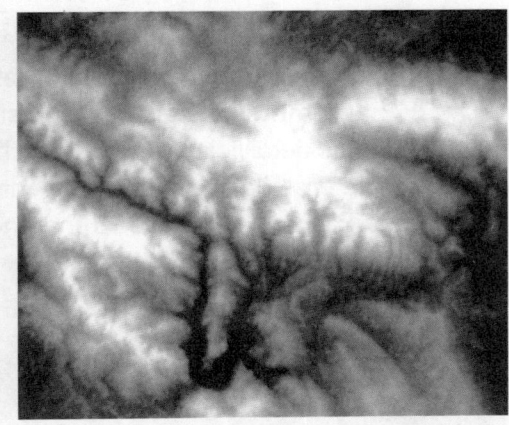

Aufnahme mit eingelassenen Höhen in die SPOT Aufnahme.
(Digitales Höhenmodell von der „U.S. Geologischen Landvermessung" zur Verfügung gestellt.)

Simulierte Ansicht der gleichen Szene, wie aus einem Flugzeug, das sich im Süden und ungefähr 60° über dem Horizont befindet.

TOPOGRAPHISCHE KARTEN VON CYDONIA

Während Höhenangaben für fast die gesamte Erde zusammengestellt worden sind, gibt es nur wenige detaillierte topographische Karten vom Mars. Auf der Erde erstellen Kartierungsagenturen topographische Karten aus Paaren von Stereoaufnahmen die aus der Luft gemacht wurden. Wegen fehlender geeigneter Stereoabdeckung von Cydonia wurde hier Shape-from-shading für Einzelbilder angewendet, um die benötigten Höhenangaben für perspektivische Bildtransformation zu generieren.

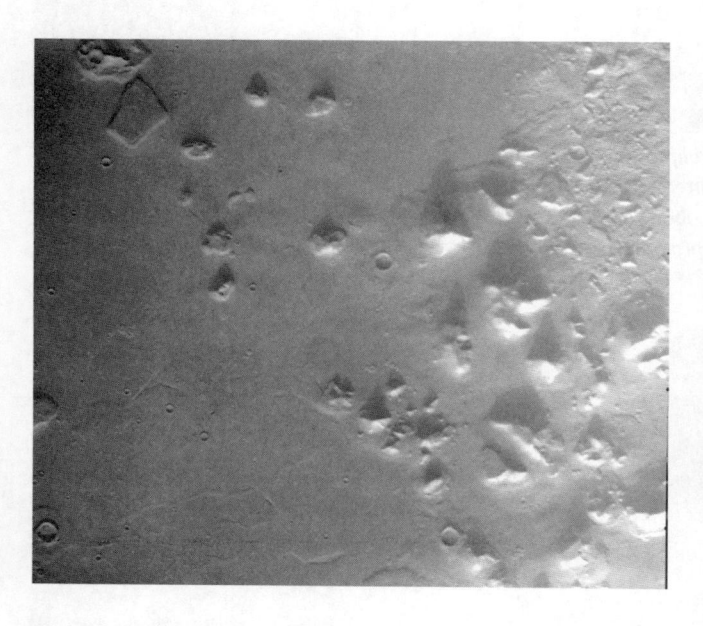

Aufnahme 35A72 so gedreht, daß die Sonne von unten kommt.

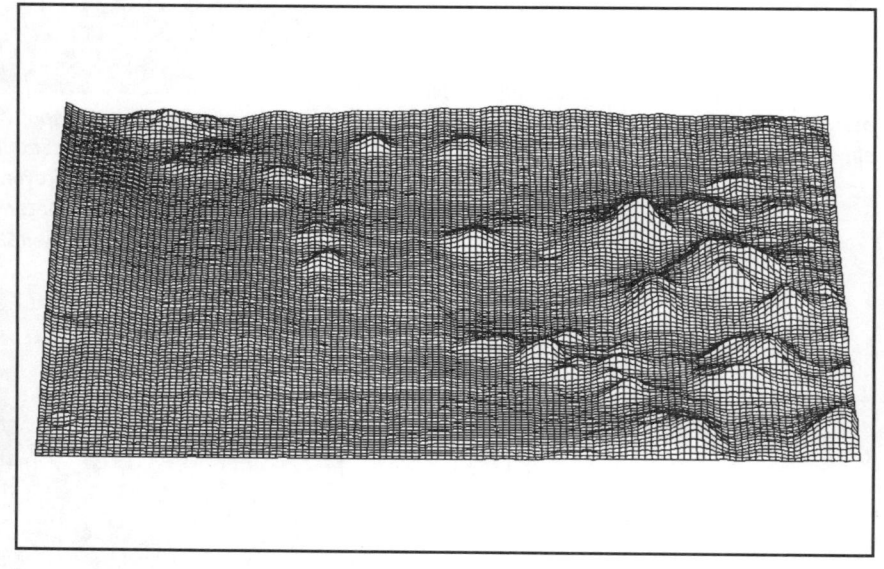

Perspektivischer Ausdruck der errechneten Oberflächenhöhen (Zenithwinkel = 45°)

PANORAMA ANSICHTEN

Wenn einmal die Höhenkarte erlangt ist, können Panorama-Ansichten des Cydonia Komplexes durch perspektivische Bildtransformation generiert werden. Die drei gezeigten Ansichten wurden erzeugt einmal mit dem Betrachter im Nordwesten, im Nordosten und im Südwesten der Anlage mit einem Winkel von 30° über dem Horizont. Die Rauhigkeit des Geländes südlich des Gesichts jenseits der D&M Pyramide ist in perspektivischen Ansichten deutlich wahrnehmbarer. Man kann außerdem die Existenz einer alten Küstenlinie zwischen dem flacheren gekratertem Gelände und dem höheren hügeligeren im Westen erkennen.

Ansicht der Cydonia Anlage von Nordwesten (Zenithwinkel = 60°)

Ansicht der Cydonia Anlage von Nordwesten (Zenithwinkel = 60°)

Ansicht der Cydonia Anlage von Nordosten (Zenithwinkel = 60°)

SIMULIERTER FLUG ÜBER CYDONIA

Die Aufnahmen und die Höhenkarte benutzend ist es auch möglich, animierte Flüge durch die Szene zu erzeugen. Schlüsselbilder einer animierten Sequenz zeigen, wie Geländegegebenheiten vielleicht aus einem niedrig fliegenden Flugzeug erscheinen würden. Die Flugroute startet an einem Punkt westlich der Stadt, wobei sich das simulierte Flugzeug in einer östlichen Richtung bewegt. Kurz bevor es die D&M Pyramide erreicht, biegt es nach links ab und fliegt geradeaus auf das Gesicht zu.

Flugroute für die animierte Sequenz.

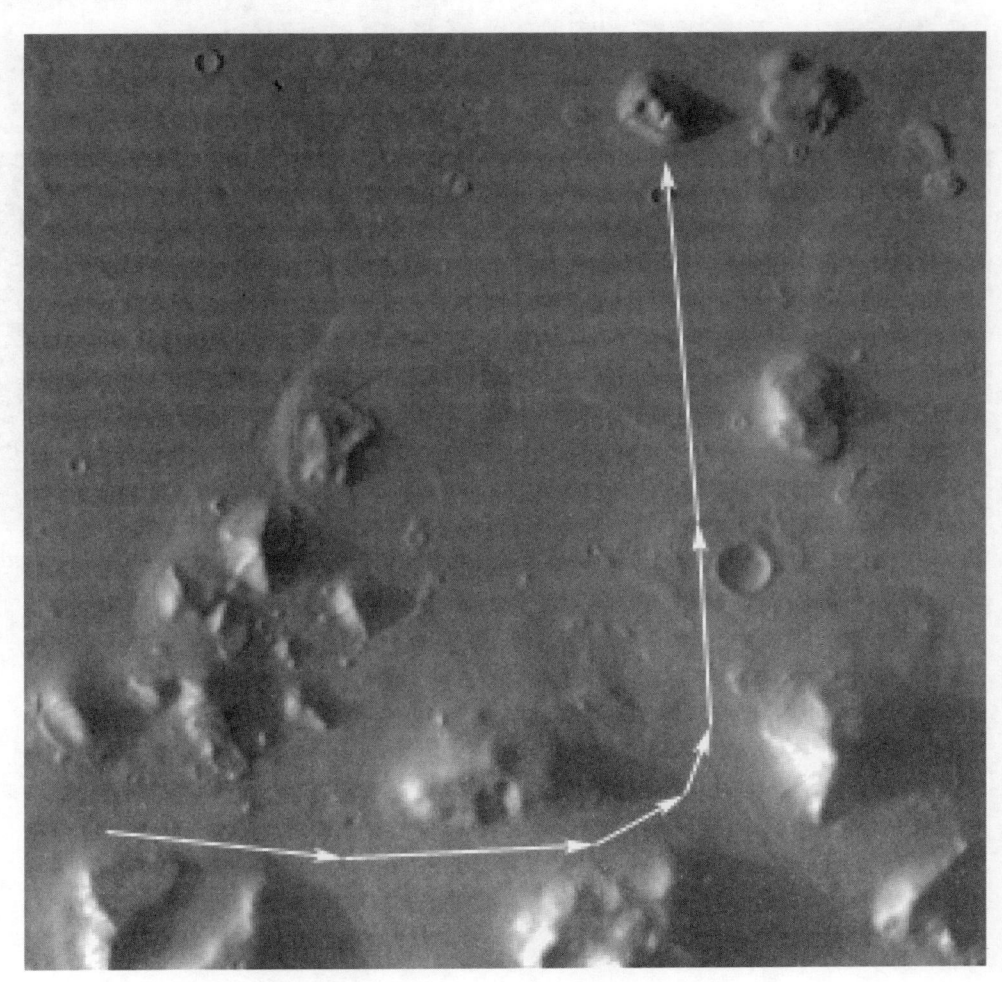

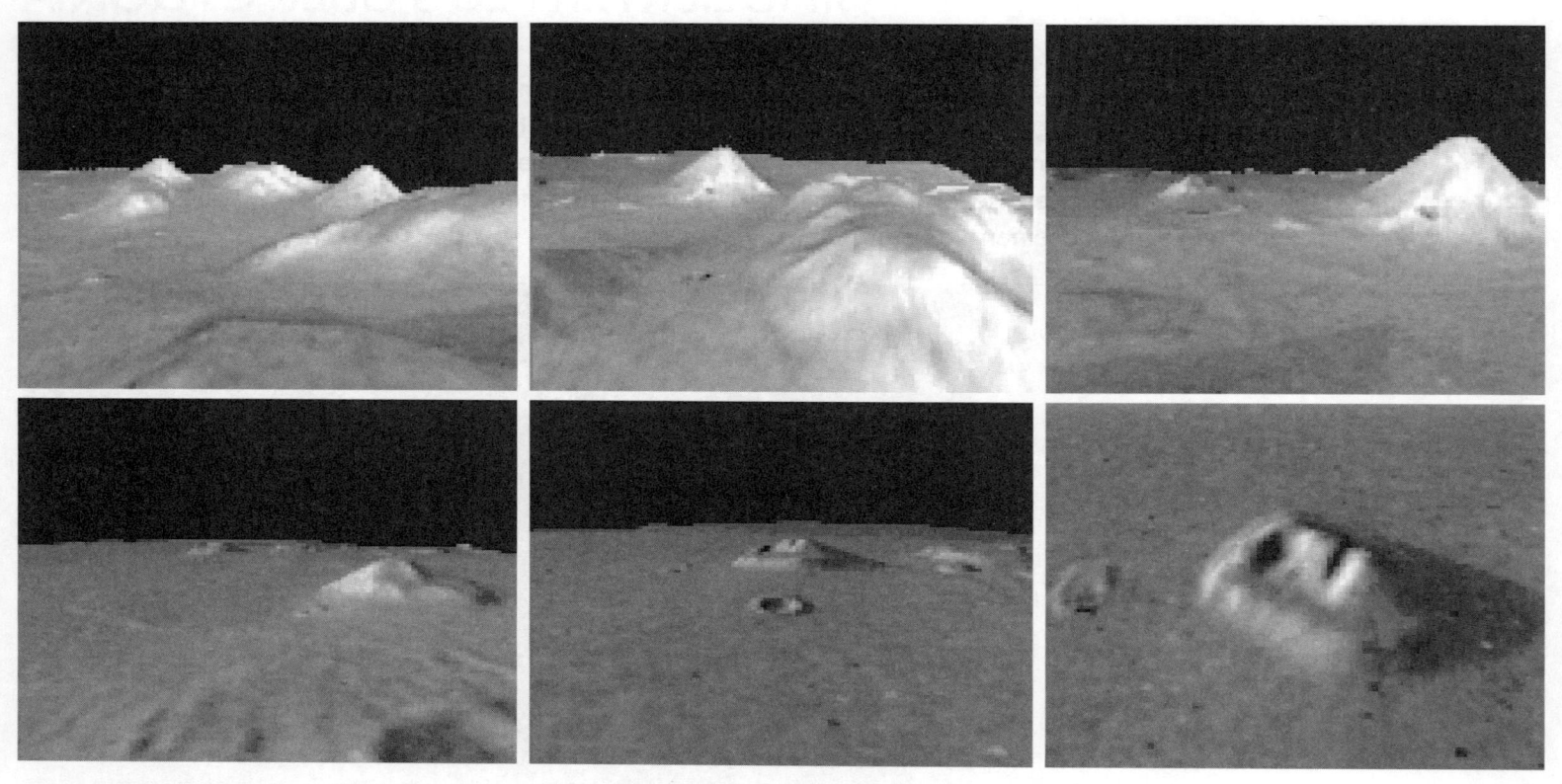

Schlüsselbilder entlang der Flugroute. Das obere linke Bild ist nahe dem Start der Flugroute westlich der Stadt in Richtung Osten blickend.

STEREOSKOPISCHE ANSICHT DER CYDONIA ANLAGE

Wegen des Unterschieds von 15° Grad in der Beleuchtung durch die Sonne zwischen 35A72 und 70A13 ist es schwierig, die beiden sichtbar zu einem Stereobild zu kombinieren. Im Jahre 1993 fand Vincent DiPietro eine andere Aufnahme, die das Gebiet der Stadt und des Gesichts enthält. Diese Aufnahme, Viking Bildnummer 561A25, hat eine Auflösung von 162.7 Metern/pixel verglichen mit 47.13 und 43.42 Metern/pixel für 35A72 und 70A13 respektive. Obwohl die Auflösung von 561A25 ungefähr viermal schlechter ist als bei 35A72 und 70A13, beträgt der Unterschied des Zenithwinkels der Sonne zwischen 35A72 und 561A25 nur etwa 3° Grad – klein genug, so daß die beiden optisch zu einem Stereopaar kombiniert werden können. Das gezeigte Stereobildpaar wurde hergestellt durch Coregistrierung dieser beiden Aufnahmen und der Wiedergabe von 561A25 auf der linken Seite und 35A72 auf der rechten Seite. Obwohl der 4-zu-1- Unterschied in der Bildauflösung die Fähigkeit von jemand reduziert, die beiden Aufnahmen zu verschmelzen, ist es immer noch möglich, einen Eindruck der relativen Höhe von den Gegenheiten in diesem Gebiet zu erlangen. Beachten Sie die relativ niedrigen Reliefs der Festung, des Gesichts und der Objekte in der Stadt im Vergleich zu den wesentlich höheren Reliefs der D&M Pyramide und den Landformen im Süden.

Stereobild erhalten durch Wiedergabe von 561A25 links und 35A72 rechts.

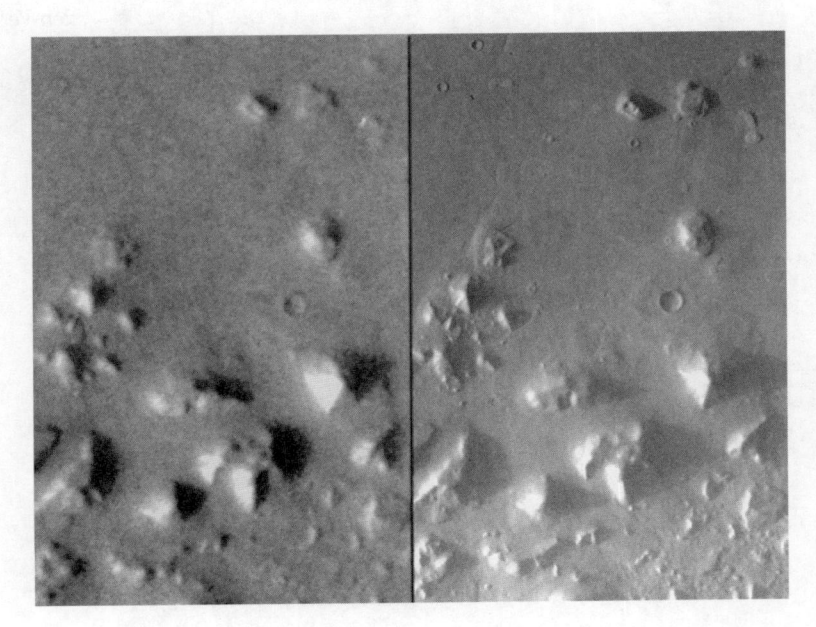

ANSICHT DER D&M PYRAMIDE

Die D&M Pyramide ist eines der rätselhaftesten Objekte in Cydonia. Ihre Geometrie hat Anlaß zu vielen Spekulationen und Debatten gegeben. Ein stereoskopisches Bildpaar gewonnen aus den Viking Orbiterbildern 70A11 und 70A13, zeigt Beweise für beide 4- und 5-seitige Symmetrie. Die Stützen legen eine 5-seitige Struktur nahe. Auf der anderen Seite gibt es einige Anzeichen, daß die westliche Facette in einem rechten Winkel zur südlichen Facette liegt. Obwohl in der Aufnahme mit dem flacheren Sonnenwinkel (35A72) der Eindruck, daß die westliche Facette dem pentagonalen Grundriß der Stützen folgt, stärker ist.

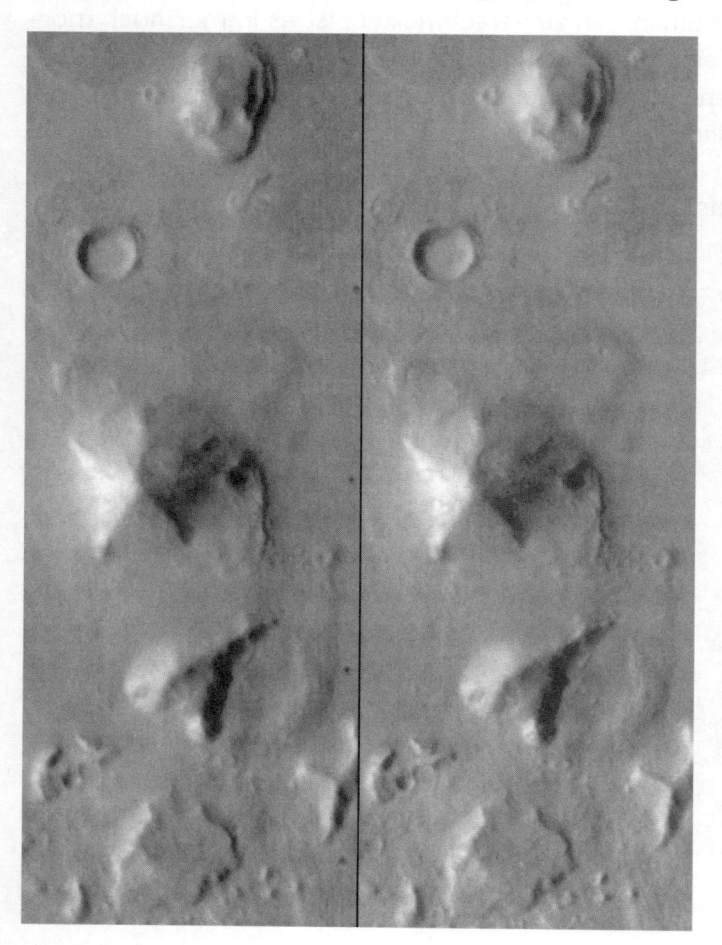

Nebeneinander Stereoansicht über den Bereich der Überlappung zwischen Viking-Aufnahmen 70A11 und 70A13. Der Abstand B der Basislinie zwischen den Positionen des Orbiters ist in etwa 51 km und die Höhe der Raumfähre beträgt H = 1725 km. Für eine Pixelgröße D = 48 Meter ist die auflösbare Höhe (für die Parallaxen-Verschiebung von 1 Pixel) 2DH/B = 5.34 km. Nach der Analyse der Schatten beträgt die Höhe der D&M etwa 1.25 km. So würde die Höhe der D&M eine Parallaxen-Verschiebung von etwa ¼ Pixel betragen.

Simulierte perspektivische Ansichten rund um die D&M herum geben zusätzliche Einblicke in ihre Struktur. Die Ansicht von Süden zeigt, daß die südliche Facette die am besten definierte ist mit einer geraden Basis, symmetrischen Seiten und einer klar definierten Spitze. Sie erscheint so, als ob sie sehr genau nach Süden zeigt. Die Flachheit der südlichen Facette ist auch in der Ansicht von Westen beweisbar. Drei ziemlich gut definierte pyramidische Facetten können von dieser Richtung aus gesehen werden. Sich in Richtung Norden bewegend sieht das Objekt nicht länger wie eine Pyramide aus. Die westliche Seite unterscheidet sich von allen anderen. Sie ist konvex in ihrer Form und weniger geneigt als die anderen Seiten. Die Ansicht von Westen zeigt das, was man glaubte, daß es ein Krater oder ein Loch an der Basis der Formation ist, tatsächlich eine Öffnung in ihrer Seite ist. Die konvexe Form der westlichen Seite legt nahe, daß die Öffnung vielleicht der Eingang zu einem Tunnel ist, der in das Zentrum der Formation führt.

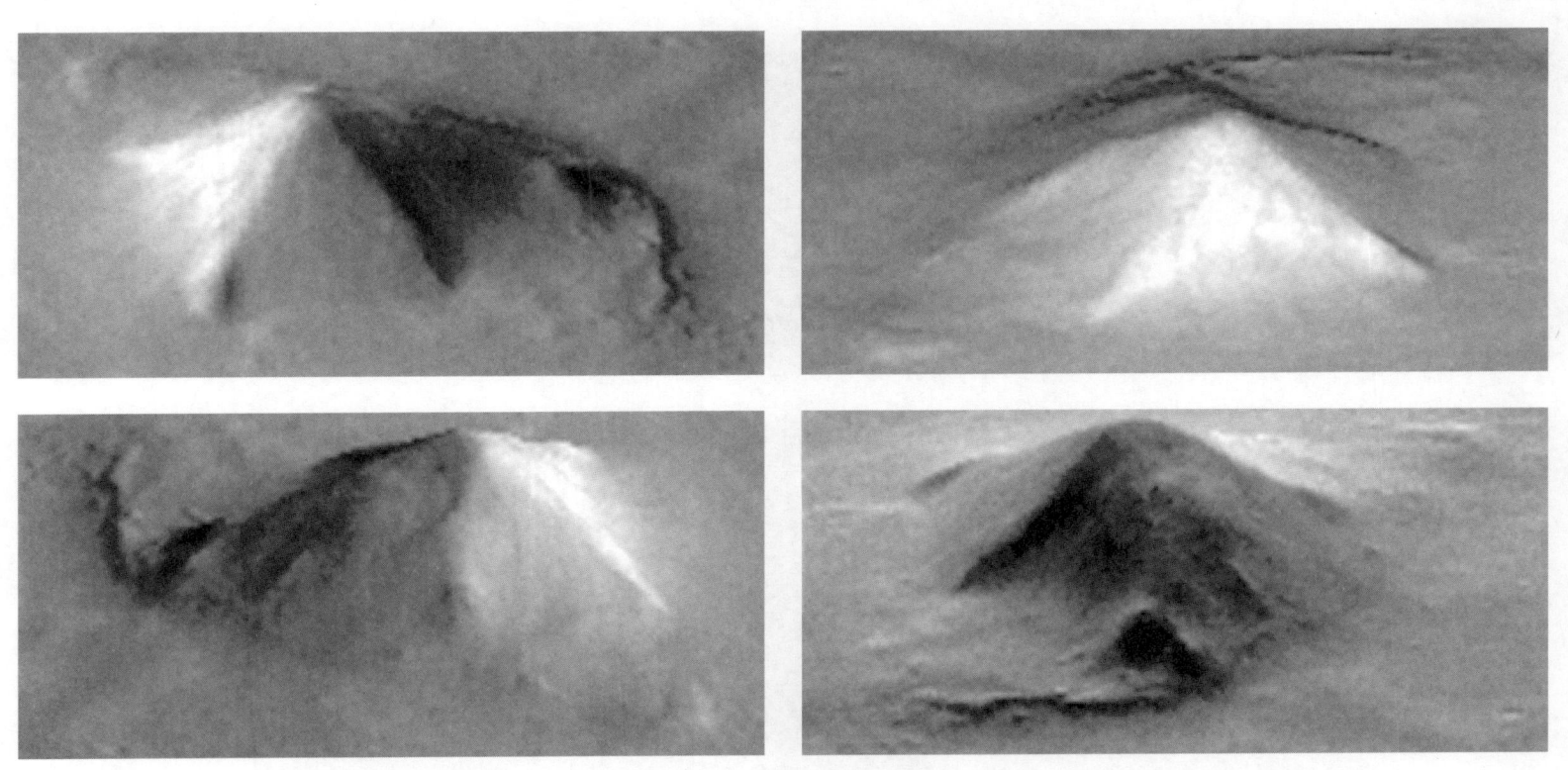

Vier Ansichten rund um die D&M herum gewonnen aus der Aufnahme 70A11 und der daraus gewonnenen Höhenkarte.

Referenzen für Teil IX.

1. J.D. Foley und A. VanDam, *Fundamentals of Interactive Computer Graphics*, Addison-Wesley, Reading, MA, 1983.

2. B. Horn, *Robot Vision*, MIT Press, Cambridge, MA, 1986.

TEIL X.

EINE MÖGLICHE IRDISCHE VERBINDUNG

EINE MÖGLICHE IRDISCHE VERBINDUNG

„Sie müssen auf eine Überraschung vorbereitet sein, und zwar auf eine sehr große Überraschung!"
Niels Bohr

Mehrere Jahre nachdem Vincent DiPietro und Greogry Molenaar die Viking- Orbiter-Aufnahmen des Gesichts auf dem Mars wiederentdeckten und analysierten, fand Richard Hoagland andere ungewöhnliche Objekte in der Nähe. Hoagland stellte fest, daß die Stadt scheinbar mit dem Gesicht in Verbindung steht; im Besonderen, daß eine Linie durch den Mund direkt auf die Stadt zeigt. Er argumentiert, daß die Stadt ein idealer Ort wäre, um das Gesicht im Profil zu betrachten. Der Winkel dieser Linie zwischen der Stadt und dem Gesicht, welchen er gemessen hat als 23.5 Grad Nord von Ost, legt noch etwas anderes nahe – die Möglichkeit, daß die Ausrichtung vielleicht auf die Sonnenwende bezogen ist und damit einen Hinweis darauf gibt, wie alt diese Ansammlung von Objekten sein könnte.

Hoaglands Linie von der Mitte der Stadt durch den Mund des Gesichts ist tatsächlich eine Linie zwischen zwei Punkten, wie zum Beispiel die Linie vom Zentrum in Stonehenge zum Heelstein, welche den Sonnenaufgang der Sommersonnenwende markiert. Während die Wahl der Punkte in Stonehenge eindeutig ist, wurde die von Hoagland als auf eine Art willkürlich kritisiert.

Anderen früheren Entdeckungen von Hoagland folgend, analysierten Horace Crater und Stanley McDaniel eine Anzahl von kleinen erdhügelartigen Objekten in der Stadt und fanden heraus, daß ein Teil von ihnen auf den Scheitelpunkten eines geradlinigen Gitters liegen. Es wurde außerdem gezeigt, daß das Gesicht und drei der größeren Objekte in der Stadt, nämlich die Festung, eine nahegelegene pyramidenartige Struktur und eine rundliche Formation scheinbar ebenfalls mit diesem Gitter in Verbindung stehen. Die Ähnlichkeit in der Orientierung des Gitters und diesen anderen großen Objekten zeigt die Möglichkeit an, daß das, was wir sehen, vielleicht Anzeichen für ein zugrundeliegendes Organisationsmuster sind – ein Muster der Organisation nicht unähnlich denen von vielen mesoamerikanischen Anlagen (z.B. Tenochtitlan). Also anstatt die Orientierung einer einzelnen Linie zwischen zwei irgendwie willkürlichen Punkten zu benutzen, warum nicht den Durchschnitt der Orientierungswinkel dieser Strukturen in Cydonia als eine Schätzung des Orientierungswinkels der Anlage als ganzes benutzen. Den Durchschnitt bildend aus der Orientierung des Gesichts und den drei oben erwähnten großen Objekten zusammen mit denen der Erdhügel gibt einen Wert von etwa 33.3 Grad. Dieser Wert unterscheidet sich bedeutend von dem von Hoagland berechneten. Wenn er recht hat mit seiner Hypothese, daß die Ausrichtung auf die Sonnenwende bezogen ist, was ist dann die Aussage dieses Unterschieds?

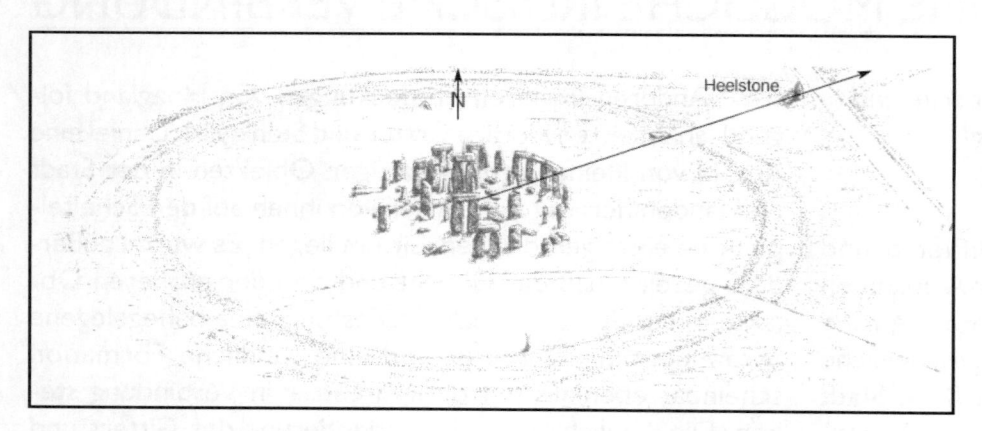

Die Linie von der Mitte von Stonehenge aus durch den Heelstein markiert den Ort des Sonnenaufgangs zur Sommersonnenwende (etwa 24° Nord).

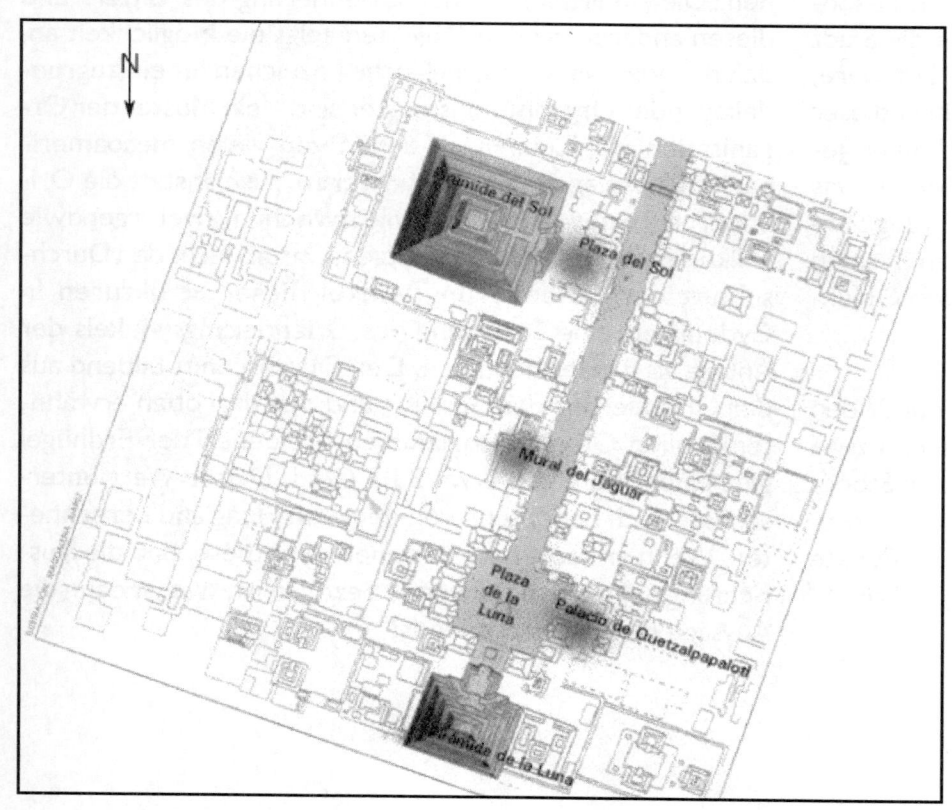

Ausschnitt einer Karte von Tenochtitlan. Alle Strukturen, welche die Anlage bilden sind in die gleiche Richtung ausgerichtet, 15°25' Ost.

DIE SONNENWEND-HYPOTHESE

Sir William Henschel, welcher im Jahre 1783 als erster die Achsenneigung des Mars gemessen hat, schlug vor, daß der Mars, genau wie die Erde, Jahreszeiten hat. Der Punkt am Horizont, an dem die Sonne auf- und untergeht wechselt mit den Jahreszeiten. Am ersten Tag des Herbst (Herbst Tagundnachtgleiche) geht die Sonne im Osten auf und im Westen unter, unabhängig von der Breite. Mit jedem vergehenden Tag geht die Sonne weiter im Süden auf und unter und macht zunehmend kürzere Bögen über den Himmel. Die Tage werden kürzer und die Nächte länger. Am ersten Tag des Winters (Wintersonnenwende) geht die Sonne an ihrem südlichsten Punkt des östlichen Horizonts auf und geht an ihrem südlichsten Punkt des westlichen Horizonts unter. Dieser Zyklus setzt sich fort. Tag für Tag geht die Sonne weniger südlich auf bis zum ersten Tag des Frühlings (Tagundnachtgleiche), wo sie wieder genau im Osten aufgeht. Jetzt geht die Sonne täglich weiter nördlich auf und unter, immer längere Bögen über den Himmel ziehend. Die Tage werden länger und die Nächte kürzer. Am ersten Tag des Sommers (Sommersonnenwende) geht die Sonne an ihrem nördlichsten Punkt des Jahres auf.

Der Winkel nördlich des Osthorizonts, der den Aufgang der Sonne bei der Sommersonnenwende markiert, hängt von der Breite des Beobachters und der Achsenneigung ab. Heutzutage ist der Mars etwa 25 Grad gegen seine Orbitalebene geneigt. Es kann gezeigt werden, daß für diesen Neigungswinkel, der Ort an dem die Sonne bei der Sommersonnenwende aufgeht, für die Breite der Stadt und des Gesichts bei 34.2° nördlich des Osthorizonts liegt. Damit die Sonne am ersten Tag des Sommers in dem Winkel zwischen der Stadt und dem Gesicht, den Hoagland errechnet hat, aufgeht, müßte die Neigung des Mars etwa 17.5° betragen. Im Jahre 1973 entwickelte William Ward ein Modell, wie sich die Neigung des Mars im Laufe der Zeit verändert. Wards Modell benutzend bestimmte Hoagland, daß seine Ausrichtung der Sonnenwende das letzte Mal vor ungefähr 500.000 Jahren erfüllt wurde. Wenn das Gesicht und die Stadt künstlich konstruierte Objekte sind, schloß er, daß sie mindestens eine halbe Million Jahre alt sein müssen.

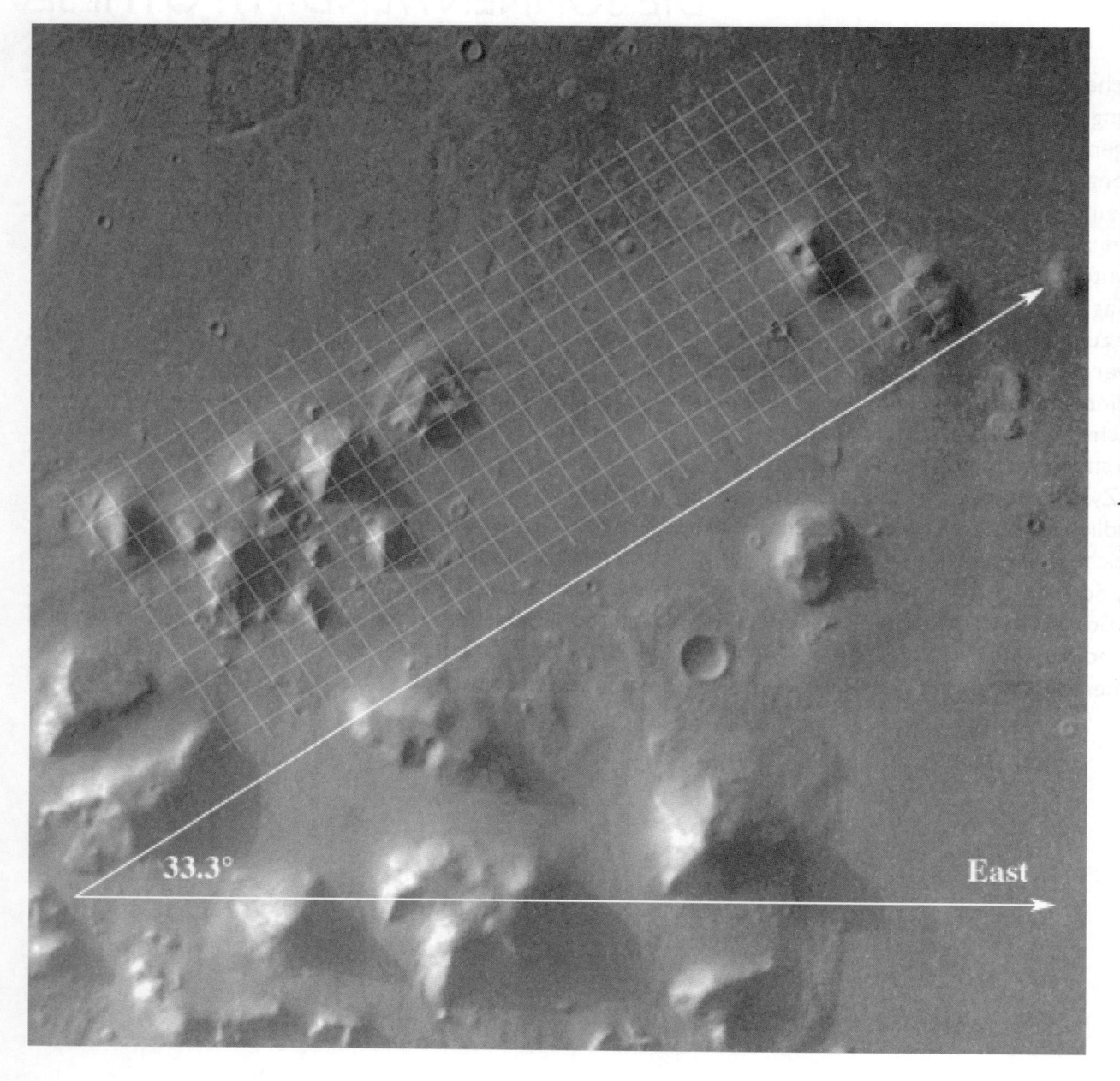

Die Cydonia-Anlage auf dem Mars. Das kreuzartige Gitter, das über der Region die das Gesicht und die Stadt enthält, ist 33.3° Nord im Verhältnis zum östlichen Horizont ausgerichtet. Beachten Sie, daß die südliche Facette der D&M Pyramide genau nach Süden ausgerichtet ist. Heute befindet sich die Linie des Sonnenaufgangs der Sommersonnenwende nur etwa 1° nördlich der angegebenen Sichtlinie, ein wesentlich jüngeres Datum für die Anlage anzeigend, vorausgesetzt, daß die Ausrichtung tatsächlich in ihrer Natur der Sonnenwende entspricht.

EINE ZWEITE BETRACHTUNG DER AUSRICHTUNG

Wie oben erklärt, geht die Sonne zur Zeit an einem Punkt 34.2° nördlich des östlichen Horizont am ersten Tag des Sommers auf. Dies ist nur 1° nördlich unserer angenommen Ausrichtung der Cydonia Anlage – 33.3°. Von dieser neuen Schätzung ausgehend kann gezeigt werden, daß die Sonne das letzte Mal in einer Linie mit diesen Objekten auf dem Mars vor ca. 33.000 Jahren aufging. Eine andere Übereinstimmung könnte vor ca. 120.000 Jahren aufgetreten sein. Im Unterschied zu Hoaglands Analyse haben wir keine Vermutungen darüber gemacht, ob das Gesicht vom Stadtzentrum aus betrachtet wird, haben nicht eine, sondern den Durchschnitt aus neun unabhängigen Messungen verwendet, und haben unsere Messungen aufgrund von neuen, von der NASA zur Verfügung gestellten, auf Karten projizierten Viking-Aufnahmen gemacht. Zwei Fragen müssen nun gestellt werden. Erstens, wenn die Objekte künstlich sind, ist die Ausrichtung dann von Bedeutung? Und zweitens, ist die Ausrichtung auf die Sonnenwenden bezogen?

Das Auffinden von anderen Fundstätten auf dem Mars mit einer ähnlichen Ausrichtung würde dahin tendieren, daß die Ausrichtung von Bedeutung ist. Zwei andere Fundstätten wurden entdeckt. Die erste ist in der Viking-Aufnahme 70A10 südwestlich der Stadt und des Gesichts enthalten. Die Stelle beinhaltet eine rundliche Formation auf einer erhobenen geradlinigen Plattform (die „Schüssel"), die in der gleichen generellen Nordrichtung wie die Stadt und das Gesicht ausgerichtet ist. Sie beinhaltet ebenfalls ein pyramidisches Objekt („B-Pyramide"), das scheinbar auch zu der Hauptrichtung ausgerichtet ist, spezifisch zeigt ihre südliche Seite, wie die südliche Facette der D&M Pyramide, genau nach Süden. Die zweite Stelle, die bei Ananda Sirisena gefunden wurde, ist weiter im Westen und enthält ein ähnlich orientiertes pyramidisches Objekt („Königs-Pyramide") mit einer nach Süden zeigenden Seite, und eine weitere schüsselähnliche Formation („Fort Aetherius") in einer gleichartigen Ausrichtung nördlich des östlichen Horizonts. Das heißt, alle drei Stellen enthalten ein pyramidisches Objekt, das scheinbar zu diesem Meridian ausgerichtet ist plus zumindest einem weiteren Objekt, das in gleichen generellen Nordrichtung orientiert ist.

Können alle diese Übereinstimmungen Zufall sein? Versuchen diese Fundstellen uns etwas darüber mitzuteilen wann sie gebaut wurden?

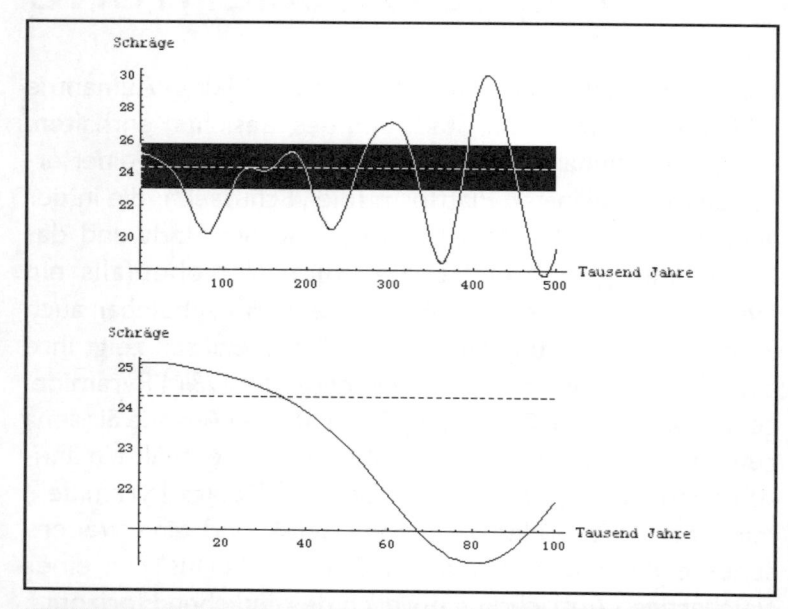

Schrägheitskurven des Mars basierend auf einem Modell von Ward. Die gepunktet Linie in der obersten Kurve ist der Wert der Schräge (24.4°) entsprechend dem Orientierungswinkel (33.3°) des Komplexes der Stadt und des Gesichts. Die hervorgehobene Region repräsentiert den Bereich von Schrägheitwerten (24.4° +/- 1.5°) der jener Ungenauigkeit in der Annahme der Orientierung des Komplex (33.3° +/- 2.07°) entspricht. In der unteren Kurve sehen wir, daß diese Ausrichtung frühestens vor vielleicht 33.000 Jahren erfüllt worden ist. Die nächst frühere Möglichkeit liegt vor etwas mehr als 120.000 Jahren.

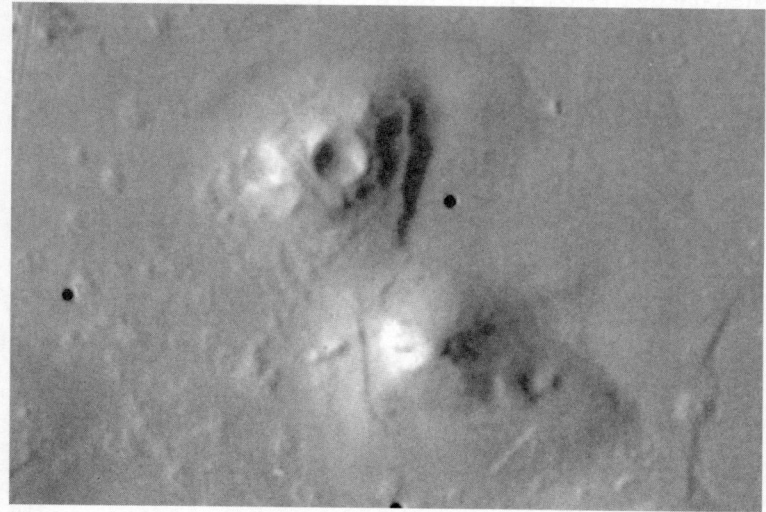

Die zweite Fundstelle aus Aufnahme 70A10 westlich von Stadt und Gesicht eine schüsselartige Formation und ein nahegelegenes pyramidenförmiges Objekt enthaltend.

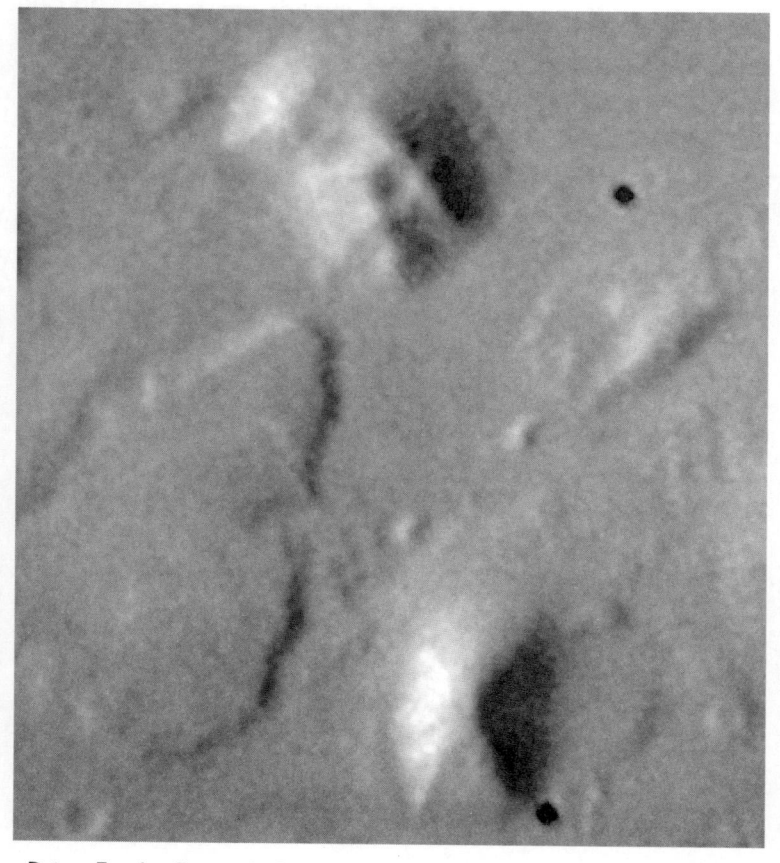

Dritte Fundstelle aus Aufnahme 70A10 noch weiter im Westen liegend.

Alle drei Fundstellen beinhalten ein pyramidenförmiges Objekt, das entlang der Hauptrichtungen orientiert zu sein scheint.

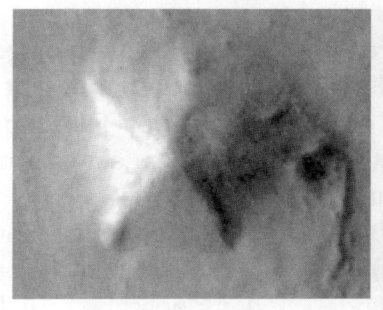

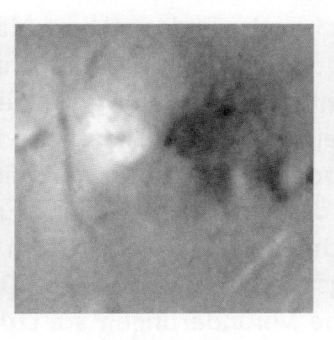

D&M (70A13) **70A10 Pyramid** **70A01 Pyramid**

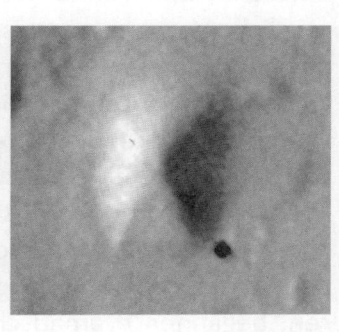

Alle drei Fundstellen beinhalten ebenfalls wenigstens ein Objekt, das in einer ähnlichen Nordrichtung zum östlichen Horizont orientiert ist.

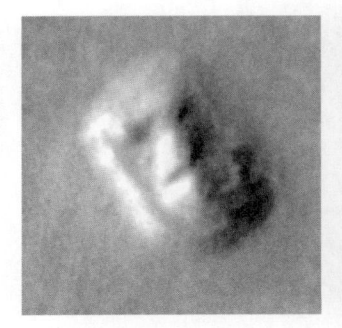

Face (70A13) **70A10 Bowl** **70A01 Object**

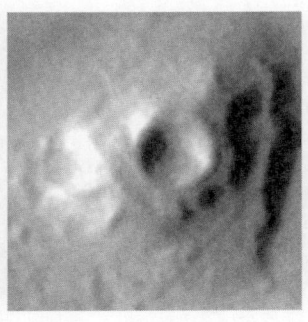

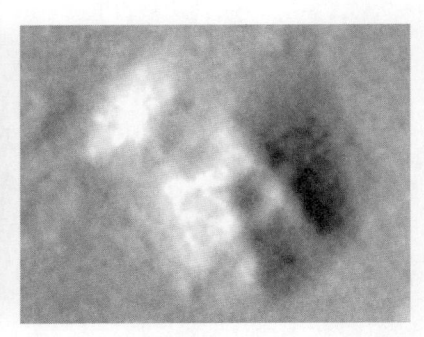

SPEKULATION

Zur Zeit ist es meine Überzeugung, daß die Ausrichtungen bedeutsam sind und daß sie eine Beziehung zu den Sonnenwenden haben. Im Bezug auf eine mögliche Verbindung zwischen der Erde und dem Mars sind die Anordnungen die, vor 33.000 oder 120.000 Jahren erfüllt wurden, wesentlich interessanter und potentiell relevanter als solche, die vor einer halben Million Jahren erfüllt wurden. 120.000 Jahre zurück ist genau in der Mitte der Periode als Homo Sapiens das erste Mal auftaucht. Entsprechend den fossilen Aufzeichnungen entwickelte sich unsere neue Rasse zuerst nur langsam. Dann, vor etwa 33.000 Jahren, begannen dramatische Veränderungen stattzufinden. Wir finden zu dieser Zeit während der letzten Eiszeit das erste bekannte Kunstwerk – ein geschnitztes Stück Elfenbein in der Form eines Pferdes, entdeckt in Vogelherd, Deutschland, den frühsten Kalender, die Phasen des Mondes darstellend eingeritzt in ein Stück Rentier- Geweih, und ein wenig später, Venus-Figuren in ganz Europa und spektakuläre Höhlenmalereien im Südwesten von Frankreich.

Paleoarchologen haben viel über unsere Entwicklung gelernt. Aber es gibt zu wenig Kunsterzeugnisse und zu viele fehlende Teile in dem Puzzle. Könnten die Strukturen auf dem Mars ein paar mehr der fehlenden Teile enthalten?

Könnte die Entdeckung von künstlichen Objekten auf dem Mars ein neues Licht auf den mysteriösen Ursprung der Menschheit auf der Erde werfen. Wäre es nicht ironisch, wenn uns unsere Suche danach, was „da draußen" ist, uns zu uns selbst zurückführt? Abhängig davon was das Mars- Global- Surveyor-Raumschiff findet, wenn es den Roten Planeten erreicht, werden wir es vielleicht bald wissen.

ANHANG

ANHANG A: HOAGLAND'S BEZIEHUNGEN IN CYDONIA

Fraktalanalyse, besprochen in Abschnitt II, beschäftigt sich mit dem Verhalten relativ kleiner Maßstäbe des Geländes. Während der letzten Dekade haben Forscher am entgegengesetzten Ende der Skala gearbeitet, sich um etwas bemühend, was man als einen „Systematischen Ansatz" bezeichnen könnte, zum Test der Intelligenzhypothese bezüglich der Vikingaufnahmen. Der Kern dieses Ansatzes ist die Analyse von Mustern und Beziehungen größeren Maßstabs. Dieser Weg wurde als erstes von dem Wissenschaftsautor Richard C. Hoagland in den frühen 80er Jahren beschritten, zu einer Zeit, als man glaubte, daß das Gesicht eine einzelne, isolierte Anomalie ist. Obwohl anfangs skeptisch, begründet Hoagland, wenn das Gesicht das Produkt einer Intelligenz ist, auch andere Artefakte vernünftigerweise in der Nähe gefunden werden können, vielleicht eine breitere Basis von Beweisen liefernd, um die Hypothese zu stützen.

Während einer näheren Untersuchung der Vikingfotos, hatte Hoagland nicht nur Erfolg beim Identifizieren anderer aussichtsreicher Objekte, sondern beobachtet auch, daß sie scheinbar durch eine geometrische Ausrichtung mit dem Gesicht verbunden sind. Im besonderen, schien eine geradlinige Anordnung von polygonalen Objekten (die Stadt), schien parallel zu den Hauptachsen des Gesicht angeordnet zu sein. Die Hypothese aufstellend, daß diese Gruppe von Objekten prähistorischen Ursprungs ist, projizierte Hoagland Blickwinkel von der Stadt aus in Richtung des östlichen Horizonts, um die Möglichkeit von Sonnen- oder Sternenkonstellationen zu untersuchen, die bei ähnlichen Situationen auf der Erde gefunden werden. Indem er dies tat, legte er erfolgreich fest, daß ein Beobachter auf dem „Stadtzentrum" den Aufgang der Sommersonnenwende vor ungefähr einer halben Million von Jahren(basierend auf den besten gängigen Schätzungen des Taumelns der Marsachse innerhalb eines Eine-Million-Jahres-Zyklus), direkt über den Augen des Gesicht gesehen hätte. Die Entdeckung des anomalen Kliffs folgte wenig später, lag es doch direkt im Weg der projizierten Blickrichtung der Sommersonnenwende.

Durch genaue Vermessung der D&M-Pyramide beobachtete Hoagland, daß sie auch scheinbar in das Muster der Beziehungen mit einbezogen war: ihre Symmetrieachsen scheinen direkt auf das Gesicht zu zeigen, ihr linker „Arm" auf das Stadtzentrum, und ihr rechter „Arm" auf den Tholos (der selbst zufällig auf einer verlängerten Linie vom Rücken des Kliffs liegt).

Zusätzlich scheinen einige Schlüsselpunkte in der Cydonia-Region auf einer geometrischen Progression von Intervallen entlang einer ungefähren Südwest-Nordost Achse zu liegen: das Verhältnis der Entfernungen zwischen der westlichen Stadtgrenze, dem Stadtzentrum, dem östlichen Festungswall und der östlichen Kante des Gesichts und des Kliffs, scheint 1 : 2 : 4 : 8 zu sein.

Hoagland räumt ein, daß jede dieser Tatsachen für sich selbst betrachtet keine besondere Signifikanz hat. Die Chance ihres gemeinsamen zufälligen Auftretens ist sehr klein und stärkt die Untermauerung der Intelligenz-Hypothese.

SCHLÜSSEL ZUM DIAGRAMM DER BEZIEHUNGEN IN CYDONIA

A) **Die Stadt,** eine Ansammlung von polygonalen Strukturen, die in einem Bereich liegen, dessen Hauptachsen parallel zu denen des Gesicht angeordnet sind.

B) **Das Stadtzentrum,** zufällig auf dem exakt seitlichen Zentrum der Stadt gelegen. Von diesem Zentralpunkt aus gesehen ging die Sommersonnenwende vor ca. einer ½ Million von Jahren direkt über dem Gesicht auf.

C) **Die Festung** an der nordöstlichen Ecke der Stadt . Ihr Östlicher Wall scheint direkt auf die D&M-Pyramide zu weisen.

D) **Die D&M-Pyramide,** benannt nach ihren Entdeckern DiPietro und Molenaar. Die D&M ist ungefähr 500 Meter hoch und 2.5 km lang. Ihre Hauptachse scheint direkt auf das Gesicht zu weisen, ihr linker Arm auf das Stadtzentrum und ihr rechter Arm auf den Tholos, mit einem zusammengesetzten Gesamtwinkel von 120°, oder einem 1/3 eines Kreises. Die D&M-Pyramide scheint breitbeinig auf der Nördlichen Länge 40.868 Grad zu sitzen, deren arc-tangenz gleich dem Wert e/pi ist.

E) **Das Gesicht,** ungefähr 350 Meter hoch und 2.5 km von der Krone bis zum Kinn.

F) **Das Kliff** hoch auf dem „Sockel" (Auswurfdecke) eines großen Einschlagkraters gelegen. Die Kammlinie des Kliffs hat einen Winkel von 19.5° zu echt Norden. Nach Hoagland wird dieser Winkel auch in der Achsenverschiebung von Mars vor einer ½ Million von Jahren gezeigt.

G) **Der Tholos,** verbunden mit der Kammlinie des Kliffs. Seine Form, Proportionen und peripherer Graben sind praktisch identisch zu denen, die man bei ähnlichen prähistorischen Strukturen auf der Erde gefunden hat. Das Kliff, die D&M-Pyramide und der Tholos scheinen ein rechtwinkeliges Dreieck zu bilden.

Das Verhältnis der Distanzen zwischen dem westlichen Ende der Stadt, dem Stadtzentrum, den östlichen Kanten von Gesicht und Stadt und dem Kliff scheint 1 : 2 : 4 : 8 zu betragen.

Die Winkel und Anordnungen, die hier gezeigt werden, stellen nur ein paar der mathematischen Behauptungen, die von Hoagland und Torun in bezug auf den Cydonia-Komplex gemacht wurden.

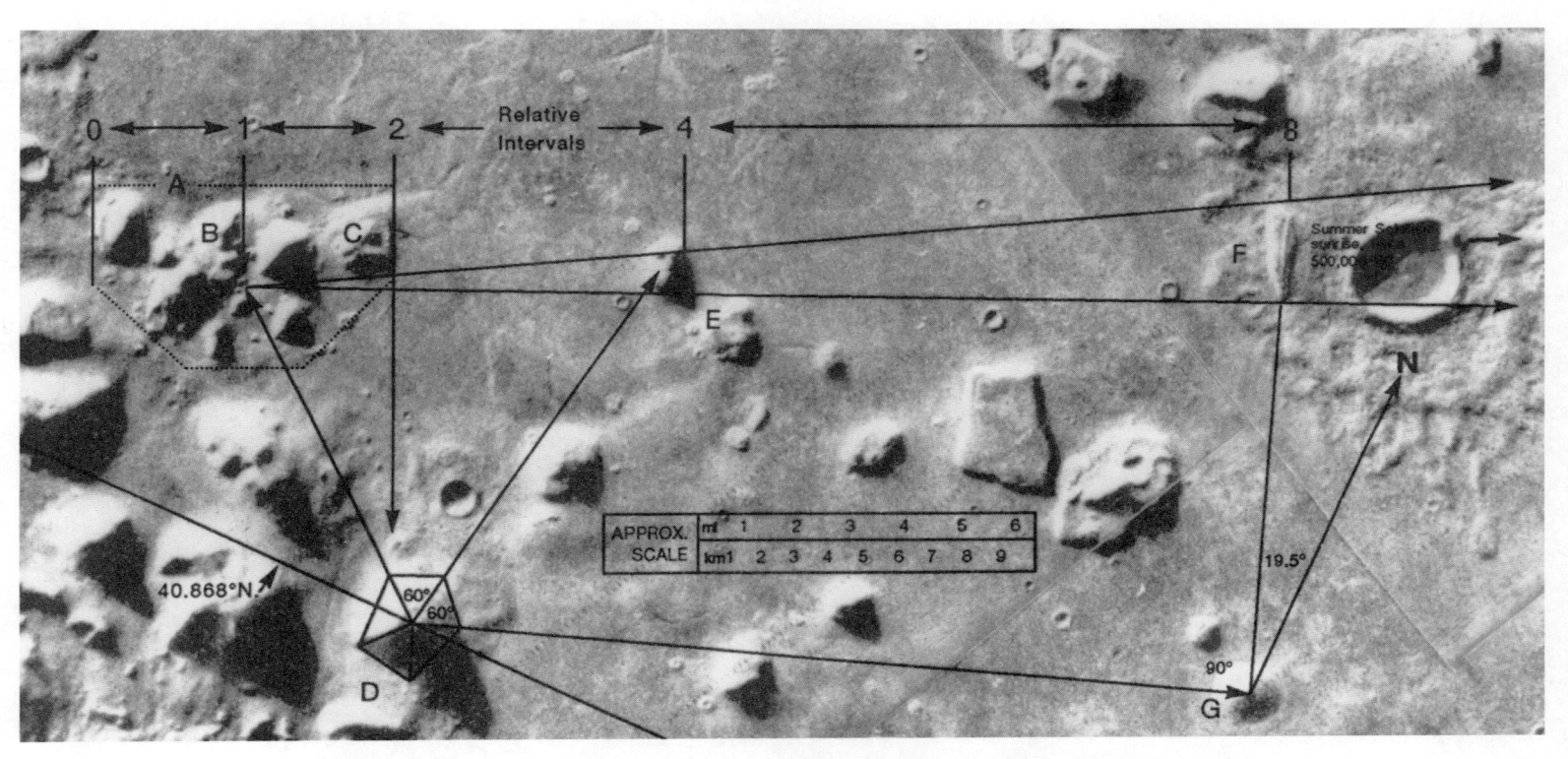

Diagramm der Beziehungen, die in Cydonia von Hoagland, Torun und anderen beobachtet wurden. Diese vereinfachte graphische Darstellung ist nur zu illustratorischen Zwecken gedacht. Jeder Versuch, die behaupteten Werte zu bestätigen, sollte auf orthographisch korrigierten Reproduktionen basieren.

ANHANG B: TORUN MODELL DER D&M PYRAMIDE

Im Jahr 1988 forderte Erol Torun, ein skeptischer bei der U.S. Verteidigungs-Agentur für Karten beschäftigter Kartograph, Richard C. Hoaglands Behauptung heraus, daß Objekte in Cydonia komplexe Geometrie zeigen, die wahrscheinlich nicht natürlich auftritt. Bei Durchführung eigener Messungen jedoch bestätigte Torun Hoagland's Behauptung zu seiner eigenen Zufriedenheit. Hoagland und Torun fuhren dann fort, weitere zusätzliche mathematische Beobachtungen und Behauptungen zu machen, von denen wir einige unten wiedergeben.

Winkel		Winkelverhältnisse		Trig. Funktionen	
Grad	Radian				
A: 60,0	$\pi/3$	C/A	= $\sqrt{2}$	TAN A	= $\sqrt{3}$
B: 120,0	$2\pi/3$	B/D	= $\sqrt{3}$	TAN B	= $-\sqrt{3}$
C: 85,3		C/F	= $\sqrt{3}$	SIN A	= $\sqrt{3}/2$
D: 69,4	$e/\sqrt{5}$	A/D	= e/π	SIN B	= $\sqrt{3}/2$
E: 34,7		C/D	= $e/\sqrt{5}$	TAN F	= π/e
F: 49,6	e/π	A/F	= $e/\sqrt{5}$	COS E	= $\sqrt{5}/e$
G: 45,1		B/C	= $\pi/\sqrt{5}$	SIN G	= $\sqrt{5}/\pi$
H: 55,3		D/F	= $\pi/\sqrt{5}$		
		H/G	= $e/\sqrt{5}$		

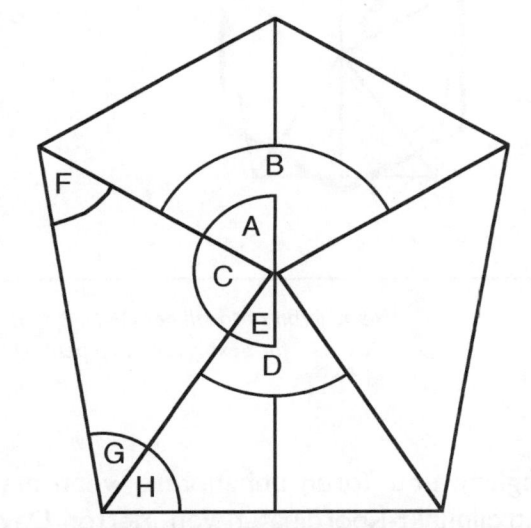

Internes Modell der D&M Pyramide entwickelt von Torun.

Torun's Modell der internen Geometrie der D&M Pyramide ausgedückt in Bezeichnungen von Winkeln, Winkelverhältnissen, und Trigonometrischen Funktionen. (Es sollte erwähnt werden, daß Hoaglands und Toruns Messungen mit Orthofotos durchgeführt wurden. Orthofotos werden durch einen Prozeß erstellt, der als Rectifikation bekannt ist, der 1) Geometrische Störungen aufgrund von Kameraschräglage entfernt (z.B. die Kamera zeigt nicht geradlinig nach unten) und 2) die Aufnahme in Beziehung zu einem Satz von Kontrollpunkten registriert wird; Landmarken, deren geographische Koordinaten mit sehr hohem Grad von Präzision bekannt sind. Wenn dies einmal durchgeführt ist, können die Koordinaten von jedem Punkt in dem Orthofoto einfach bestimmt werden, und Entfernungen und Winkel zwischen Punkten können genau berechnet werden. Es sollte auch erwähnt werden, daß alle Messungen und Beziehungen von Hoagland und Torun als Winkel, Verhältnisse und Trigonometrische Funktionen geäußert werden, welche universal sind, anstatt in Begriffen eigener Zahlensysteme, die jeweils kulturell relativ wären.)

Hexagonal Symmetry 60°

Pentagonal Symmetry 36°

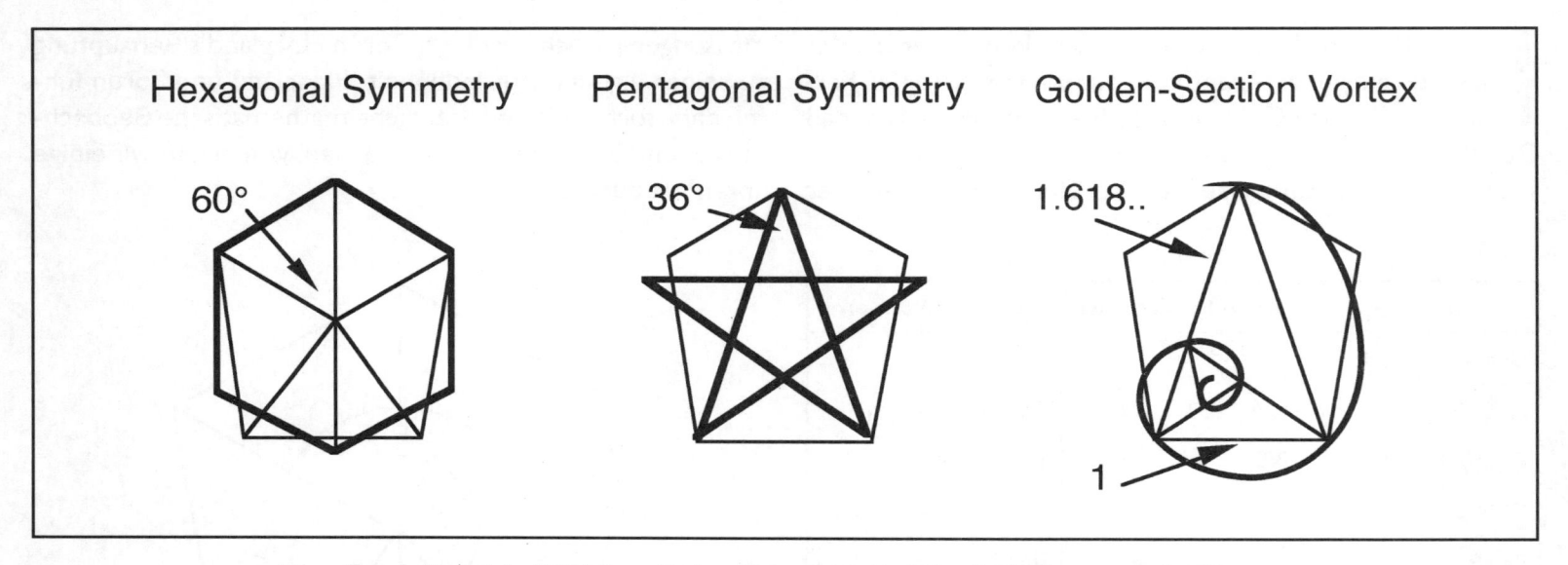

Golden-Section Vortex 1.618.. / 1

Wenn Torun's Modell der D&M Pyramide korrekt ist, dann würde ihre Basis die erzeugenden Elemente für hexagonale und pentagonale Symmetrie und den Goldenen Schnitt enthalten.

Hoagland und Torun behaupten, wenn die letzten Mars-Kontrollpunkt-Koordinaten von Merton Davies (von der RAND-Coporation) korrekt sind, daß die Spitze der D&M-Pyramide Länge 40.868°N liegt, welche dem arctangenz von e durch D entspricht, zwei der mathematischen Konstanten, behauptet Torun, die wiederholend in der internen Geometrie der D&M ausgedrückt sind. Laut Davies beträgt der Spielraum für mögliche Fehler ±0.017°.

Torun's Tetraeder Modell stellt eine mathematische Konstante zur Verfügung (2.72069, das Verhältnis der Gesamtoberfläche eines Tetraeders zu der Oberfläche der ihn umschreibenden Kugel) die eine Annäherung an e ist (2.71828). Wenn diese Annäherung für e eingesetzt wird, dann ist e/D der arc-tangenz von 40.893°, einer Länge, die auch von der D&M-Pyramide eingeschlossen wird, wenn ihr Apex auf 40.868°N gelegen ist. Hoagland und Torun argumentieren, daß diese nahe Entsprechung zwischen einem fundamentalen Element der Tetraeder Geometrie und den Werten, die sowohl in der internen Struktur der D&M als auch in ihrer Lage gemessen wurden, einen zusätzlichen Schlüssel zu dem, was Sie für eine „mathematische Aussage" in Cydonia halten, darstellt.

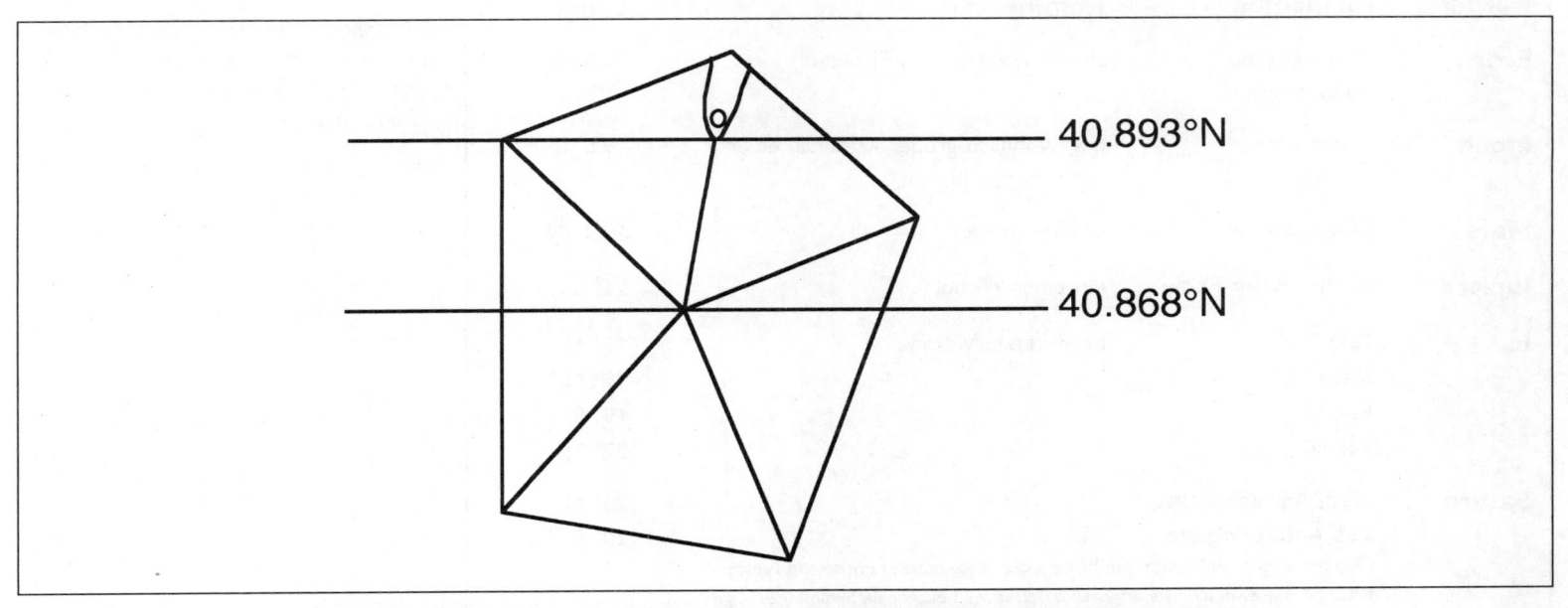

Die Mars Kontroll Punkt Koordinaten verwendent, die von Merton Davies zur Verfügung gestellt wurden, liegt die Spitze der D&M Pyramide auf 40.868° N dem arc-tangenz von e geteilt durch D.

Hoagland sagt, daß seine Studien der „Tetraeder" Aspekte der Mathematik in Cydonia ihn dazu geführt haben, bestimmte Beobachtungen und Vorhersagen bezüglich planetarer Energien zu machen. Zum Beispiel hat er beobachtet, daß die bedeutendsten vulkanischen Phänomene und Wirbel Phänomene (die größten Vulkane und „dunkle Flekken") auf den vorhandenen Körpern des Sonnensystems fast gleichbleibend auf ungefähr der Länge 19.5° aufzutreten scheinen – der Länge die dem Schnittpunkt von drei Vektoren eines polorientierten Tetraeders und seiner ihn umschreibenden Sphäre entspricht. Ob diese Beziehung kausal oder zufällig ist, bleibt noch zu bestimmen.

Körper	Phänomen	Kommentar	Länge
Erde	Hawaiianische Vulkanspalte	aktivster Vulkan des Planeten	19,5° N
Mond	Tsiolkovskii	ungewöhnlich großer Krater in einer vulkanischen Region	19,6° S
Mars	Olympus Mons	größter Vulkan	19,3° N
Jupiter	Großer Roter Fleck	einzelner Wirbel	21° S
Io	Loki	bedeutende Vulkane	19° N
	Mauli		19° N
	Pele		19° S
	Volund		22° N
Saturn	nörd. Aquatorialgürtel		20° N
	süd. Äquatorialgürtel		20° S
	(Torun bemerkt daß Saturn ein hexagonales Wolkenband um seinen Nordpol hat, und das zwei ineinandergestellte Tetraeder hexagonale Symmetrie zeigen wenn sie entlang ihrer Primärachse betrachtet werden.)		
Uranus	1 - 2 Grad Temperaturabfall, wie beim Voyager-IRIS Expriment gemessen		20° N
			20° S
	(Möglicherweise verursacht durch tieffliegende Aufwölbungen, die Wolken in größeren Höhen und daher in niedrigere Temperaturen bringen.)		
Neptun	Großer Dunkler Fleck	einzelner Wirbel	20° S

Atmosphärische und geologische Hauptphänomene die innerhalb von drei Grad um die „tetrahedrale" Länge von 19.5 Grad erscheinen.

Toruns Kommentare zur Geomorphologie des Mars und den Beziehungen in Cydonia

„Einer der wichtigsten Aspekte der Mars Geologie ist, daß Mars geologisch der Erde ähnlich ist – erheblich mehr als jeder andere Körper im Sonnensystem. Teilweise ist es aufgrund dieser Ähnlichkeit schwierig, die ungewöhnlichen Objekte von Cydonia abzulehnen, einfach als das Produkt einer völlig fremden Umwelt. Jede natürliche Erklärung müßte ein spezifisches geomorphologisches Modell liefern für die Formung einer 5-seitigen Struktur, die scheinbar sechs mathematische Konstanten enthält und deren scheinbare Symmetrieachse direkt auf ein Objekt zeigt, das Ähnlichkeiten mit einem menschlichen Gesicht zeigt."

„Bei Betrachtung des Gesichts, der Stadt, des Stadtzentrums, der D&M-Pyramide, des Kliffs und des Tholos haben wir jetzt einen Komplex von Objekten, der architektonische, anthropomorphe und andere sichtbar-anomale Qualitäten aufweist. Zusätzlich zu ihrer Erscheinung müssen wir welche auch immer vorhandene Geometrie berücksichtigen und die Information, die diese Geometrie vielleicht darstellt. In Cydonia sind spezifische Winkel und mathematische Werte vertreten, nicht einmal, sondern wiederholt. Darüber hinaus scheint dieses Muster mit der Physik von stellaren und planetaren Körpern in Verbindung zu stehen."

„Daher haben wir hier die Schlüsselelemente von fundierter Wissenschaft, inklusive sich wiederholender Messungen und die Entwicklung eines Musters, daß benutzt werden kann, um andere Phänomene zu identifizieren und zu beschreiben. Es ist diese Wiederentdeckung von verwertbaren Informationen, die sehr eloquent für die Wahrscheinlichkeit von Intelligenz auf dem Mars spricht. Während es theoretisch vielleicht möglich ist, daß diese ganzen Zufälle aufgetreten sind als ein Ergebnis rein natürlicher Kräfte, ist die tatsächliche Wahrscheinlichkeit nahe Null."

„Ein unbekannter Faktor bei einigen dieser Beobachtungen ist der verbleibende Spielraum für Fehler in den Daten, gewonnen aus den Viking-Fotos. Ich glaube nicht, daß wir jemals eine signifikante Fünf-didgt Genauigkeit erhalten, bevor nicht der Cydonia-Komplex von Mars-Observer wieder aufgenommen wurde. Das wird selbstverständlich die weitergefaßten Fragen auch beantworten. Solange scheint diese enge Gruppe von so vielen anomalen Formen und mathematischen Annäherungen völlig außergewöhnlich zu sein."

ANHANG C: IRDISCHE VERGLEICHE

Irdische Gegebenheiten stellen bekannte Referenzpunkte zur Verfügung, um die einmalige Qualität des Gesichts und anderer ungewöhnlicher Objekte auf dem Mars zu bewerten. Die schiere Größe und Erhabenheit dieser Objekte lädt oft zu einem Vergleich mit den „Ägyptischen Pyramiden" und der „Sphinx" ein.

Das Gebiet des Gizeh-Plateaus ist einige Quadratkilometer groß und enthält die drei größten Pyramiden von Cheops, Chefren und Mekerinos. Auf dem Mars bedecken das Gesicht und die es umgebenden Objekte eine Fläche, die mehrere Größenordnungen darüber liegt. Während die Distanz zwischen der „Großen Pyramide" und der „Sphinx" weniger als einen Kilometer beträgt, ist der Abstand zwischen dem Gesicht auf dem Mars und der D&M Pyramide über 20 Kilometer.

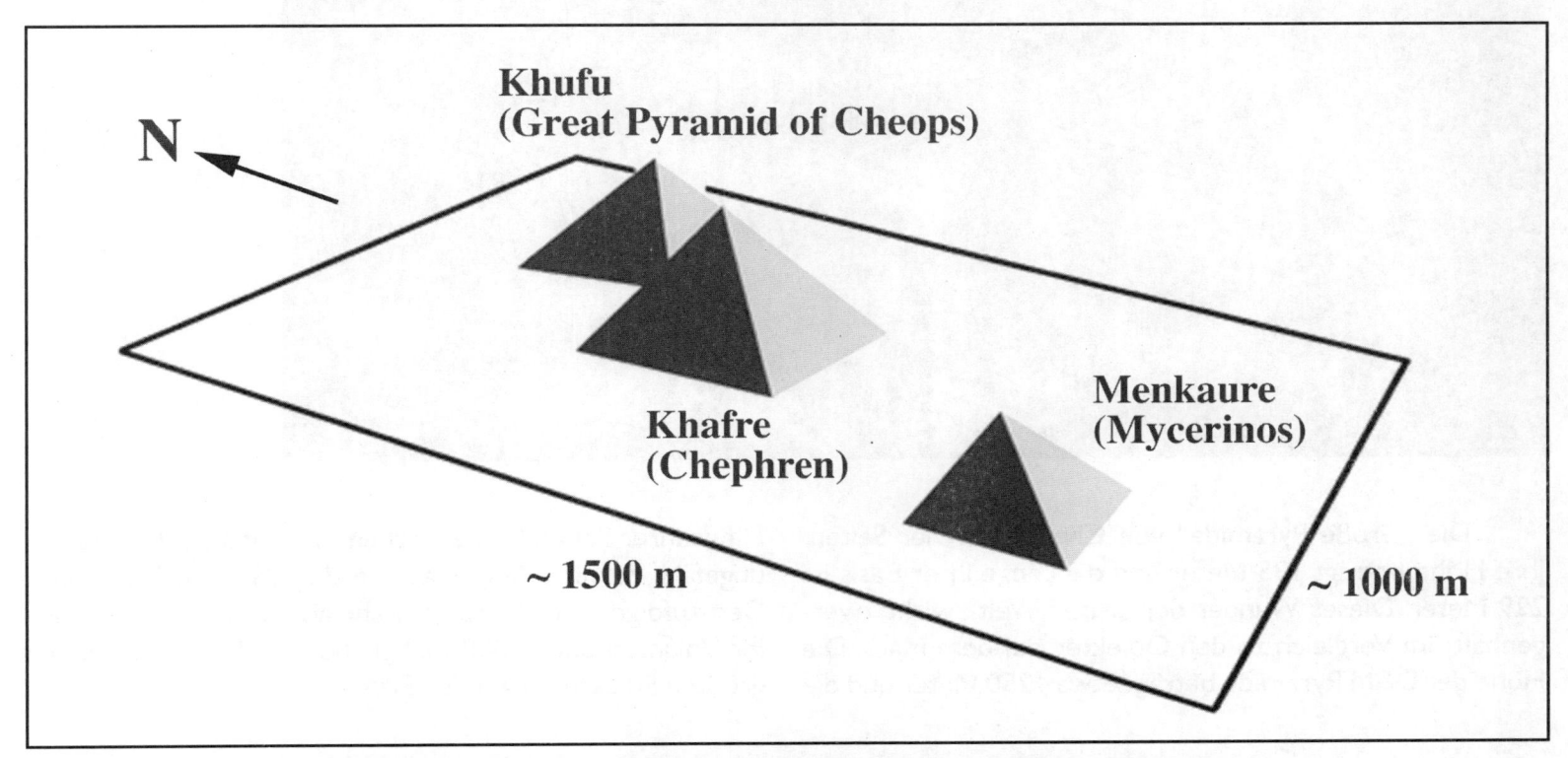

Lageplan der ägyptischen Pyramiden (Gewonnen aus einem Computermodell des Gizeh-Plateaus entwickelt vom Oriental Institute Computer Laboratory, University of Chicago).

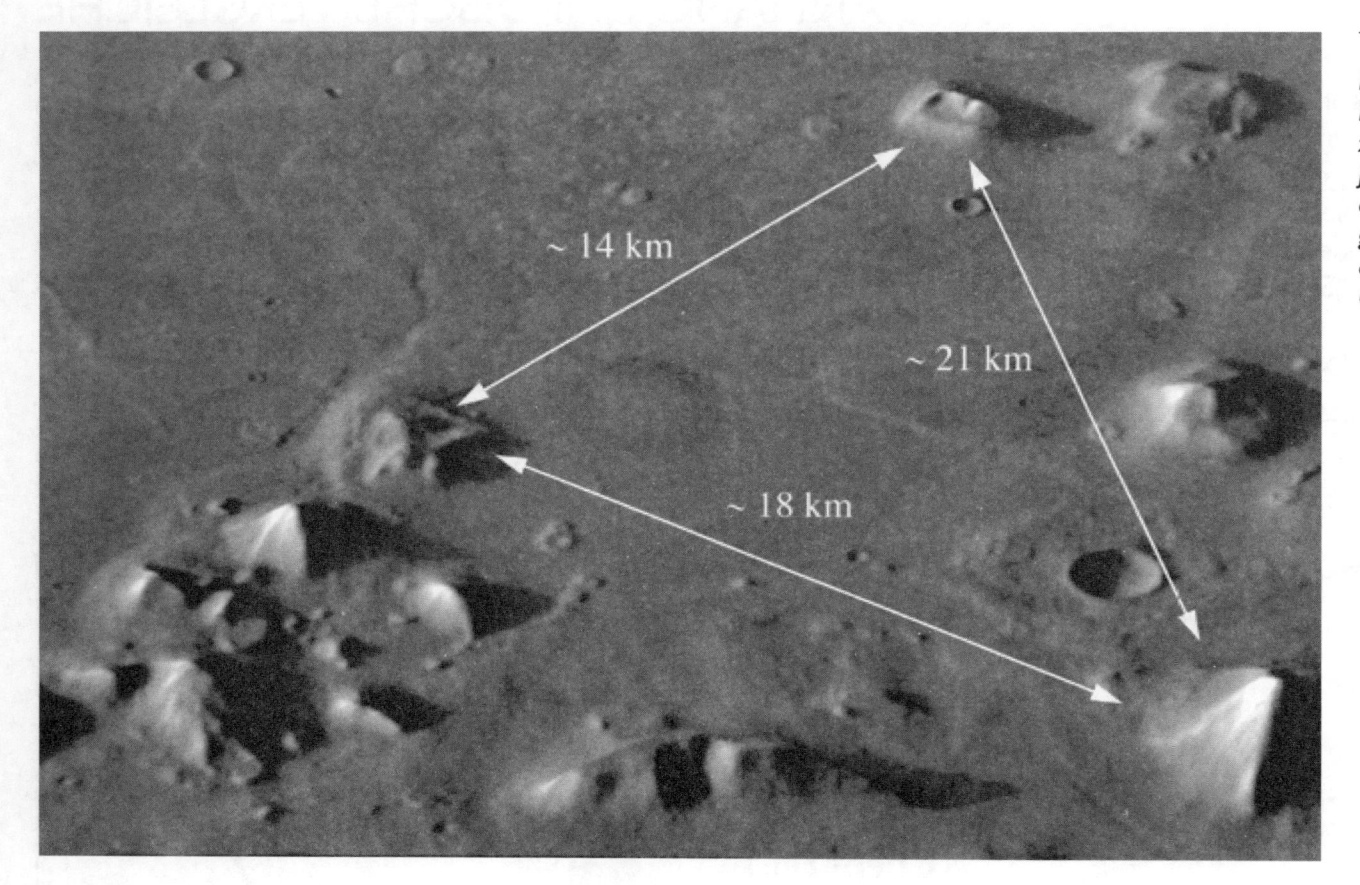

Lageplan der Objekte in Cydonia. Die Distanzen zwischen den Objekten sind mehr als eine Größenordnung, größer als die zwischen den Pyramiden des Gizeh-Plateaus.

Die „Große Pyramide" von Cheops hat vier Seiten. Ihre Höhe beträgt 135 Meter und die Länge ihrer Basis ist 229 Meter. Dieses Wunder der „Alten Welt" wirkt zwergenhaft im Vergleich zu den Objekten auf dem Mars. Die Höhe der D&M Pyramide beträgt etwa 1250 Meter und die Länge ihrer Seiten liegt zwischen 2700 und 3800 Metern – ungefähr zehnmal länger als die der „Großen Pyramide". Demzufolge ist ihre Fläche mehr als 100-mal so groß und ihr Volumen über 1000-mal größer als das von einer der größten Strukturen auf der Erde!

Photographien der drei ägyptischen Pyramiden und der D&M Pyramide auf dem Mars zum Vergleich im gleichen Maßstab.

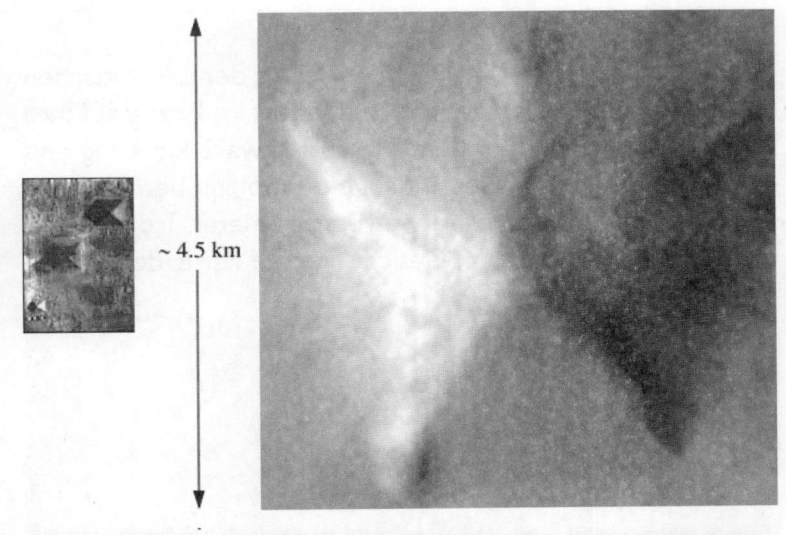

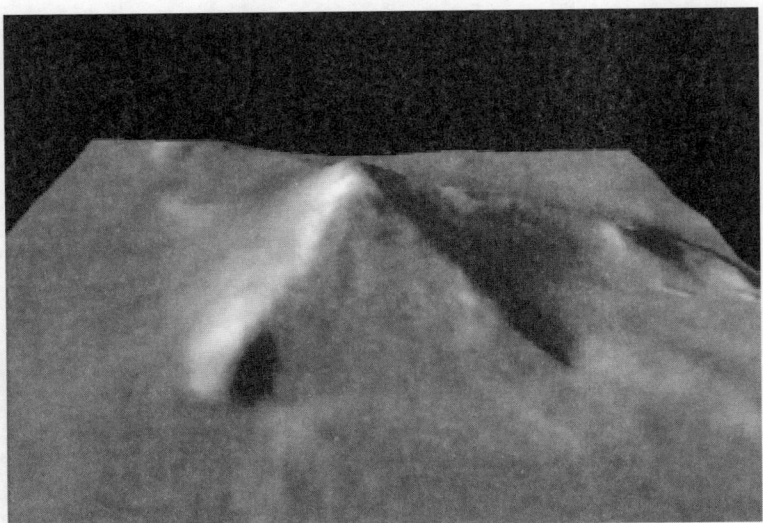

~ 4.5 km

Bodenansicht der drei Pyramiden von Gizeh. Mekerinos ist die vor Chefren, welche die vor Cheops ist. Der Blick geht in Richtung Nordost.

Simulierte Ansicht in Bodennähe der D&M Pyramide. Der Blick geht nach Nord-nordost.

Es gibt keinen Vergleich zwischen der „Ägyptischen Sphinx" und dem Marsgesicht, zumindest im Bezug auf ihre Größe. Das Gesicht auf dem Mars ist etwa 2 km Lang und 400 Meter hoch. Die Gesamtlänge der Sphinx beträgt etwa 45 Meter. Ihr Kopf beträgt etwa 10 mal 4 Meter. Trotzdem ist die Gegebenheit, die dem Gesicht hier auf der Erde am ähnlichsten ist, die Sphinx. Natürliche Felsformationen sehen nur dann wie ein Gesicht aus, wenn sie im Profil von einem sehr spezifischen Ort aus betrachtet werden. Auf der anderen Seite behalten das Gesicht auf dem Mars und die Sphinx ihren gesichtsartigen Ausdruck über einen weiten Bereich von Beleuchtungsbedingungen und Betrachtungspunkten hinweg.

Die Sphinx blickt zum östlichen Horizont.

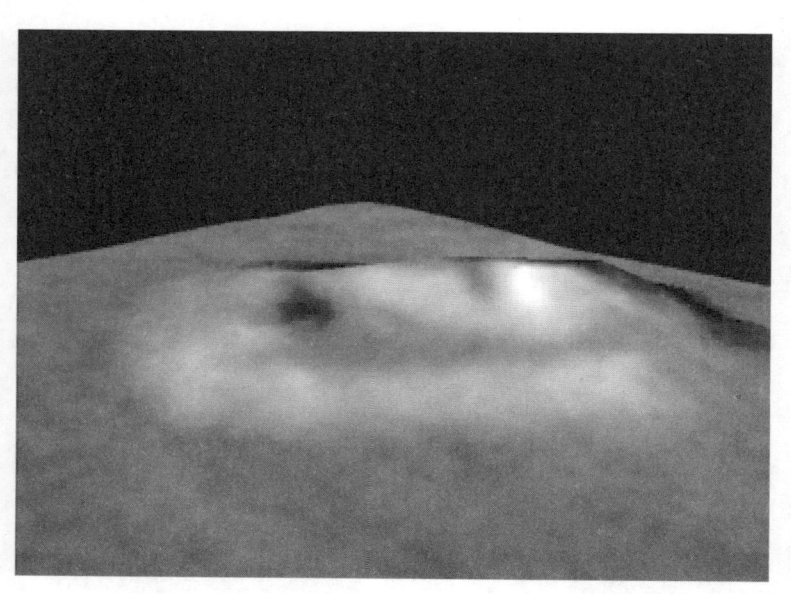

Das Gesicht auf dem Mars starrt in das Weltall.

„Winking Eye" und „Sphinx Rock" sind zwei natürlich auftretende Felsformationen in Groß Britannien, die Gesichter im Profil darstellen.

Es ist aber mittlerweile bekannt, daß es Objekte auf der Erde gibt, die in etwa so groß sind wie die Strukturen auf dem Mars. Ungefähr 100 km südwestlich der Stadt Xi'an, in der Volksrepublik China, steht eine gewaltige Erdpyramide, die 300 Meter hoch ist. Ihr Alter und Ursprung sind gegenwärtig unbekannt.

Große Erdpyramide in der Xi'an Provinz in China in der Größe etwa vergleichbar der D&M Pyramide.

„Pyramidal Memorial to Man to be Visible from Mars", entworfen von dem japanisch-amerikanischen Bildhauer Isamu Noguchi im Jahre 1947. Die vorgesehene Größe der Nase ist eine Meile in der Länge.

Um Fair zu sein, müssen wir uns fragen, ob ein Gesicht auf dem Mars wirklich so seltsam ist – nach allem was in den 40'ern passierte, schlug ein japanisch-amerikanischer Künstler Namens Isamu Noguchi vor, daß ein Gesicht auf der Erde gebaut werden sollte – um vom Mars aus gesehen zu werden.

Ein letzter Gedanke zu der Größe dieser Objekte: Das Dutzend-oder-so anormaler Strukturen, die heutzutage in verschiedenen Regionen des Mars wahrgenommen werden, zeigen einen überraschend schmalen Bereich von Größen – zwischen zwei bis vier Kilometer in ihren längsten Dimensionen. Die Gesetze von fraktalem Verhalten diktieren generell, daß ein signifikanter Anteil dieser Anomalien, wenn natürlich, außerhalb dieses limitierten Bereichs liegen sollten. Dies sollte besonders auf dem Mars so sein, dessen Terrain dazu tendiert, mehr in seinen Größenverhältnissen zu variieren als das der Erde. Anwälte der Intelligenzhypothese theoretisieren, daß die relative Dichte des strukturellen Maßstabs ein Anzeichen für zielbewußtes Design, besondere Konstruktionstechnologien, Bevölkerungsgröße und/oder für Umwelt-Faktoren sein könnte wie etwa Gravitation, Temperatur und atmosphärische Zusammensetzung.

In diesem Szenario würde zielbewußtes Design Massenbesiedlung oder industrielle Aktivitäten beinhalten, die niedrige Marsgravitation würde die wirtschaftliche Konstruktion von relativ großen Formen erlauben, und die niedrige Umgebungstemperatur würde daa Auffangen von Sonnenenergie über eine so große wie mögliche Fläche diktieren. Die feindliche Umwelt der Marsoberfläche verlangt vielleicht nach einem Design ähnlicher Art, vielleicht teilweise unterirdisch.

ANHANG D: FESTLEGUNG DER SUBJEKTIVEN FAKTOREN

Die meisten der bekannten Marsanomalien wurden durch intensive optische Untersuchung von ausgesuchten Viking-Aufnahmen entdeckt. Die folgende Tabelle definiert einige der qualitativen Kriterien, durch welche sich diese Objekte sichtbar von ihrer Umgebung unterschieden haben. Diese Kriterien sind abhängig von individueller Interpretation wie dem Grad des Gehalts.

BEOBACHTETE CHARAKTERISTIK	OBJEKTE
Geometrische Strukturen (linear, parallel, usw.)	Streifen auf dem Gesicht D&M Pyramide Festung Kliff Landebahn Schüssel Komplex Krater Pyramide Rillen der Krater-Pyramide
Periodizität (regelmäßige Wiederholungen einer Form)	Streifen auf dem Gesicht Landebahn "Hügel" oder Pyramiden" geometrische Muster der Wälle der Festung
Anormale Glätte der Oberfläche	Stadt Gesicht Tholus D&M Pyramide "Bogenform" im Landebahn-Komplex Schüssel

BEOBACHTETE CHARAKTERISTIK	OBJEKTE
Andere anormale Texturen	Furchen im Terrain östlich des Kliffs Rillen nahe der Krater Pyramide
Fehlende Zerstörung (oder anderes anormales Verhalten innerhalb des primären Radius eines Einschlagkraters)	Krater Pyramide Kliff Konkaves Gebiet östlich des Kliffs Rillen nahe der Krater Pyramide
Relative Symmetrie	Gesicht D&M Pyramide Kliff Stadt Stadtzentrum "Bogenform" bei der Landebahn Tholus Krater Pyramide
Ähnlichkeit zu bekannten irdischen Gegebenheiten	Landebahn (Teilchenbeschleuniger oder Massentreiber) Tholus (prähistorische Erdhügel) Krater Pyramide (4-seitige Pyramiden) Schüssel (Amphitheater, Mesoamerikanische Struktur) Helmstreifen des Gesichts (Pharaonischer Kopfschmuck) Rillen der Krater Pyramide (Minengrabungen)
Lineare Ausrichtung	Stadtzentrum-Gesicht-Kliff-Sonnenwende Landebahn "Hügel" oder "Pyramiden"

BEOBACHTETE CHARAKTERISTIK	OBJEKTE
Parallelität/Geradlinigkeit	Anordnung der Stadt Ausrichtung der Stadt zum Gesicht rechte Winkel: D&M-Tholus-Kliff rechte Winkel: D&M-Festung-Kliff
Wechselseitige Orientierung	Östlicher Wall der Festung zeigt auf die D&M Pyramide Lange Achse der D&M Pyramide zeigt auf das Gesicht Linker "Arm" der D&M Pyramide zeigt auf das Stadtzentrum Rechter "Arm" der D&M Pyramide zeigt auf den Tholus Lange Achse des Kliffs zeigt auf den Tholus

ANHANG E: ÜBER MARSIANISCHE METEORITEN, MIKROBEN UND GESICHTER

Im Jahre 1976 setzten zwei Viking-Landesonden auf der Marsoberfläche auf, um die erste Suche nach organischem Leben auf dem Roten Planeten durchzuführen. Laut Dr. Gilbert V. Levin, einem Mitglied des Lander- Wissenschaftsteams.

„Die Viking-Labeled-Release-(LR)-Experimente, durchgeführt auf dem Mars im Jahr 1976, erbrachten Daten, die ihre Vormissions-Kriterien für die Präsenz von Leben in den Proben des analysierten Oberflächenmaterials zufriedenstellten. In abgeschlossenen Kammern wurden die Proben mit organischen Nährlösungen befeuchtet, versetzt mit radioaktivem Kohlenstoff, und auf die Bildung von radioaktivem Gas, als einem Beweis für Stoffwechsel, beobachtet. Beide Viking-Landeplätze, 4.000 Meilen voneinander entfernt, erbrachten starke positive Antworten. Zur Kontrolle wurden Teile der Proben die positiv reagiert hatten auf Temperaturen erhitzt, die geeignet sind, um chemische von biologischen Agens zu unterscheiden. Jede einzelne von insgesamt neun unterschiedlichen Reaktionen war vereinbar mit einem biologischen Dasein. Zusammen bilden die Ergebnisse eine große Wahrscheinlichkeit für die Existenz von Mikroorganismen auf dem Mars. Entgegengesetzte Beweise erbrachte das Viking-Gas- Chromatogram-Massen-Spektrometer-(GCMS)-Experiment welches Organische Verbindungen suchte und keine fand. Diese große Dilemma wurde von der Mehrheit der wissenschaftlichen Gemeinde „gelöst", indem sie sich für den konservativen Schluß entschied: Chemie. Verschiedene extreme Umweltfaktoren wurden zitiert, um die Ansicht zu unterstützen, daß der Mars feindlich für Leben ist..."[1]

Dann wurde einige Jahre später ein Artikel in dem Journal *Nature* veröffentlicht, der die Entdeckung von organischen Verbindungen in einem marsianischen Meteoriten ankündigte:

„Der Meteorit EETA 79001, von dem viele glauben, daß er vom Mars herstammt enthält Kohlenstoff-Materialien von denen angenommen wird, daß sie Marsianische Verwitterungs- oder Umbildungsprodukte sind. Begleitet wird der Kohlenstoff von unerwartet hohen Konzentrationen von organischen Materialien (hier definiert als Kohlenstoffartige Materie die eine geringe Stabilität gegenüber Oxidation hat und so bei < 600° C zerfällt; der Begriff „organisch" beinhaltet nicht notwendig einen Ursprung durch biologische Prozesse). Obwohl die Zusammensetzung der Kohlenstoffisotope dieser Materialien nicht von irdischen biologischen Verbindungen zu unterscheiden ist und so nicht verwendet werden kann, um auf die Herkunft zu schließen, argumentieren wir hier, daß ihr Auftreten in einer inneren Probe eines sauberen antarktischen Meteoriten gegen einen vollständig irdischen Ursprung spricht...".[2]

Kürzlich, in der Ausgabe des Journals *Science* vom 16. August 1996, veröffentlichte eine Gruppe von Forschern angeführt von David S. McKay einen Artikel mit dem Titel: „Suche nach Leben auf dem Mars: Mögliche vergangene biogenische Aktivität in dem Mars Meteorit ALH84001." In ihrem Artikel beschreiben Sie ihre Analyse einer Probe eines Meteoriten der, 1984 in der Antarktis gefunden wurde, von dem angenommen wird, daß er vom Mars bei einem großen Einschlag vor 16 Millionen Jahren weggeschleudert wurde. Ihre Erkenntnisse:

> „Bei der Untersuchung des Mars Meteoriten ALH84001 haben wir gefunden, daß die folgenden Beweise kompatibel sind mit der Existenz von vergangenem Leben auf dem Mars:
>
> ➠ ein Eruptivgestein vom Mars (mit unbekanntem geologischem Kontext) durchdrungen von einer Flüssigkeit entlang von Frakturen und Poren, welche dann die Stellen von sekundärer Mineralbildung und möglicher biogenischer Aktivität wurden;
>
> ➠ Formationsalter der Kohlenstoffkugeln ist jünger als das Alter des Eruptivgesteins;
>
> ➠ SEM und TEM (Elektronenmikroskope) Aufnahmen der Kohlenstoffkugeln stellen irdische Mikroorganismen, irdische biogenische Kohlenstoffstrukturen oder Mikrofossilien dar;
>
> ➠ Magnetit und Eisensulfit-Teilchen, die von Oxidation und Reduktion herstammen könnten, die, wie bekannt ist, wichtig sind in irdischen Mikrobiologischen Systemen; und
>
> ➠ die Anwesenheit von PAH's (polyzyklische aromatische Kohlenwasserstoffe) verbunden mit Oberflächen reich an Kohlenstoffkugeln."

Sie fahren fort auszusagen:

> „Keine dieser Beobachtungen ist in sich selbst schlüssig für die Existenz von vergangenem Leben. Obwohl es alternative Erklärungen für jedes dieser Phänomene für sich genommen gibt, wenn man sie kollektiv betrachtet, besonders in Anbetracht ihrer räumlichen Verbindung, schließen wir, daß sie ein Beweis für primitives Leben auf dem frühen Mars sind."[3]

Obwohl die Ergebnisse der Viking-Lander-Experimente die Möglichkeit von Leben vorschlugen, wurde eine alternative Erklärung, daß die Reaktionen aufgrund der Bodenchemie des Mars auftreten, die akzeptierte Weisheit zu dieser Zeit. Aber jetzt scheint sich die Meinung der Gemeinde der Planetarwissenschaftler über die Möglichkeit von Leben auf dem Mars zu ändern, nicht basierend auf der tatsächlichen Entdeckung einer lebenden Mikrobe, sondern aufgrund von Indizienbeweisen – Kohlenstoff-Material, das Fossilien und organische Verbindungen darstellt, die das Nebenprodukt von primitiven Lebensformen sein könnten.

Seit der Entdeckung eines gewaltigen menschlichen Gesichts auf dem Mars im Jahre 1976, versuchen unabhängige Forscher einen Fall aufzubauen, der die Hypothese unterstützt, daß bestimmte Formationen auf dem Mars in Ursprung künstlich sind. Unglücklicherweise ist die Gemeinschaft der Mainstream-Wissenschaftler im allgemeinen und die NASA im besonderen nicht willens, diese Fragen auch nur in einer verantwortlichen Weise in Betracht zu ziehen. Es sollte bei all den Beweisen klar sein, daß, ob Mikroben vielleicht einmal auf dem Mars gelebt haben, im Grunde kein

Unterschied ist zu dem Beweis, daß das Gesicht vielleicht von intelligenten Wesen geschaffen wurde. Wie im Fall der Mikroben, alle heutigen Beweise sind indirekt und beruhen auf Indizien. Individuell betrachtet hat jeder einzelne Beweis alternative Erklärungen. Aber zusammen ist die Menge an Beweisen daß das Gesicht und andere nahegelegene Objekte künstlich sind, beinahe zwingend und vielleicht sogar stärker (bei Anerkennung der Tatsache, daß wir so viel mehr einzelne Teile an Beweisen haben) als der für Mikroben. Eine Hypothese zu akzeptieren, während man eine andere ablehnt, ist willkürlich. Dies ist nicht wissenschaftlich.

Meteorit ALH84001 gefunden in der Antarktis 1984, von dem man annimmt, daß er vor 16 Millionen Jahren bei einem Einschlag vom Mars weggeschleudert wurde.

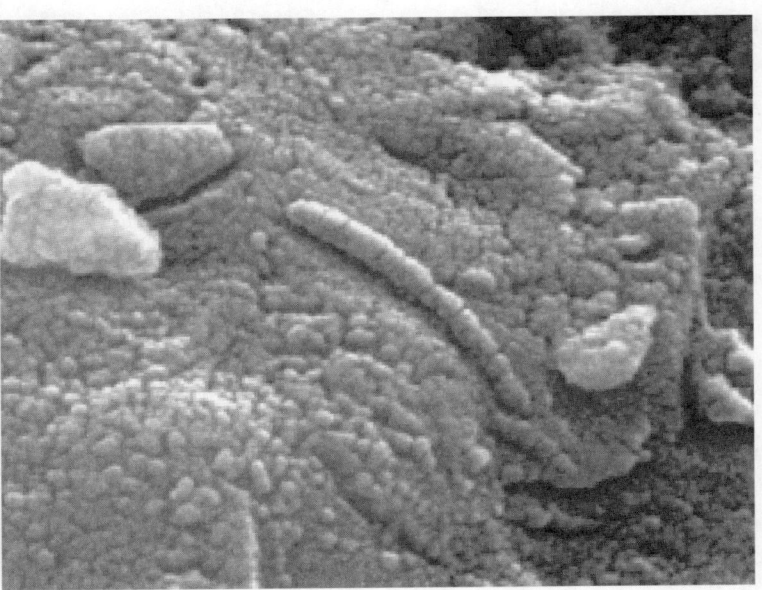

Aufnahme eines scannenden hochauflösenden Elektronenmikroskops, die ein Röhrenähnliches Objekt zeigt, daß weniger als 1/100 der Breite eines menschlichen Haares hat, von dem man glaubt, daß er versteinerte Beweis von primitivem Leben ist, das vor 3.6 Millionen Jahren auf dem Mars existierte. (NASA)

Referenzen für Anhang E

1. Internationale Tesla Society's *Mars Forum*, Nov. 13-14, 1993, Colorado Springs, CO.

2. I.P. Wright, M.M. Grady, und C.T. Pillinger, „Organic Materials in a Martian Meteorite", *Nature*, Vol. 340, 20.Juli 1989.

3. McKay, D.S., Gibson, E.K., Thomas-Keprta, K.L., Vali, H., Romanek, C.S., Clemett, S.J., Chillier, X.D.F., Meachling, C.R., Zare, R.N., „Search for past life on Mars: Possible relic biogenic activity in Martian meteorite ALH84001", *Science*, Vol.273. 16 Aug. 1996.

ANHANG F: FORSCHUNGSCHRONOLOGIE DER MARSANOMALIEN

--- 1976 ---

Viking nimmt am 25. Juli das erste Bild vom Gesichtes auf dem Mars auf (35A72).
Walter Hain in Deutschland sieht am 15. Dezember eine Aufnahme des Gesichtes in einem Film der NASA.

--- 1977 ---

Vincent DiPietro findet ein Bild des Gesichtes in NASA-Archiven. DiPietro und Greg Molenaar finden zweite Aufnahme vom Gesicht (70A13).

--- 1979 ---

DiPietro und Molenaar beginnen mit dem Prozess der Bildverbesserung für das Gesicht, einschließlich der Entwicklung der Starbust Pixel Überlappungstechnik (SPIT).

Walter Hain veröffentlicht in Deutschland **„Wir vom Mars"**, eine Kompilation von Mythen und Fakten über den Planeten, worin auch die Andeutung enthalten ist, daß das Gesicht künstlich sein könnte.

--- 1980 ---

DiPietro und Molenaar veröffentlichen Ungewöhnliche Erscheinungen der Marsoberfläche. Am 16. Juni legen DiPietro und Molenaar ihre Arbeit bei dem 156. Treffen der Amerikanischen Astronomischen Gesellschaft in College Park, Maryland, vor.

--- 1981 ---

Richard Hoagland trifft im Juli DiPietro und Molenaar auf der ersten Konferenz „Der Fall für den Mars" in Boulder, Colorado.

--- 1983 ---

Hoagland nimmt Kontakt zu DiPietro und Molenaar in einer anderen Sache auf, aber als er neuere Fotoverbesserungen sieht, interessiert er sich für das Gesicht.

Hoagland entwickelt die Hypothese über die Existenz einer Stadt. Er identifiziert die Festung und andere pyramidale Objekte in der Stadt sowie kleinere, erdhügelähnliche Objekte. Er bemerkt, daß die Objekte ausgerichtet zu sein scheinen und daß diese Ausrichtung zur Sonnenwende sein kann.

Hoagland und der Anthropologe Randy Pozos organisieren während des Sommers eine Unabhängige Marsuntersuchungs-Computerkonferenz. Hoagland beginnt die Konferenz im Dezember mit dem ersten Eintrag.

--- 1984 ---

„Marschroniken" Computerkonferenz findet statt während dem ersten Quartal des Jahres 1984. Unter den Teilnehmern sind John Brandenburg, Lambert Dophin, Bill Beatty und Jim Channon, zusammen mit DiPietro, Molenaar, Hoagland und Pozos. Letzter Eintrag von Hoagland im März.

Hoagland und Thomas Raugenberg von der Universität Kalifornien besprechen die zweite parallele Untersuchung (Marserforschungsgruppe).

John Brandenburg legt im Juli die Ergebnisse der Unabhängigen Marserforschung auf der Konferenz „Der Fall für den Mars II" in Boulder vor.

Die Augustausgabe der Zeitschrift Soviet Life berichtet durch den russischen Verfasser Vladimir Avinsky über die Entdeckung von Pyramiden auf dem Mars.

Die Zeitschrift Discover berichtet in ihrer Septemberausgabe über den Fall für die Mars II Konferenz – keine Erwähnung des Referats über die Unabhängige Marserforschung. In derselben Ausgabe schlägt Carl Sagan eine gemeinsame US/Sovietische Reise zum Mars und erwähnt „rätselhafte Landformen" auf dem Mars.

Im Herbst treffen sich Rautenberg, der Volkswirt David Webb, Carl Sagan und Louis Friedman (aktives Verwaltungsratsmitglied der Planetengesellschaft) in Washington. Friedman lehnt es ab, sich die Aufnahmen des Gesichtes anzusehen. Unter der Hand sagt Sagan zu Webb: „die sind sehr interessant, aber wenn mich jemand fragt, werde ich abstreiten, daß dieses Treffen stattgefunden hat."

--- 1985 ---

Im Januar besprechen Hoagland und Sagan die Marsanomalien bei dem Treffen der Nationalen Akademie der Wissenschaften in Washington. Sagan bietet an, jegliches Material über das Thema zu überprüfen und erhofft den Austausch von Referaten in der Literatur.

Im Februar nimmt Carlotto Kontakt zu Rautenberg auf und legt ein Treffen fest. Rautenberg besorgt Carlotto eine Kopie der Viking Datenbänder.

Eine Reihe von Zeitungsartikeln berichteten kritisch über die Unabhängige Marserforschung im Frühling. Die Universität von Kalifornien will nicht länger die Marserforschungsgruppe sponsorn.

Am 2. Juni veröffentlicht Sagan einen Artikel im Parade Magazine mit dem Titel „Der Mann im Mond". Der Artikel enthält eine farbige Version der Viking Aufnahme 70A13, in der die entscheidenden Schatten durch die zugesetzte Farbe verdunkelt werden. Sagan steht dem Gesicht und dessen Erforschern sehr kritisch gegenüber – keine von diesen werden namentlich erwähnt.

Interviews mit Sagan und anderen auf der Konferenz „Schritte zum Mars", die Mitte Juli in Washington abgehalten wurden, deuten auf wachsenden Widerstand in der Gemeinschaft der Planetarwissenschaften gegenüber den Marsanomalien hin.

--- 1986 ---

Am 23. Juli 1986 spricht DiPietro mit Sagan in der Nationalen Akademie der Wissenschaften in Washington D.C. DiPietro zeigt Sagan Bilder über die Verbesserungen des Gesichts mit der Einzelheit des Augapfels. DiPietro stimmt zu, Sagan Fotos zu senden.
Carlotto schickt Sagan einen Entwurf des Referats der 3-D Analyse des Gesichtes. Carlotto und Sagan schreiben sich im Spätsommer Briefe. Das Referat mit dem Titel „Digitale Bildanalyse von ungewöhnlichen Erscheinungen auf der Marsoberfläche" wird dann zum Journal für Planetenwissenschaften Icarus gegeben.
Brian O'Leary organisiert die Gesellschaft zur Erforschung der Marsanomalien. Unter den Mitgliedern sind Brandenburg, Carlotto, DiPietro, Webb und andere.

Hoagland veröffentlicht „Der rätselhafte Fall des menschlichen Gesichtes auf dem Mars" in der Novemberausgabe des Magazins Analog.

Zwei Bücher werden 1986 veröffentlicht: Das Gesicht auf dem Mars von Randy Pozos und Planetenrätsel von Richard Grossinger.

--- 1987 ---

Anfang Februar reicht O'Leary ein Referat bei Icarus ein mit dem Titel: „Bemerkungen zu den Bildern vom Gesicht des Mars und anderen benachbarten Objekten".

Mitte März wird Carlottos Referat von Icarus mit der Begründung abgelehnt, daß es „nicht von ausreichendem wissenschaftlichen Interesse" ist.

O'Learys Referat wird ebenfalls von Icarus mit einer ähnlichen Begründung abgelehnt. Dies ist dasselbe Journal, das vorher elf Referate von O'Leary veröffentlicht hat, die nie abgelehnt worden waren.

Carlotto überarbeitet sein Referat und reicht es im September bei dem Journal Applied Optics (Angewandte Optik) ein.

Hoaglands Buch Die Monumente auf dem Mars wird 1987 veröffentlicht.

--- 1988 ---

Carlottos Referat wird angenommen und am 5. Mai in der Ausgabe von Applied Optics veröffentlicht.

Rußland startet im Juli Phobos I und II in Richtung Mars. Der Kontakt mit Phobos I wird auf dem Weg zum Mars verloren.

Nach der Pressekonferenz im Nationalen Presseclub in Washington D.C. erscheinen allgemeinverständliche Artikel über das Gesicht in New Scientist (7. Juli) und Newsweek (25. Juli).

Während des Sommers führt Erol Torun eine geomorphologische Analyse der D&M Pyramide durch und kommt zu dem Schluß, daß es nicht durch einen bekannten geologischen Prozeß auf dem Mars geformt worden sein kann. Er entwickelt ebenfalls ein geometrisches Modell der D&M, in der viele universale mathematische Konstanten eingebettet sind.

Hoagland zeigt daraufhin, daß sich dieselben universalen Konstanten in Beziehungen zwischen dem D&M und anderen Objekten im Cydonia-Komplex widerspiegeln, und daß die Breite der D&M auf dem Mars mit denselben Konstanten ausgedrückt werden können.

Im Dezember legen Hoagland, Carlotto und Torun dem Publikum im Goddard Spae Center in Maryland Forschungsergebnisse vor.

Am 18. Dezember wird ein neues Referat mit dem Titel „Eine Methode, um nach künstlichen Objekten auf Planetenoberflächen zu suchen" bei dem Journal Nature eingereicht, in dem die Fraktalanalyse des Gesichtes beschrieben wird.

Weniger als zwei Wochen später wird das Referat zurückgeschickt, der Verleger hatte es abgelehnt zu lesen.

--- 1989 ---

Im März senden fehlerhafte Radioübermittlungen Phobos II in eine unkontrollierte Drehung, als es sich einem winzigen Marsmond näherte.

Ende März wird das Fraktalreferat bei dem Journal der Britischen Interplanetaren Gesellschaft (JBIS) eingereicht.

Im April treffen sich Hoagland, Carlotto und Torun mit dem Kongreßabgeordneten Robert A., Roe, Vorsitzender des Komitees für Wissenschaft, Weltall und Technologie des Repräsentantenhauses.

--- 1987 ---

Das Fraktalreferat wird angenommen und in der Maiausgabe des JBIS veröffentlicht. Die überarbeitete Version von O'Learys Referat, das von Icarus abgelehnt worden war mit dem Titel: „Analyse der Aufnahmen des Gesichtes auf dem

Mars und möglicher intelligenter Ursprung" erschien ebenfalls in derselben Ausgabe.

Im Juli schreibt Sagan Carlotto, um ihm für das Videomaterial zu danken, das in einer überarbeiteten Version seiner Kosmos-Serie verwendet wurde.

--- 1991 ---

Brandenberg, DiPietro und Molenaar veröffentlichen „Die Cydonia Hypothese" in der Frühjahrsausgabe des Journals für wissenschaftliche Forschung, worin sie die Hypothese stellen, daß das Gesicht von einheimischen Marsbewohnern erschaffen worden ist.

Hoagland legt dar, daß die Geometrie der D&M Pyramide und ihre externen Relationen zu anderen benachbarten Objekten, auf Tetraedergeometrie basiert.

Carlottos Buch Die Marsrätsel wird 1991 veröffentlicht.

--- 1992 ---

Am 25. September wird der Mars Observer gestartet.

Durch die Presseabhandlungen veranlaßt, beginnt Professor Stanley V. McDaniel mit einer unabhängigen Einschätzung der Methodologie, die von Forschern der Marserscheinungen verwendet wird sowie der Antworten der NASA auf ihre Forschungen.

--- 1993 ---

Ein in Auftrag gegebenes Referat von Carlotto mit dem Titel „Digitale Bildanalyse von möglichen außerirdischen Artefakten auf dem Mars" erscheint in der Aprilausgabe des Journals Digitale Signalaufbereitung.

Don Ecker, Forschungsdirektor für das UFO Magazin, findet ein Dokument, das von der Brookings Institution Anfang 1960 veröffentlicht wurde, in dem nahegelegt wurde, daß Wissenschaftler sich überlegen sollten, die Entdeckung von außerirdischem Leben oder Artefakten zu unterdrücken. Ecker gibt diese Information an Hoagland weiter, der es seinerseits an McDaniel zwecks Einschluß in seinen Bericht weitergibt.

Mars Observer wird am 21. August in der Nähe des Mars verloren. Dies, zusammen mit dem Verlust des Mars Observer veranlaßt Hoagland, die NASA zu beschuldigen, daß sie die Entdeckung künstlicher Strukturen auf dem Mars verschleiert.

Marsforscher treffen sich im September in Cody Wyoming zu einer Konferenz, die von Tom and Cynthia Fell organisiert wurde.

McDaniel vervollständigt seine Analyse der unabhängigen Marserforschungen sowie das Verhalten der NASA in dieser Sache. Seine Entdeckungen werden im McDaniel Report Ende 1993 veröffentlicht.

--- 1994 ---

McDaniel koordiniert die Formation der Gesellschaft für Planeten-SETI-Forschung (SPSR), um die Marsanomalien zu erforschen. Mitglieder von verschiedenen akademischen und beruflichen Bereichen werden herangezogen.

Der Physiker Horace W. Crater beginnt eine Studie von kleinen Erdhügelformationen auf Cydonia. Die Geologen James Erjavec und Ronald Nicks beginnen mit der Entwicklung einer geologischen Karte der Cydonia Region.

--- 1995 ---

Erste Ergebnisse von Craters Analyse der Erdhügelformationen weisen auf ein Vorhandensein einer radikalen statistischen Anomalie auf Grund der nicht zufälligen Verteilung der Erdhügel hin.

In zwei Referaten, die bei der SPSR eingereicht wurden, „Geometrische Lösung der Pentade" und „Geometrische Konstruktion des Quadratwurzel 2-Rechtecks", schlägt McDaniel ein rechteckiges Gittermuster in Bezug auf die geometrische Verteilung der Erdhügel vor.

Im Juni hielten McDaniel und Crater zwei Vorträge in der 14. Versammlung der Gesellschaft für Wissenschaftliche Forschung in Huntington Beach, Kalifornien. McDaniels Vortrag „Künstliche Strukturen auf dem Mars" faßt die Erforschung der Marsanomalien bis heute zusammen. Craters Vortrag „Eine statistische Studie der Winkelplazierungen der Erscheinungen auf dem Mars" präsentierte eine Analyse einer Anzahl kleiner erdhügelähnlicher Objekte in der Stadt.

--- 1996 ---

Im Mai hielten Carlotto und der Archäologe Jim Strange von der Universität South Florida Vorträge in der 15. Versammlung der Gesellschaft für Wissenschaftliche Forschung in Charlottesville, Virginia. Carlottos Vortrag „Legen gewisse Erscheinungen der Marsoberfläche eine außerirdische Hypothese nahe?" präsentierte eine probabilistische Analyse der vorhandenen Beweise für Künstlichkeit zusammen mit verschiedenen neuen Beweisstücken, die auf einer Vergleichsanalyse von einigen Erscheinungen basierten. Stranges Vortrag „Kann die archäologische Methode auf Planeten-SETI angewandt werden?" untersuchte die Zufälligkeit der Erdhügel, die von Crater und McDaniel untersucht worden sind sowie Toruns geometrisches Modell der D&M Pyramide.

Helmut Lammer veröffentlicht ein Referat „Atmosphärischer Masseverlust auf dem Mars und die Konsequenzen für die Cydonia-Hypothese und frühe Lebensformen auf dem Mars" in der Herbstausgabe der Journals für Wissenschaftliche Forschung. Das Referat argumentiert gegen Brandenburgs Hypothese, daß das Gesicht und andere Strukturen auf dem Mars von einheimischen Marsianern erbaut worden sind.

Sagan veröffentlicht sein neuestes Buch Demon Haunted World (Von Dämonen heimgesuchte Welt). Obwohl er sehr skeptisch zu den Marsanomalien steht, äußert er, daß die Hypothese geprüft werden kann und öffnet so die Frage der wissenschaftlichen Frage.

Pathfinder und Mars Global Surveyor werden im Herbst gestartet.

Die Russen starten Mars-96-Orbiter, der die Erdumlaufbahn nicht erreicht.

--- 1997 ---

Van Flandern veröffentlicht einen Vordruck von „Neue Beweise der Künstlichkeit in Cydonia auf dem Mars" und zeigt, daß das Gesicht nahe dem alten Marsäquator gelegen ist und eine „Gesicht nach oben" Ausrichtung in Hinsicht darauf hatte (Hauptachse ist nach Nord-Süd ausgerichtet). Van Flandern findet diese Tatsache folgerichtig zu seiner explodierten Planetenhypothese, die besagt, daß der Mars ein Mond eines größeren Planeten war, seitdem diese explodierte. Das Gesicht wäre auf dem Marsäquator bekannt gewesen, wenn es von solch einem Planeten gesehen worden wäre.

Carlottos Referat „Beweise, die die Hypothese stützen, daß gewisse Objekte auf dem Mars künstlichen Ursprungs sind" wird im Journal für Wissenschaftliche Forschung veröffentlicht. Das Referat analysiert alle Beweise bis heute in einem probabilistischen Rahmen und zeigt, daß es Sagans Kriterium eines „außergewöhnlichen Beweises" erfüllt.

Edition Tesla

Nachfolgend stellen wir Ihnen kurz und knapp einen wahren Schatz vor.

Nikola Tesla – Seine Werke

Bisher wurde Nikola Tesla, gewollt oder ungewollt, unterdrückt und fast vergessen. Er war vielleicht der Wissenschaftler, der das Gesicht der Welt am weitesten veränderte. Sei es seine Arbeit mit Thomas Edison, seien es seine Arbeit bei der Erfindung des Radios, seien es seine zahlreichen medizinischen Patente (u.a. Wärmestrombehandlung), seien es seine Erfindungen zum Thema drahtlose Informationsübermittlung, wie auch seine Beteiligung am Philadelphia-Experiment (Zeitexperimente). Das Übelste, was die amerikanische Regierung im Namen des Star War Programs gerade praktiziert, das was bei uns unter dem Namen HAARP-Projekt gerade bekannt wird, wäre ohne Tesla nicht denkbar. Die zwölf uns vorliegenden Grundlagenpatente für das HAARP-Projekt basieren auf Tesla- Erfindungen. Der spektakulärste Bereich seiner Erfindungen wird mit den folgenden Begriffen verbunden: Tachionen-Energie, Freie Energie und natürlich die TESLA- TODESSTRAHLEN. Nach seinem Tod wurden enorm viele Unterlagen vernichtet. Seit einigen Jahren gibt es jedoch mehr und mehr Nachfragen und auch vereinzelte Informationen über Tesla. Bisher gibt es zwar verschiedene Bücher über Tesla, auch einige gute Biographien, ein originales Tesla-Buch ist uns jedoch nicht bekannt. Mit dieser Edition lassen wir den klaren Geist eines begnadeten Wissenschaftlers zu Wort kommen. Jemand, der unverstanden blieb für die Mehrheit der Menschen, der totgeschwiegen wurde von den jeweils Mächtigen in Politik und Wirtschaft, der oft um die Früchte seiner wissenschaftlichen Arbeit beraubt wurde, dessen Ideen und Werke in einem ungeheurem Maße mißbraucht und vergewaltigt wurde (Montauk, HAARP). Jemand, dessen Schriften und Aufzeichnungen nach seinem Tod teilweise vernichtet wurden, dessen Technologie heute so aktuell ist, dass die weltweit größten Rüstungsunternehmen und die Vereinigten Staaten Milliardenbeträge in Patente investieren, die auf ihn aufbauen (HAARP PROJEKT).

Das zusammengetragene originale Tesla-Material füllt nun 6 Bücher.

Außer im 1. Band kommen keine weiteren Autoren zu Wort. Die Edition hat den Anspruch, alle auf seine Originalität geprüften Tesla-Materialien zu veröffentlichen. Hier haben neben einer großen Anzahl von Patenten, Vorträgen, Artikel und sonstigen Aufzeichnungen auch seine Original-Autobiographie und handgeschriebene Aufzeichnungen (z.B. über die Todesstrahlen und der Vakuumpumpe) Eingang gefunden.

Alle 6 Bände in Leinen gebunden jedes Buch mit Lesebändchen nur 240,00 DM die gesamte Ausgabe (im Schuber)
ISBN 3-89539-247-2

Bd. I Nikola Tesla:
Hochfrequenzexperimente und Patente mit einem Artikel vom Tesla-Kenner Childress über Teslas Todesstrahlen.
38,00 DM; ISBN 3-89539-240-5

Bd. II Nikola Tesla:
Mein Leben – Energieumwandlung
Seine Autobiographie mit einem Artikel über diverse Energieerzeugungsmethoden.
42,00 DM; ISBN 3-89539-241-3

Bd. III Nikola Tesla:
Hochfrequenztechnologie
Vorträge zu diesem brisanten Thema mit zahlreichen, bisher unveröffentlichten Fotos, viele Abbildungen, davon ca 100 bisher unveröffentlichte Fotos und Zeichnungen
48,00 DM; ISBN 3-89539-242-1

Bd. IV Nikola Tesla:
Energieübertragung Informationsübermittlung und Methoden der „Energieerzeugung - umwandlung".
42,00 DM; ISBN 3-89539-243-X

Bd. V Nikola Tesla:
Wegbereiter der neuen Medizin
Vorträge, Artikel und Erfindungen
42,00 DM; ISBN 3-89539-244-8

Bd. VI Nikola Tesla:
Waffentechnologie – Pläne und weitere Theorien Die einzigen handgeschriebenen Aufzeichnungen über die Todesstrahlen/Vakuumpumpe, die nicht zerstört wurden. Beschreibung und ausführliche Konstruktionsbeschreibungen, sowie weitere interessante Artikel und Vorträge.
58,00 DM; ISBN 3-89539-245-6

Edition Tesla

Bisher unveröffentlicht.

**Bisher noch nie in dieser
Komplexität zusammengetragen**

**Nikola Tesla
Seine Patente**

Der Titel erscheint ca. Frühjahr 1998.
Er umfaßt ca. 800 Seiten
und beinhaltet ausschließlich seine Patente.

Das Werk ist auf englisch
mit einem umfassenden
deutsch-englisch Wörterbuch.

ca. 800 Seiten
ISBN 3-89539-???
DM 148,--

NEUE ENERGIEN

Das Buch der Anti-Gravitation

Ist die vereinte Kraftfeldenergie die Antwort auf alle Energieprobleme?
In dieser wohl einmaligen Zusammenstellung wird erforscht wie Gravitation, Elektrizität und Magnetismus den Menschen beeinflussen.
Weitere Themen: Ist künstliche Gravitation möglich? Welche enormen Energien können wir dadurch nutzbar machen? Der „Anti-Masse-Generator", die Geheimnisse des Ufoantriebs, Freie Energie, Nikola Tesla und die Antikraft-Flugkörper der 20er und 30er Jahre. Texte, Ideen und Theorien von Albert Einstein, Nicola Tesla und T. Townsend Brown werden leicht verständlich dargestellt. Eingang in dieses Buch haben natürlich Antigravitations-Patente und zahlreiche Zeichnungen und Diagramme gefunden.

220 Seiten
38,00 DM
ISBN 3-89539-267-7

NEUE ENERGIEN

THE FREE-ENERGY DEVICE HANDBOOK
A Compilation of Patents & Reports

Das Freie Energie Handbuch

Ein Kompendium von Patenten und Information

In diesem bisher wohl einmaligen Werk findet der Leser ein Fülle von Informationen und Patenten zu den Themen: Freie Energie, Magnetmotoren, der Adams Motor, der Hans Coler Generator, Kalte Fusion, die „Superconductors", „N" Maschinen, Kosmische-Energy-Generatoren, Nikola Tesla, T. Townsend Brown, der Bendi Motor und und und.
Das Kompendium enthält viele Fotos, technische Diagramme, Patente und eine Vielzahl von faszinierenden Informationen.

Seiten ca. 600
DM ca. 78,—
ISBN 3-89539-291-X

NEUE ENERGIEN

Das Homopolar Handbuch

Ein Grundlagenbuch der Freien Energie

Das Homopolar Handbuch ist der definitive Führer für die Faradayische Scheiben-Generatoren und die N-Maschinen-Technologie. Es ist das neuste Buch von Thomas Valone, dem Autor des Buches „Elektro-Gravitation-Systeme". Tom Vallone ist einer der bekanntesten Wissenschaftler in dem Bereich Antigravitation und Freier Energie.

Das Homopolar Handbuch stellt einen Meilenstein dar bei der Aufzeichnung über Permanet-Magnet-Maschinen und Freie Energie-Maschinen. Das Buch ist bis zur letzten Seite voll von technischen Informationen, die oft bis ins Detail gehen.

Es gibt Kapitel über „Faraday Disc Dynamo" über „Unipolar Induction", den „field rotation paradox" und der „Stelle Homopolar Machine", genauso wie über „Trombly-Khan Closed-Path Homopolar Generator" und der „Sunburst Machine".

Der Wissenschaftler schildert ausführlich die Ergebnisse zahlreicher Experimente mit den diversen Freien Energie Maschinen. Das Werk ist auch für den interessierten Laien noch verständlich.

DM 48,—
ISBN 3-89539-295-2

NEUE ENERGIEN

DAS HAARP-PROJEKT

Das HAARP-PROJEKT ist die größte Bedrohung, der wir Menschen, der die ganze Erde jemals ausgesetzt ist. Finanziert aus dem STAR WAR PROGRAM der US-Regierung, finanziert von Universitätsgeldern, finanziert u.a. durch die gleichen privaten Geldgeber, die bereits beim MONTAUK PROJEKT finanziell beteiligt waren - mal wieder eine unheilige Allianz zwischen Kapital, Militär, Geheimdienst und Wissenschaft.

Im Gegensatz zum Geheimprojekt in Montauk ist das HAARP-Projekt öffentlich. Es gibt Haushaltsposten, öffentliche Besichtigungen und von Anfang an eine offensive Pressearbeit.

Nichts Geheimes? Alles öffentlich? Natürlich bei weitem nicht. Was kann das Projekt, was soll es können? Wenn man den HAARP-Projektleiter, John Heckscher, fragt, so antwortet er: „Dies ist kein System zur Kriegsführung, dies ist eine Forschungsanlage!" Warum dann allerdings einer der weltweit größten Rüstungskonzerne sämtliche Grundlagenpatente der HAARP-Technologie aufgekauft hat? In diesem Buch, das unter Mitarbeit von Menschen zustande kam, die in dem Projekt involviert sind, treten wir den Beweis an, das das Projekt folgendes kann:

1. weltweite Wettermanipulation
2. einzelne Ökosysteme beeinträchtigen
3. elektronische Kommunikationssysteme weltweit lahmlegen
4. Bewusstseinskontrolle über Menschen ausüben (emotionales Befinden, Gemütszustände verändern)
5. Strahlenwaffen konstruieren.

Der Spiegel und auch der Focus haben bereits über das Projekt berichtet, das Fernsehen hat eine eigene Sendung gebracht, aber das Fazit ist durchweg dasselbe: Es ist lediglich eine Forschungsanlage, alles ganz harmlos, alles ganz friedlich. Das z.B. pro Betriebsstunde (laut offizieller Projektbeschreibung) die Energie von einer Hiroshima-Bombe in die Ionosphäre gepumpt wird (dauerhaft), davon redet keiner.

Wir veröffentlichen gut recherchiertes Material, das z.T. unter schwierigen Bedingungen zusammengetragen wurde, wir veröffentlichen alle Grundlagenpatente (interessanterweise alles Tesla-Technologie). Dieses Buch ist brisant, vielleicht das brisanteste Werk, das wir je verlegt haben. Schlüssel zu der ganzen Technologie bilden die Erfindungen von Nikola Tesla zur drahtlosen Energieübertragung.

280 Seiten incl. der
12 Grundlagenpatente
58,00 DM DM
ISBN 3-89539-266-9

NEUE ENERGIEN

Walt & Leigh Richmond

Das verschollene Jahrtausend

Dies ist kein Sachbuch - dies ist ein Roman!
Ein Roman? Wäre es nur ein Roman, wir hätten es nicht verlegt.
Romanhaft beschreiben der Physiker und die Journalistin Walt und Leigh Richmond Experimente mit Energie und Zeit, zur Zeit von Atlantis. Warum mußte Atlantis untergehen? Ein Buch, das sich vor allem dadurch auszeichnet, daß es romanhaft ein enormes Wissen zum Thema Energiesteigerung, drahtlose Energieübertragung etc. verbreitet. Die Eheleute Richmond sind Teslakenner und Kenner dessen, was mit seiner Technologie alles möglich ist - bis hin zur Zerstörung der Welt. Mit diesem Buch haben sie ein Mahnmal gegen den Machbarkeitswahn geschaffen. Das Buch beschreibt und entlarvt die militärischen Aspekte des HAARP-Projekts, bevor das Projekt begann. Das düstere Szenario eines hochkarätigen Wissenschaftlers, der seiner moralischen Verantwortung folgte und aufzeigte, wohin ein Technologie führen kann/führte, bevor sie in Form des HAARP-Projekts Wirklichkeit wurde.
Heute gehören die Richmonds zu den aktiven HAARP-Kritikern.

ca. 200 Seiten
ca. DM 32,—
ISBN 3-89539-292-8

NEUE ENERGIEN

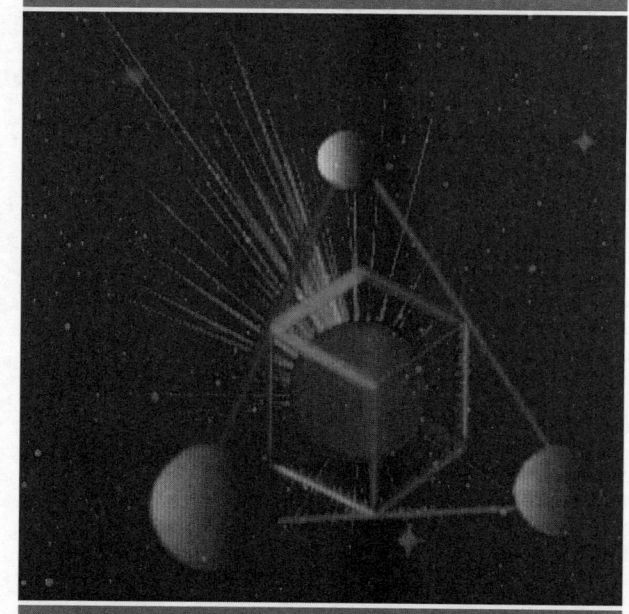

Bruce L. Cathie

Die Harmonie des Weltraums

Bruce L. Cathies Forschungen begannen bereits in den 60ger Jahren als er als Pilot für die „New Zealand Air" tätig war. Gegenstand seiner wissenschaftlichen Arbeit war die heilige, weil harmonische Geometrie der Erde und ihr Energiesystem.

Sein aktuellstes Buch ergänzt und komplimentiert sein gesamtes bisheriges Wirken. Gleichzeitig führt es die Leserschaft in Bereiche, wo Wissenschaft und Unerforschtes zusammen kommen.

Die Mathematik des Weltgitternetzes und die Verbindungen zwischen den menschlichen Gehirnwellen, der Erde, der Ionosphäre, der Schwerkraft wie auch die überraschenden Parallelen zwischen Stonehenge, den Pyramiden auf dem Mars und und und, werden anschaulich dargestellt.

Das Buch greift darüber hinaus folgende Themen auf: Nikola Teslas Elektro Auto, und Robert Adams Pulsed Electric Motor Generator.

In dem Werk finden wir Tafeln, die die harmonische Beziehung zwischen dem Erdmagnetfeld, der Lichtgeschwindigkeit und der Antigravitation aufzeigen.

Seiten ca. 300
DM ca. 38,—
ISBN 3-89539-297-9

Edition Jonathan May

Macht 1 und Macht 2

Wer Interesse an Machtkonzentration und Machtmißbrauch hat, wer wissen will, wie Logen und Geheimdienste und Politiker und Wirtschaft zusammenarbeiten, wie an den gewählten Institutionen vorbeiregiert wird, wer etwas über die Zusammenarbeit von Geheimdiensten und Mafia erfahren will, wer die gemeinsamen Hintermänner beim Namen genannt haben möchte, wer etwas über das „star war program" der US-Regierung erfahren will, über den Mißbrauch neuer Technologien, der braucht diese beiden neuen Bände.
Harte Fakten, keine Spekulationen, Zahlen, Namen und Quellen aus allen Bereichen der Macht und des Machtmißbrauches.

Macht 1
288 Seiten, geb.
ISBN 3-89539-069-0
44,80 DM

Macht 2
288 Seiten, geb.
ISBN 3-89539-492-0
44,80 DM

Neue Perspektiven

Brian O'Leary

Reise zu den inneren und äußeren Welten

Brian O'Leary ist Astronom, Physiker, Astronaut und NASA Berater.
Seine Forschung zum Thema „Freie Energie" hat in den Vereinigten Staaten enormes Aufsehen verursacht.
Seine ersten Forschungsergebnisse wurden gekauft und verschwanden dann, ohne dass irgendjemand erfahren hat, was daraus geworden ist. Enttäuscht von der Reaktion der NASA, ist Brian O'Leary dann seinen eigenen Weg gegangen. Eigene Forschungen und die Ergebnisse zahlreicher anderer Pioniere hat der „mutige Mann der NASA" zusammengetragen. Er hat Informationen gesammelt und Baupläne, hat sich Projekte angeschaut die sich im Bau befanden und hat funktionierende „Freie Energie Maschinen" besichtigt. Große Unterstützung erhielt er von indischer Seite, die recht offen mit dem Thema „Freie Energie" umgehen. Bei uns erscheinen vorerst seine 3 wichtigsten Titel, einer im Herbst 97, der nächste im Frühjahr 98 und der dritte im Herbst 98.

Brian O'Leary
Reise zu den inneren
und äußeren Welten
38,00 DM
ISBN 3-89539-289-8

Neue Perspektiven

Joscelyn Godwin

Arctos –

Das Buch der Hohlen Erde

Endlich ist es soweit. Vor geraumer Zeit erstmalig angekündigt erscheint nun endgültig in diesem Sommer „Das Buch der Hohlen Erde". Nach verschiedenen Schwierigkeiten mit einem eigenen Autorenteam, haben wir uns entschlossen zu schauen, was es an fundierter Literatur zur „Hohlwelttheorie" auf dem internationale Buchmarkt gibt. Über australische Freunde stießen wir auf den Amerikaner Godwin der seit vielen Jahren zu den wohl fundiertesten Vertretern der „Hohlwelttheorie" zählt. Sein aktuelles Werk „ARCTOS" darf man ohne zu übertreiben als „**DAS** Hohle Erde Buch" bezeichnen. Sachlich und überzeugend trägt er Fakten zusammen und stellt der allgemeinen Wissenschaftstheorie über den Aufbau der Erde ein wissenschaftlich überzeugendes Gegenmodell entgegen. Das Buch liest sich spannend wie ein Roman. Die Leserschaft von Jules Vernes Roman: „Reise zum Mittelpunkt der Welt" werden sich bestätigt fühlen, sehen sie doch in diesem Buch einer der letzten Bestätigung von Jules Verne großartiger Schau. Für die Vielzahl der anderen Lesern und Leserinnen wird jedoch manch lieb gewordenes Bild in Frage gestellt werden. Unsere Wissenschaftsgläubigkeit und ein bisher nicht hinterfragtes Weltbild wird durch dieses Werk erschüttert.

48,00 DM
ISBN 3-89539-287-1

Neue Perspektiven

Archäologie im Weltraum

NASA- Fotos von Pyramiden und „Domed Cities" auf dem Mond

NASA- und russische Fotos von Basen auf dem Mars und dem Mond

Ein britischer Wissenschaftler der einen Tunnel auf dem Mond entdeckt

Kreisrunde Krater auf dem Mond

Aussagen über sehr frühe Mars- und Mond-Reisen

Strukturelle Besonderheiten auf Venus, Saturn, Jupiter, Merkur, Uranus und Neptun

NASA, der Mond und Antigravitation

Seiten ca. 300 mit zahlreichen Fotos
DM ca. 58,—
ISBN 3-89539-293-

Gesundheit

AIDS

Es dürfte weltweit keinen kompetenteren AIDS Kritiker geben als Prof. Duesberg.
Times und Spiegel widmen ihm Titelgeschichten, in der medizinischen Fachpresse wird er als Koryphäe gefeiert oder aber auch totgeschwiegen. Seine Kritik ist grundsätzlicher Art.
Er kann Hunderte von Fällen aufzeigen die HIV Positiv sind und nie an „AIDS" erkrankten.
Er kann genauso viele Fälle aufzeigen, die an „AIDS" gestorben sind ohne irgendeinen HIV Erreger und er kann Hunderte von Fällen aufzeigen, von Menschen die an dem AIDS Mittel AZT gestorben sind.
Das gängigste AIDS-Mittel „ AZT ", für die Krebstherapie entwickelt und wegen der enorm vielen Nebenwirkungen vom Markt genommen, führt zur totalen Verpilzung des Darms.
Im Darm befindet sich 90 % unseres Immunsystems. Dieser Bereich wird durch das Mittel völlig zerstört. Nährstoffe können nicht mehr aufgenommen werden, das klassische Bild des hohlwangigen AIDS Patienten, hat hier sein Ursprung.
Dies und eine ganze Reihe mutiger Denkansätze und Forschungsergebnisse, was denn nun schlußendlich AIDS ist, finden wir in seinem Buch, das ab August in deutscher Sprache lieferbar sein wird. Dieses Buch wird in Deutschland für Aufsehen sorgen. Wir erwarten gerade bei dem Titel ein großes Presseecho.

48,00 DM
ISBN 3-89539-284-7

EDITION PANDORA

DIE INTERVIEWS ZUM MONTAUK PROJEKT

Duncan Cameron, Peter Moon, Nichols und Al Bielek werden in diesen Interviews befragt über Ihre Erfahrungen mit dem Philadelphia Experiment und dem Montauk Projekt. Befragt über Zeitexperimente, befragt über das Gedankenkontrollprogramm der Regierung. Für diejenigen, die die Montauk-Bücher kennen, bietet dieses Buch wertvolles Hintergrundmaterial. Für denjenigen, der die Montauk-Trilogie noch nicht kennt, kann dieses Buch ein faszinierender Einstieg sein.

Preis: 28,00 DM
ISBN 3-89539-271-5

UNSERE BESONDERE BUCHEMPFEHLUNG

EDITION PANDORA

Hrsg. Ulrich Heerd
DER ANFANG

In diesem Buch erzählt uns der Autor von seinen Erlebnissen in der „Mitte der Nacht".

Er beschreibt in einer Sprache, die noch ganz von dem Erlebten geprägt ist, seine persönliche „Einweihung". Er schildert uns seine Begegnung mit einer Wesenheit, die er „Maria Sophie" nennt, und an ihrer Hand durchschreitet er die Sternensphäre, um am „See ihrer Augen kniend" den Urbeginn der Schöpfung zu sehen, „seine Uroffenbarung" zu erhalten.

Das Buch hat nicht den Anspruch, letzte Wahrheiten zu verkünden, „denn der Welt ist nicht Not an Antworten. Der Welt mangelt es an wirklichen Fragen...".

Der eine oder andere wird dieses Buch weglegen und nichts damit anzufangen wissen. Der Autor hofft aber, daß es auch LeserInnen geben mag, die seine Bilder über den Urbeginn, über die Würde und Freiheit des Menschen und über das Opfer aufnehmen und in sich wachsen lassen.

Geht man solcher Art mit diesem Büchlein um, kann es zu einem ganz persönlichen Buch werden. Dann mögen Bilder und Fragen in der Seele dieser Menschen auftauchen und wachsen, und die sind Voraussetzungen zu einem notwendigen Handeln.

Damit würde das großartige Geschenk, das der Autor von seiner „Reise bis zu seiner Sehnsucht Rand" für sich mitgebracht hat, ein Geschenk auch für diese LeserInnen.

Ohne das Gegengewicht dieses Buches, hätten wir die Edition Pandora nicht verlegen können. Deswegen erscheint dieses Büchlein als Band 1 in der Reihe.

Preis: 18,00 DM
ISBN 3-89539-298-7

**UNSERE
BESONDERE
BUCHEMPFEHLUNG**